# 大型工模具钢材料先进制造技术开发与应用

朱　琳　张心金　张雪姣
巴钧涛　曹　明　刘东海　等著

机械工业出版社

本书以黑龙江省"百千万"工程科技重大专项为依托，介绍了大规格高品质工模具材料特性及其制造技术，并颠覆性地探索了增材制造技术和数字化平台技术在大型工模具钢材料及工艺开发中的应用。本书共分4章：第1章为大型工模具钢制造技术及发展方向的概述；第2章围绕大型模具钢，阐述了 H13 钢及其改进型的材料性能及制造技术；第3章基于支承辊用大型工具钢，详尽地描述了 Cr5 钢的材料特性及制造工艺，并讨论了数值模拟技术在支承辊制造过程中的应用；第4章探讨了增材制造技术及材料数据库在大型工模具钢研制中的应用前景。本书所述大型工模具钢材料及制造技术突破了工模具钢大型化制造技术难题，极大地提升了国产工模具产品关键核心竞争力。

本书可作为大、中专院校相关专业研究生的参考书，也可供相关专业的工程技术人员参考使用。

**图书在版编目（CIP）数据**

大型工模具钢材料先进制造技术开发与应用/朱琳等著 . —北京：机械工业出版社，2024.2

ISBN 978-7-111-75085-7

Ⅰ.①大…　Ⅱ.①朱…　Ⅲ.①工具钢-功能材料-生产工艺　Ⅳ.①TG142.45

中国国家版本馆 CIP 数据核字（2024）第 040193 号

机械工业出版社（北京市百万庄大街22号　邮政编码100037）
策划编辑：王晓洁　　　　　　　责任编辑：王晓洁　章承林
责任校对：杜丹丹　张　薇　　　封面设计：张　静
责任印制：李　昂
河北京平诚乾印刷有限公司印刷
2024 年 5 月第 1 版第 1 次印刷
210mm×285mm · 14.25 印张 · 439 千字
标准书号：ISBN 978-7-111-75085-7
定价：55.00 元

电话服务　　　　　　　　　网络服务
客服电话：010-88361066　　机　工　官　网：www.cmpbook.com
　　　　　010-88379833　　机　工　官　博：weibo.com/cmp1952
　　　　　010-68326294　　金　书　网：www.golden-book.com
**封底无防伪标均为盗版**　机工教育服务网：www.cmpedu.com

# 前 言

目前，我国经济由高速增长转向高质量发展，面对国内外错综复杂的形势带来的新矛盾和新挑战，我们将更多地依靠技术上的自给自足，来应对瞬息万变的国际环境。因此，我们要充分发挥科技创新在世界百年未有之大变局中的关键变量作用，以及在中华民族伟大复兴战略全局中的支撑引领作用。

习近平总书记在党的二十大报告中指出："加强企业主导的产学研深度融合，强化目标导向，提高科技成果转化和产业化水平。强化企业科技创新主体地位，发挥科技型骨干企业引领支撑作用，营造有利于科技型中小微企业成长的良好环境，推动创新链产业链资金链人才链深度融合。"这些重要论述，明确了强化企业科技创新主体地位的战略意义，深化了对创新发展规律的认识，完善了创新驱动发展战略体系布局，为新时代新征程更好发挥企业创新主力军作用指明了方向。

目前，国家正处于战略发展的关键时期，中国一重作为国资央企，是"国之重器"，是推动国家科技创新的生力军，是创新主体中的主体，是国家战略科技力量。中国一重从诞生之初，始终胸怀国之大者，始终致力于解决制约国家战略发展的难题，祖国有需要，一重有作为。习近平总书记强调："创新是引领发展的第一动力，是建设现代化经济体系的战略支撑。"科技创新是一个国家与企业持续发展的发动机和推进器，我们立足于国家战略需求与市场应用需要，要着力增强自主创新能力，在行业短板与"卡脖子"的问题上下真功夫，时不我待，只争朝夕，加快自主创新成果转化应用，提升关键装备与材料的自给自足，力争实现从"跟跑"到"并跑"，直至超越的转变。

关键基础材料是我国制造业赖以发展的关键，对国民经济、国防军工建设起着重要的支撑和保障作用。能否实现关键基础材料的自给自足，是实现我国制造业高质量发展的关键，这就要求我们要从国家的急迫需要和长远需求出发，集中优势资源攻关关键基础材料的"卡脖子"核心技术。工模具钢材料是我国制造业发展的重要基础材料之一，虽然我国的钢铁产量已稳居世界第一，但大而不强、产能严重过剩、产品结构不合理、高端供给不足的产业问题也日益凸显。比如，我国每年进口的精品模具钢，几乎占据了国内整个模具钢的高端市场，也因此制约着我国高精度机床、汽车、航空等高端制造业的发展。因此，我们迫切需要发展高性能、差别化、功能化的先进工模具钢材料，推动基础材料产业的转型升级和可持续发展。

在看到差距的同时，我们也正在努力通过加强基础研究和工程化应用研究，破解产业发展的难题，围绕产业链部署创新链，系统提升自主创新能力和核心竞争力，打造更强创新力、更高附加值、更强竞争力的新产品和新技术。本书是著者过去十年来研发的成果，以目标、问题为导向，瞄准高端工模具钢材料的大规格、超纯净和高性能的制造要求，通过技术创新、工艺优化、装备升级，基本解决了工模具钢材料在规格、性能与质量等方面的制造难题。在项目组全体科研人员的努力下，我们实现了大规格高品质热作模具钢的制造与应用，填补了国内空白，达到了世界先进水平，获得了用户与行业的认可。

"长风破浪会有时，直挂云帆济沧海"，尽管项目研究已经告一段落，但是作为科技工作者，我们将怀着凌云壮志和万丈豪情，本着以终为始的理念，继续不懈地坚持推进关键核心技术攻关，不断提升产品质量水平和制造效率，促进掌握更多的关键核心技术，利用科技创新打造更强竞争力的产业链，努力增强市场的驾驭能力。我们将不负时代，不负韶华，为建设中国特色社会主义现代化强国，实现以中国式现代化推进中华民族的伟大复兴做出应有的贡献。

本书由中国一重集团天津研发中心高端装备材料研究部部长朱琳博士执笔并统稿，项目团队成员张心金、张雪姣、巴钧涛、曹明、刘东海、高建军、杨康、祝志超、李晓、伊鹏跃、陈楚、马环、韩笑宇、张洪军、李亚辉、乔石、李晗参与了项目研究与本书的编写工作，是他们的辛勤工作和不懈努力，才能使本书顺利完成。

本书中的研究工作得到了黑龙江省"百千万"工程科技重大专项（项目号：2019ZX10A02）的支持，中国一重集团科技部和天津研发中心相关领导、同事也在本书的编写过程中提出了宝贵意见，在此一并表示感谢！

由于著者水平有限，书中难免存在缺点和错误，敬请读者批评指正！

著  者

目 录

# 大型工模具钢概述

机械工业是为国民经济和国防建设提供技术装备的重要产业，是实现国家工业化的根本保证，是我国经济发展的支柱产业。我国装备制造业的发展，必将为国内特殊钢的快速发展提供广阔的前景。特殊钢为机械制造业提供零部件用材和成形工艺用材。其中，制造零部件的成形技术主要是切削加工成形和模具成形，这两种成形工艺技术所需的各类铣、锻、钻、锯工具以及量具、模具均用高速钢、模具钢等工模具钢材料制造。近年来，我国模具钢生产工艺技术水平有了长足的进步，产品结构进一步优化，工艺设备不断更新，生产企业拥有精炼设备、大型锻压机、快锻机、精锻机、专用轧机、热处理及加工中心等不断更新。钢中夹杂物控制，硫、磷含量控制水平进一步提高[1]。

## 1.1 大型模具钢

模具钢是装备制造业发展不可或缺的基础材料之一，目前我国模具钢产量已达世界第一，但大而不强，面临总体产能过剩、产品结构不合理、高端应用领域尚不能完全实现自给三大突出问题，迫切需要发展高性能、差别化、功能化的先进模具钢材料，推动基础材料产业的转型升级和可持续发展[2-4]。

目前，我国每年进口的精品模具钢，几乎占据了国内整个模具钢的高端市场，而进口模具钢的价格要比国内同类产品高出几倍至十几倍。伴随着我国模具制造技术水平的提高，对优质、精品模具钢的需求逐步增长，国内高性能模具钢种的生产与研发能力不足，国产的合金模具钢与瑞典、德国、美国、日本、法国等国际先进水平相比，仍存在一定的差距，在品种、质量、尺寸规格与性能等方面，都还难以满足市场需求。

虽然近几年我国模具钢制造水平取得了长足的进步，但我国部分高端模具钢仍需从国外进口。在生产工艺上，国外普遍采用"电炉+炉外精炼"，大截面锻压模块和大型钢材多采用真空处理，对于纯净度要求更高的模具钢大部分采用电渣重熔或真空自耗的冶炼方式。

随着模具制造业的不断发展，对模具钢的要求从冶金质量、数量、性能上都不断提高，模具钢生产向着多品种、精细化、制品化的方向迅速发展。模具钢的研究与应用向着高合金、高品质、大规格、高性能的方向发展，模具钢材料发展的趋向是碳素工模具钢→低合金工模具钢→高合金工模具钢，由低级向高级发展，相继出现一系列新型模具材料，模具标准钢牌号的合金化程度也日趋提高[5-8]。

国内工模具钢流通市场主要集中在广东、浙江、上海和江苏地区。图1-1所示为国内模具钢的主要供给和需求城市分布图。其中，广东是我国现在最主要的模具市场，而且还是我国最大的模具出口与进口省，全国模具产值有38%来自广东，主要集中在东莞、佛山、深圳；浙江占21%，主要集中在宁波市和台州市，以塑料模具和铸造冲压模具为主；上海各大模具企业聚集在嘉定区，占比为17%；江苏模具企业集中在行业有名的昆山模具城，占比约为13%；其他地区占11%，天津、重庆这几年的用量也在不断增加中。

国外制造模具钢的许多厂商也都十分看好我国的市场，我国模具

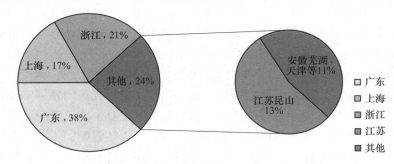

图1-1　国内模具钢的主要供给和需求城市分布图

1

钢每年的净进口总量约 10 万 t。进口来源主要有日本大同工业株式会社、日立金属株式会社、德国葛利兹钢厂、瑞典一胜百集团、美国芬可乐等。进口模具钢的牌号包括日本的 NAK80、SKD61、DC53、SKD11 等,瑞典的 S136、8407、DIEVAR、XW-41 等,德国的 1.2083、1.2344、1.2379,美国的 H13、D2 等。进口模具钢的规格主要是大尺寸的锻制模块 [(250~800)mm×(600~1200)mm] 及大尺寸的模具扁钢 [(30~300)mm×(400~1500)mm]。

汽车行业 90% 以上零件由模具成形,同时使用热作、冷作及塑料模具钢。机电行业 75% 以上的零件靠模具钢成形,大量使用热作及冷作模具钢。国内高档精锻高附加值的汽车和家电模具钢更是前景诱人。据了解,某型号的轿车就需各种模具 4000 多套,每套模具的价格在几十到几百万元不等,而原材料成本占到整套模具的 30% 以上,我国模具钢市场每年以 15% 左右的速度增长,而且针对高精密汽车用模具钢完全依赖进口。

## 1.2　大型工具钢

在大型工具钢中,典型产品就是大型热轧机组用的系列轧辊、支承辊产品。其中,原武钢(宝武钢铁集团合并前)某负责人指出[9],积极采用高速钢轧辊对钢铁行业当前降成本增效益具有十分重要的意义。据了解,高速钢材质轧辊是问世时间最短、发展最快且应用前景最广的轧辊。20 世纪 80 年代,高速钢材质的轧辊开始出现。由于该钢种能在较高温度下保持较高的热硬性,因而被广泛地用于热轧带钢工作辊上。其具有良好的耐磨性能,能循环多次上机而无须修磨辊面,抗热裂纹性能也大大提高,对于提高精轧板形、降低生产成本、提高轧制效率都有很好的促进作用。到目前为止,日本的热连轧精轧机组全部使用高速钢轧辊。从 20 世纪 90 年代开始,欧洲和北美国家也相继使用高速钢轧辊,并取得了良好的使用效果。我国从 20 世纪末开始在热连轧机组使用高速钢轧辊。目前,鞍钢、宝钢和武钢(两集团已合并,现名为“宝武钢铁集团”)等单位的精轧高速钢轧辊使用已经逐渐成熟。以武钢为例,该公司先后经历了高速钢轧辊的从单线试用到全面普及、从完全进口到部分国产、从生产线局部采用到全线推广等阶段,使高速钢轧辊的优良特点得到了较理想的发挥。

随着难轧材以及高牌号、高强度等极限产品增多,加之用户对板形、表面质量要求日益严格,轧辊耐磨性能渐显不足,严重影响带钢表面外观,较快的磨损和热裂纹的出现,会缩短精轧的有效轧制长度,导致了换辊次数增多,加大了轧辊消耗,同时还降低了轧线的有效作业率。在有效解决这些问题方面,高速钢轧辊具有显著的优势。相比传统材质,高速钢具有碳化物硬度高、氧化膜较稳定、热稳定性好、淬透性好、热膨胀系数大的特性。由于高速钢的这些特性,高速钢轧辊具有以下优点:①耐磨性高,在机磨损小;②减少换辊频率,提高作业率;③有利于实现无序轧制;④改善钢板表面质量,如厚度精度和氧化铁皮情况;⑤降低磨辊间劳动强度。其缺点主要是:对轧辊冷却系统要求较高,而由于合金含量高,轧辊价格较高。相对高铬铁轧辊而言,高速钢轧辊不仅耐磨性能提高 3 倍以上,而且由于延长多个使用周期,不仅大幅度降低辊耗,而且减少了磨床工作量、砂轮消耗量、能耗等,所带来直接或间接成本的降低是十分明显的。

支承辊是轧钢生产设备的主要零部件,在不同规模的轧钢企业和各种规格的轧钢机上得到广泛使用。整体锻造支承辊是轧钢机的心脏部件,其工作状态的好坏直接关系到板材的表面质量和板形。支承辊锻件的特点是辊身尺寸大、自重大,是大型轴类锻件的代表。辊面承受巨大的应力,质量要求也高,制造难度就大[10]。有关专家表示,在当前钢铁生产成本压力极大的形势下,国产轧辊具有较大的性价比优势,取代进口轧辊将是比较明智的选择。关于轧辊、支承辊等的发展未来,有关专家指出,有关产品的各项研究工作将相继深入展开。其中主要包括:辊面氧化膜生成机理的研究,下机检查对照图谱的研究与建立,温度变化对轧辊、支承辊使用性能影响的研究,板坯温度、工况环境及轧制压力、速度对轧辊与支承辊使用性能的影响等。在上述研究工作的基础上,还应对轧辊、支承辊的特性进行更加深入的了解,更进一步加速高端轧辊、支承辊的国产化进程。

## 1.3 研发的意义

制造业是实体经济的主体，是国民经济的脊梁，是国家安全和人民幸福安康的物质基础，是我国经济实现创新驱动、转型升级的主战场。2010年以来，我国制造业增加值连续五年超过美国，一些优势领域已达到或接近世界先进水平，我国已跻身制造大国行列。然而，与发达国家相比，我国制造业的创新能力、整体素质和竞争力仍有明显差距，大而不强。因此，实现从制造大国向制造强国的转变，是新时期我国制造业应着力实现的重大战略目标。针对工模具钢材料，根据《中国制造2025》新材料领域中先进基础材料的相关要求，需要突破高性能工模具用钢的材料、设计、制造及应用评价系列关键技术，实现先进装备关键零部件用钢铁材料在2025年力争全面自给，关键零部件寿命提高1倍以上。工模具钢作为基础材料，对国民经济、国防军工建设都起着基础支撑和保障作用。

# 参 考 文 献

[1] 胡名洋. 我国工模具钢极具发展前景 [J]. 中国钢铁业，2008（2）：10-11.
[2] 潘晓华，朱祖昌. H13热作模具钢的化学成分及其改进和发展的研究 [J]. 模具制造，2006（4）：78-85.
[3] 朱俊. 我国模具钢的市场需求及发展趋势 [J]. 冶金管理，2014（3）：27-30.
[4] 霍咚梅，肖邦国. 我国模具钢生产现状及发展展望 [J]. 冶金经济与管理，2017（1）：38-40.
[5] 王斌. 热作模具钢发展现状 [J]. 模具制造，2017，17（2）：79-82.
[6] 吴晓春，施渊吉. 热锻模材料的发展现状与趋势 [J]. 模具工业，2015，41（8）：1-10.
[7] 王春涛，白植雄，贾永闯，等. 热冲压模具钢发展现状与趋势 [J]. 模具制造，2017，17（9）：93-97.
[8] 潘金芝，任瑞铭，戚正风. 国内外模具钢发展现状 [J]. 金属热处理，2008（8）：10-15.
[9] 王庆. 国产高速钢轧辊发展前景看好 [N]. 中国冶金报，2012-08-23（B03）.
[10] 赵俊伟. 大型支承辊锻件锻造工艺与模拟技术研究 [D]. 洛阳. 河南科技大学，2009.

# 大型热作模具钢制造技术与工程实践

## 2.1 大型热作模具钢制造技术基础研究

### 2.1.1 热作模具钢选材设计

#### 1. 铬钼系模具钢成分特点

铬钼系模具钢，其典型模具钢牌号如 H13，其各元素在材料性能控制中发挥着不同的作用。该材料性能提升的核心主要是利用二次硬化、均匀组织分布，来保证材料在高温下强度、韧性、热疲劳性等综合性能。为此，根据前期调研，将各个元素成分的特点进行总结（表 2-1），以便后续开展材料的合金成分设计。

表 2-1　C-Cr-Mo-Si-V 型模具钢成分作用总结

| 元素 | 作　用 |
|---|---|
| C | 保证基体硬度；一部分进入钢的基体中引起固溶强化；另一部分与合金元素结合成合金碳化物（合金碳化物除少量残留外，还要求在回火过程中在淬火马氏体基体上弥散析出产生二次硬化，两者综合保证 H13 钢的性能）；考虑韧性等，在保证强度的前提下，降低 C 含量 |
| Cr | 对耐磨性、高温强度、热态硬度、韧度和淬透性都有有利的影响；同时它溶入基体中会显著改善钢的耐蚀性。在 H13 钢中含 Cr 和 Si 会使氧化膜致密，提高钢的抗氧化性，综合考虑固溶强化、碳化物形成 |
| Mn | 改善凝固时所形成的氧化物的性质和形状，与 S 结合，改善热加工性能 |
| Si | 具有置换固溶强化的作用，提高钢的回火抗力（抑制碳化物的偏聚，增加回火稳定性），有利于钢的高温抗氧化性的提高，但 Si 易导致带状组织出现，需控制其含量 |
| Mo | Mo 溶于 Fe 中也具有固溶强化的作用，能提高钢的淬透性，是作为使钢具有二次硬化的主要合金元素而加入的。现在普遍认为，这是由于在回火时马氏体中析出 $Mo_2C$ 造成，Mo 可与 C 形成 $Mo_2C$ 和 MoC 合金碳化物，还可随回火温度升高转变为 $M_6C$ |
| V | V 是置换固溶强化铁素体和形成奥氏体的元素，和 C、N 的亲和力强。V 在工具钢中的主要作用是细化晶粒和组织、增加钢的回火稳定性和增强二次硬化效应。加入 0.05% 的 V 可细化晶粒，随加入量增加，细化效果加强。即使温度趋近 700℃，V 的碳化物稳定性仍高，仍能保持细小形态，所以 V 是有效阻止奥氏体晶粒粗化的元素，是在高温下服役的钢的重要合金化元素；在钢中加入高于 0.5%（质量分数）的 V 可形成稳定 $V_4C_3$，并引起二次硬化，其峰值温度为 $600 \sim 625℃$，（Mo 的二次硬化峰值温度为 $570 \sim 580℃$） |

特别要强调的是，V 是强碳化物形成元素，起细化晶粒的作用。Mo 元素也有相似的作用，不过效果不如 V 元素显著，从而在材料淬火加热时，材料组织不易粗大。同时，Mo 和 V 元素能形成热力学性质更加稳定的 VC、MoC 和 $Mo_2C$ 等合金碳化物，它们在 $500 \sim 600℃$ 析出，并保持细小而弥散的形态，这是作为高温材料的模具钢保持热硬性的重要保证。

根据相关研究资料[1]，Mo 主要通过提高高温屈服强度，而不是靠提高抗高温软化性能来提高抗热龟裂性（抗热裂性）。据其他资料研究，若 Mo 和 V 元素含量不足，将影响碳与合金组成物的存在与形态，这是导致模具高温强度和热稳定性下降的主要原因，模具的硬度在热处理时为 46~48HRC，投入使用后硬度很快下降，到失效时仅为 37~38HRC。决定热疲劳裂纹抗力的，也正是钢的热稳定性和钢的强度或硬度。

**2. 铬钨系模具钢成分特点**

对于铬钨系模具钢，主要考虑二次碳化物对热稳定性的重要作用[2]。Honeycomb 等人指出[3]，Mo、W、V 等元素具有强烈二次硬化效应，其中，在含有 Mo、W 元素的高强度硬化钢中，随着高温回火过程中 $M_3C$ 型渗碳体分解，Mo、W 系 $M_2C$ 型碳化物析出，在温度低于 650℃时此类型的碳化物可作为强化相。Kwon 等人[4]对 4Mo、6W、2Mo3W、2Mo2Cr 和 3W2Cr 合金钢研究发现，Mo 对二次硬化作用显著，W 的作用较小但可推迟过时效，Mo、W 共存下具备良好的二次硬化效果和延长过时效的作用，加入 Cr 后由于 $M_3C$ 型渗碳体存在于更高温度，$M_2C$ 型碳化物形成受抑制而削弱二次硬化效果。

**3. 模具钢典型材质综合性能分析**

（1）模具使用寿命实例

对于铝合金压铸模具，代兵等人研究指出[5]，铝合金的浇注温度为 670℃，模具预热温度为 200℃，慢/快压射速度分别为 0.3m/s 和 3.0m/s，慢/快压射距离分别为 350mm 和 70mm，模具使用 3000 次，在模具型表面出现了少量龟裂现象，底部凹角处有冲蚀痕迹。压铸模具在工作过程中，型腔处在高温的铝合金液体中，铝合金液体温度高达 670℃，甚至更高，型腔温度可达 300~400℃，局部高达 500~600℃，高温使压铸模型腔软化。王立君等人在延长铝合金压铸模的使用寿命方面指出[6]，我国铝合金压铸模的使用寿命为 2 万~10 万次，平均只有 6 万次左右，而日本铝合金压铸模的平均寿命在 11 万次左右。由于压铸模制造周期长且制造费用占产品成本的 20%，因此，如何延长压铸模使用寿命，降低铸件单件成本，满足大批量生产要求，已成为广大压铸工作者重点研究的课题。对于模具钢的寿命而言，回火是热处理工艺的关键，并应尽可能进行两次回火。另外，在压铸模连续工作中，其模具型面的温度至少应该比 2~4h 回火时所选用的温度低 100℃，以便达到足够的回火稳定性。因此，H13（4Cr5MoSiV1）钢制成的模具，按 2~4h、620℃回火规范处理，在连续工作时，模具型面的表面温度不得高于 520℃。刘红丽等人对超高强铝合金挤压模进行了研究[7]，其研究内容对模具的早期失效提供了参考，其研究过程如下：坯料尺寸 25mm×25mm×68mm，成形温度为 400℃，坯料材料为 7A60 铝合金，模具材料为 H13 钢。工作原理：利用加热圈将模具加热到 400℃，从加热炉取出加热到 400℃、石墨润滑充分的坯料，放入垂直通道，凸模以 1mm/s 速度下行，到达指定位置后，在凸模回程时放入第二根坯料，每两根坯料经过通道转角处变形后，在凹模出口处可取出一根坯料。王孟等人对汽车热锻模具 H13 钢进行了研究[8]，研究指出，汽车热锻模具应用于轴类毛坯件的粗锻阶段，坯料初始温度为 1200~1300℃，由于热作模具的工作面往往与高温坯料直接接触，模具型腔的瞬时温度可达 600~700℃。另外，模具工作中需采用喷水冷却，持续时间为 0.2~0.4s，这样使得模具在工作中产生周期性的温度变化，冷热交替循环易引起热疲劳。通过模具使用寿命调查发现，热锻模具使用寿命较短的为 1600~1800 件，较长的为 5500~7000 件，平均使用寿命为 4000~5000 件，其使用寿命很不稳定，而国外同类模具的使用寿命一般为 1 万件以上。因此，国内外模具在汽车热锻模具的使用寿命上存在较大差异。胡伟勇等人对高速锻模具 H13 钢进行了研究[9]，研究发现，模具端面与高温坯料直接接触，接触瞬时温度可达 1000℃，并且受到高吨位冲头通过坯料传递的轴向压力，因此模具需有较高的强度。工作中需要通过水孔对凹模进行喷水冷却，持续时间大约 0.2s，而水孔在热处理过程中极易发生氧化脱碳，硬度达不到预期要求，降低整个模具的强度和使用寿命。统计发现，原工艺条件下的模具使用寿命较短，在 1.5 万件左右。

通过以上相关资料中对模具寿命的研究，不难发现，我国模具钢在压铸、热锻、热挤压等各个方面与国外的模具钢在使用寿命上存在较大的差异。因此，非常有必要系统开展相关的基础设计研究。

（2）热处理工艺分析

多项有关 H13（4Cr5MoSiV1）钢热处理工艺研究结果指出[10-15]，H13（4Cr5MoSiV1）钢热处理工艺的制订及执行应考虑多方面的因素，如工件的形状、尺寸、质量、材质、技术要求（性能、畸变）、服役条件、设备条件、加工状况等。下面分别对 H13（4Cr5MoSiV1）钢进行热处理工艺分析，以作为后续材料设计的参考。

1）H13 钢退火后的组织主要为珠光体和少量的未溶碳化物，碳化物的类型主要是 $M_{23}C_6$ 和 $M_6C$。经 880~900℃ 退火后，一般硬度为 207~229HBW，加工性能比较好。但由于钢的铬含量比较高，在加工过程有些发黏。

2）H13 钢在珠光体转变区域过冷奥氏体相当稳定，该钢因含有较高的铬而具有很好的淬透性，钢中含有的 1%（质量分数）以上的钼对钢的淬透性也起着重要作用。由于钢中的钒能形成稳定的碳化物，实际上降低了钢的淬透性。一般直径 100mm 的棒材在空冷淬火时也可以完全淬透，而尺寸大于 100mm 的模具则采用油冷淬火。

3）H13 钢经 1020~1040℃ 常规淬火工艺淬火后，可得到晶粒度一般为 8~9 级的细晶粒组织，组织中保留有 2%~6%（体积分数）的过剩碳化物和 5%~12%（体积分数）的残留奥氏体。这些过剩碳化物和残留奥氏体量都比较少，对钢的性能没有明显影响。钢淬火后的硬度一般为 53~55HRC。

4）为了减少 H13 钢在淬火时的弯曲畸变，应将钢从奥氏体化温度快速冷至 400~450℃（过冷奥氏体最稳定的区域），并停留足够长的时间后，使模具整个断面上的温度达到均匀后到油中冷却。这种淬火方法既能保证断面尺寸大于 $\phi$120mm 的模具能完全淬透，又能获得比直接油冷或空冷淬火稍高的韧性。

5）H13 钢中因有较高的硅含量，从而改善了钢的抗氧化性能，但也增加了钢的脱碳敏感性，热处理时应加以注意。

6）H13 钢通常的服役硬度为 44~50HRC，在剧烈冲击和重载荷的工况条件下，使用硬度应降至 40~44HRC。用电渣重熔钢制作铝合金压铸模时，因钢的韧性和塑性得到改善，钢的硬度可以提高至 50~52HRC。

7）H13 钢应采用多次回火（至少两次回火）以获得最好的韧性。该钢允许长时间加热的温度不得超过 630℃。

8）H13 钢热处理时的尺寸畸变比较小，尤其是空冷淬火时畸变更小些，在 500℃ 或 700℃ 左右时，钢的畸变最小，因而选择合理的回火温度，可将钢的尺寸畸变减至最小。

9）H13 钢用于制作铝、镁和锌合金的压铸模，一般可经过气体渗氮后使用，以提高其热疲劳性能。

10）H13 钢热处理的注意事项：

① 该钢 Si 含量较高，虽可改善抗氧化性能，但也增加了脱碳敏感性，为了防止脱碳获得较高的性能，最好采用真空热处理。

② 适当提高硬度可改善耐热龟裂性，采用的工艺应尽可能使模具淬透和获得高硬度。

③ 至少回火两次，每次回火后应使模具冷至室温，以充分去除应力。

④ 淬火冷却的分级温度为 560~370℃，通常可取 450℃ 左右。

（3）疲劳与热处理研究分析

魏兴钊等人研究了 H13(4Cr5MoSiV1) 钢的若干形式及应对对策[16]，研究指出 H13 钢作为一种马氏体型热作模具钢，具有较高的韧性，耐冷热疲劳性能，以及中等的抗回火软化能力和耐熔损性等综合性能，属中耐热韧性钢，是一种比较理想的热作模具用钢。目前，在制造业中普遍采用的铝合金压铸模多用 H13 钢制作，因其不容易产生疲劳裂纹，即使出现疲劳裂纹也细而短，不容易扩展而且抗黏结力强，与熔融金属相互作用较小，从而保证压铸件能获得较好的外观质量。

要获得低成本、高性能、长寿命的模具，必须在原材料制造、热变形加工、热处理等方面达到最佳组合。从模具的失效形式看，造成模具开裂的原因之一是冲击性能差。而冲击性能差除了与材料中存在粗大碳化物、夹杂物等因素有关外，关键是热处理工序，模具淬火、回火后的组织对冲击性能的影响极大。另外从热龟裂（热疲劳）看，除了材料的热导率、Mo 含量有着十分重要的影响外，热处理后的强度（硬度）也是重要的影响因素，要求热处理后的模具有最佳的强韧性配合，即良好的组织状态，如细晶粒组织等。

（4）失效形式分析

为更好地进行模具钢新成分设计，可以从产品服役效果方面进行分析，找出制约其性能提升的原因。

1）压铸模分析[16]。

① 失效的铝合金壳体压铸模。总体尺寸约为805mm×735mm×163mm，其热处理硬度为44～46HRC。该模具在生产了2000多件后发现其模面出现一条位于中部的、与流道方向相同的裂纹。

裂纹原因：非金属夹杂、共晶碳化物存在偏析，材料热处理不当，混晶，材料强韧性不足。

② 失效的铝合金烤盘压铸模。总体尺寸为450mm×420mm×72mm。该模具在服役5000多次后，模面出现严重的"龟背状"裂纹，以致失效而不能继续使用。与其他服役寿命达数万次的4Cr5MoSiV1钢制铝合金烤盘压铸模相比，显然属早期失效现象。模具经磁力着色检测后，可以发现整个模面上存在相当多的微裂纹。

裂纹原因：Mo、V含量（质量分数）严重不足（分别为0.70%和0.50%，造成晶粒粗大，强韧性不足）、带状组织偏析等原因造成的热疲劳开裂。

2）热挤压模分析[16]。

① 失效的铝型材挤压模凸模。外观尺寸约为$\phi$430mm×130mm，存在沿晶界走向裂纹，裂纹中有挤入的铝合金；内部晶粒间的晶界已成沟槽状的空穴，形成内裂纹。

裂纹原因：液析的共晶碳化物，粗大马氏体组织。该模具材料未经过有效精炼（如电渣重熔），也未经过有效锻造成形。组织缺陷对后续热处理加工造成严重影响，可能使不良组织得以遗传，也将导致应力进一步复杂化，严重削弱材料的强度和韧性。

② 失效的铝型材挤压模凹模。该模具在首次装机服役时即断裂成两半，断口面可见宏观放射状台阶，裂纹以放射状向模具底面扩展，具有瞬间脆断的特征。

裂纹原因：模具材料存在粗大的脆性夹杂物和显微缩松现象、组织呈带状偏析以及晶粒不均匀等冶金缺陷和组织缺陷，以致影响材料的均匀性，内部应力复杂化，应力也增大，材料强度和韧性受到严重削弱，成为模具在服役受力时产生瞬间断裂的主要原因。

③ 失效的铝型材挤压模凹模。在模具刃口表面可观察到大片塌陷及表面局部剥落，模具凹槽内侧及缝状刃口也有局部剥落现象，但尚未见裂纹。

剥落原因：该模具渗氮层中的化合物层疏松程度和扩散层的脉状氮化物组织均相当严重，甚至形成网状氮化物，这是引起模具发生早期局部剥落、开裂及塌陷而导致失效的主要原因。主要是渗氮处理不当，造成的表面剥落。

3）典型案例与分析。H13钢作为强韧性、耐冷热疲劳等性能优良的热作模具钢，多用于压铸、锻造、挤压等多种场合，尤其是有一些产品需要大型热作模具时，都会考虑使用H13模具钢，但在使用期间仍会存在很多的问题。

图2-1所示为某公司大型核电锻件挤压用大厚壁H13模具，产品采用120t电渣炉进行冶炼控制，经多次镦拔、退火及淬火热处理后，在模具上端拐角处发生长条状开裂，其起裂源位于拐角处，并分别向端面及内壁扩展断裂。经后续分析，主要原因为模具钢坯料内部粗大夹杂物及表层脱碳在经淬火热处理后未能及时回火处理导致后续模具应力不均，从而导致在模具拐角处开裂。另一公司生产的H13钢材质的厚壁模具底盘则在大型核电锻件挤压过程中发生严重开裂，如图2-2所示，为模具内壁表面开裂形貌，裂纹自模具上端面至下端面已形成贯穿式开裂，并从模具中心向左右两侧扩展，其中，模具中心局部位置已被裂纹分裂形成多个"闭环"区域。本模具在使用前虽然已经过200～300℃烘烤预热，但在坯料变形中仍发生开裂。经后续分析，仍为材料内部质量问题所导致的应力集中，从而造成这种整个端面的严重开裂。图2-3所示为某公

图2-1 核电锻件挤压用大厚壁H13
模具钢调质处理后裂纹形貌

司车轮制造用模具，该模具经一段使用时间后被下线替换。从图2-3中可以看出，模具表面布满了深浅长短不一的裂纹，同时局部已出现龟裂、剥落等现象，主要是由于模具在车轮制造过程中使用频次高，坯料变形温度在1000℃以上，过程中并伴有急冷急热，磨损严重，并最终导致模具热疲劳开裂而下线报废。有资料研究表明，H13模具钢中的夹杂物对其热疲劳破坏最为显著，尤其是聚集在钢基体内部的脆性夹杂物所造成的应力集中，并最终导致模具开裂失效[17,18]。

图2-2 核电锻件挤压用大厚壁H13
钢模具底盘加工后开裂形貌

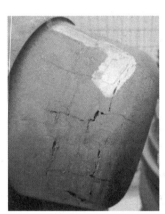

图2-3 列车车轮制造用
模具热疲劳裂纹

有效去除夹杂物、有害元素、气体等，并降低偏析、缩松等质量缺陷作为电渣冶炼的特点，而被应用到大锻件的制造中[19]。但对于大型电渣设备，若工艺控制不当，也会导致气体超标、夹杂、偏析等质量问题；同时，对于大截面电渣产品，随着直径的加大，受尺寸效应的影响仍将重新出现偏析等现象[20,21]。表2-2中搜集了部分H13钢模具失效形式及失效原因[16,22,23]。从表2-2中可以看出，模具的失效主要和材料的合金成分设计、冶炼、锻造、热处理等关键制备工艺有关。

表2-2 H13钢模具失效形式及失效原因

| 序号 | 失 效 形 式 | 失 效 原 因 |
|---|---|---|
| 1 | 模具内部微裂纹、扩展裂纹、表面剥落、表面空洞等 | 非金属夹杂，尤其是脆性氧化物、硅酸盐等 |
| 2 | 在锻造、热处理时易出现裂纹，并导致模具服役过程中裂纹快速扩展失效 | 液析所形成的呈尖角状或链状、并沿晶界分布的共晶碳化物，导致组织割裂及应力集中等 |
| 3 | 表面硬度过低、模具早期磨损严重，形成裂纹，并导致模具失效 | 热加工工艺不当，形成表面脱碳层，后期机加工不彻底，并因模具内外组织差异，形成不同应力状态，导致磨损后裂纹产生及扩展 |
| 4 | 模具表面有脆性"白亮层"，表层剥落，引发裂纹扩展，导致模具失效 | 模具渗氮工艺等不当所造成表面剥落及裂纹，最终导致模具失效 |
| 5 | 模具"尖角"结构位置裂纹开裂，导致模具失效 | 模具设计不合理，产生"缺口效应"，在热加工、热处理、或变形受力等过程导致裂纹产生 |

（5）小结

对于模具钢疲劳方面和原材料方面的失效，要优化钢的成分、提高纯净度、减少偏析和夹杂物以及改善碳化物分布均匀性；在制造工艺方面的失效，要充分锻造、细化组织、采用合理的淬火回火工艺和渗氮或喷丸等表面处理，均能有效延长H13（4Cr5MoSiV1）钢铝合金压铸模的使用寿命。

**4. 国内外质量对比分析**

参阅相关国内外H13模具钢性能对比分析的文献[24,25]，发现国产H13钢的使用性能明显低于进口的同类产品，从而无法完全替代进口。国内外模具钢质量对比见表2-3。

通过以上对比，综合其原因主要有冶炼、锻造、热处理等方面未能有效控制，合金设计主要考虑产品综合性能及生产成本。

1）国产 H13 钢中的 S、N 和 O 元素含量远高于进口钢种，钢中氧化物、硫化物以及 TiN 类夹杂物的数量多、尺寸大且析出温度更高。

2）国产 H13 钢中出现的 VC-CrC 类大块状夹杂物和一次共晶碳化物是导致钢材性能下降的主要原因。

**表 2-3 国内外 H13 模具钢质量对比**

| 对比内容 | 进口 H13 模具钢 | 国产 H13 模具钢 |
| --- | --- | --- |
| 纯净性 | 硫、磷及夹杂物含量低，比国产精品系列的优质钢低一个数量级 | 非金属夹杂物、一次碳化物较多 |
| 均匀性 | 高的横/纵冲击韧度比，内外硬度差小于 1HRC | 退火组织中碳化物有明显晶界分布现象 |
| 组织及晶粒度 | 碳化物细小、圆整 | 心部横向的冲击韧度只有纵向的 0.2~0.3，与进口 H13 钢的 0.6~0.8 相比存在显著差距 |
| 产品尺寸 | 材料的尺寸精确，均以精品级的模具钢供货 | 进口 H13 钢中硫、磷含量均较国产 H13 钢低一个数量级，加工较粗放 |
| 综合性能对比 | 寿命长 | 一般国产 H13 钢的压铸模具寿命为 3~5 万次，而进口优质 H13 钢压铸模具寿命可达 20 万次 |

3）国产 H13 钢的抗拉强度和硬度明显高于国外同类钢种，但伸长率和冲吸收能量明显不足，主要受一次碳化物、夹杂物等的影响，没能充分结合锻造及锻后热处理来进行改善，造成组织不均，从而遗留至淬火、回火状态中，严重影响产品的使用性能。

**5. 材料设计思路分析**

通过以上研究可以看出，在高端模具钢设计中主要考虑如下因素：

1）具有良好的退火性能，即工件在锻造后经退火后有较好的退火硬度，具有较好的可加工性。

2）在淬火时，经长时间加热后也能产生细小的奥氏体晶粒，考虑其热裂纹扩展，晶粒越细小，裂纹扩展越慢。

3）在缓慢淬火时，具有较高的冲击吸收能量，同时要考虑裂纹扩展问题。

4）具有高热导率与热稳定性，关系到模具能否快速冷却并获得高强度以保障冲压件质量和冲压节拍，保障生产率。

因此，综合考虑以上因素，对于高导热率问题，用显著减少 Si 含量来保障，使其为 0.003%~0.20%（质量分数），显著少于 H13 钢中的 Si 含量[26]，相关研究回火后的材料在 25℃ 时的导热率下限为 25.5W/(m·K)，高于 SKD61 钢的 23~24.5W/(m·K)[27]。对于淬透性与退火性能问题，可提高 Mn、Cr 含量，注重两者加入量的平衡，Mn 元素可提高淬透性，但会显著降低退火性能（考虑适度的硬度范围）。相关研究表明[25]，新材质 H13 钢的退火软化后硬度为 85~94HRB（SKD61 钢可达 88~94HRB）。同时，Cr 可以提高淬透性（SKD61 钢的临界冷却速度为 12℃/min），但在改善退火性能方面却与 Mn 相反，也就是说，Cr 可以提高退火硬度，但会造成加工难度升高。因此，需要通过 Mn、Cr 两者的合理搭配，在提高淬透性的同时，具有较好的退火软化性能，就是说要利用 Mn 和 Cr 对退火软化进行中和。关于 Mo、V 含量控制问题，其中 Mo 的主要作用是二次硬化和提高淬透性，要在考虑生产成本控制的前提下，适当提高 Mo 含量，在提高淬透性并保障二次硬化的同时，也对退火软化性能有一定的作用；V 的主要影响是 VC 颗粒较粗大（在凝固期间容易形成粗大的碳化物，严重影响冲击吸收能量，同时，含量过高的 V 在抑制奥氏体晶粒长大的作用已经饱和，成本增加，因此含量不宜过高），可造成模具的大裂纹，从而要适当减少 V 的含量，同时注重 Mo 与 V 的含量配合。

通过综合考虑以上相关研究中各个元素的特点，在随后的成分优化设计中，应重点关注高温服役下的热稳定性（高温抗软化能力，即硬度下降程度及趋势）、高温强度、韧度、疲劳性能（疲劳寿命、疲劳裂纹扩展、表面疲劳裂纹分析等）、导热性、膨胀率、合金成本等方面。

### 2.1.2 热作模具钢性能模拟与分析

**1. 材料设计方案**

由于性能优化的侧重点及机理的差异，现对铬钼型模具钢材料提出两种设计方案。

（1）铬钼型低硅高钼方案

优化目标：提高淬透性；抑制贝氏体转变；细化奥氏体晶粒；提高抗热裂能力；提高回火抗力；提高高温强度和高温蠕变极限；提高韧度；减轻"∨"形或"∧"形偏析；侧重于压铸模具钢方向。本方案类似于瑞典的 DIEVAR 钢和德国的 1.2367 钢优化思路。

1）充分控制 P、S 及气体成分含量，以避免使用时产生的热磨损和因热疲劳发生的龟裂，从而提高模具使用寿命，其 S、P 含量（质量分数）上限分别为 0.001% 和 0.008%（甚至控制得更低）。

2）由于 Mo 为主要的二次硬化的合金元素，目标值中的添加量远超过范围值上限。

3）考虑 V 的细化晶粒与沉淀强化等作用，以及生成碳化物的种类（氮化钒或碳氮化钒）与尺度，需考虑碳氮比。

4）对比值成分中将 N 含量降至 0.009%（质量分数）。

需要说明的是，范围值是参照 NADCA（北美压铸协会）的《推荐 H13 工具钢工艺规范》（同英文版 NADCA 207—2003）、NADCA 207—2003 北美压铸模金相标准图谱等要求中的高级优质 H13 钢的成分。表 2-4 为铬钼型低硅高钼方案。

表 2-4 铬钼型低硅高钼方案

| 成分编号 | H13 钢改进型化学成分（质量分数,%） | | | | | | | | | | | | |
|---|---|---|---|---|---|---|---|---|---|---|---|---|---|
| | C | Si | Mn | P | S | Cr | Mo | Ni | Cu | V | H | O | N |
| 标准 | 0.37~0.42 | 0.80~1.20 | 0.20~0.50 | ≤0.015 | ≤0.005 | 5.00~5.50 | 1.30~1.50 | ≤0.25 | ≤0.25 | 0.80~1.20 | ≤1.8×10⁻⁴ | ≤25×10⁻⁴ | ≤130×10⁻⁴ |
| 1-goal | 0.39 | 0.4 | 0.40 | 0.008 | 0.001 | 5.30 | 2.40 | ≤0.25 | ≤0.25 | 0.70 | ≤1.5×10⁻⁴ | ≤15×10⁻⁴ | ≤90×10⁻⁴ |

（2）铬钼型高硅低钼低碳方案

目前国内外研究学者普遍认为，热作模具钢中的 Si 含量（质量分数）以 0.5%~0.8% 为宜，因为当硅含量（质量分数）较高（质量分数>1%）时，会增加钢的回火脆性，还会加重钢的脱碳敏感性，并且使碳化物聚集长大速率增大而难以控制。因此，目前国内外一致采用的合金化思路都是铬钼型低硅高钼，也就是尽量减少钢中的 Si 含量而提高 Mo 含量来改善这类钢的高温性能，如高温抗回火软化性能和热疲劳性能。

本方案有关研究提出[24]，在提高 Si 含量后，材料出现了比常规 H13 钢更好的抗回火软化性能（硬度数值下降量小、硬度值保持效果好）和热疲劳性能（热疲劳后表面裂纹与裂纹深度浅）。这是让人很难理解的，因为和常规 H13 钢相比，高硅钢降低了 Cr、Mo 等合金元素的含量而提高了 Si 含量，按照已有理论来讲，其高温性能应该降低，但试验却得出相反的结果。这就迫使人们重新认识 Si 在钢中的作用，看能否设计出新的合金化思路（如航空用合金 300M 钢等 Si 的质量分数高达 1.6%）。

目前上海大学提出了高硅高锰（1:1 的含量比）的设计思路[24]，其目的仍然是保障材料的热稳定性和热疲劳性能，同时大幅度降低生产成本。其设计的 4Cr2Mo2W2V 已在天津钢管厂制备空心芯棒。

优化目标：与 AISI H13 钢相比，适当提高钢中 Si 含量，并降低 Mo 和 Cr 含量，目的是进一步改善钢的综合力学性能，尤其是提高钢的高温抗回火软化性能和热疲劳性能，提高疲劳寿命，提高其使用温度，同时降低合金成本。

同样，本方案中的范围值是参照 NADCA 的《推荐 H13 工具钢工艺规范》（同英文版 NADCA 207—2003）、NADCA 207—2003 北美压铸模金相标准图谱等要求中的高级优质 H13 钢的成分；同时，考虑细化晶粒，C 含量在国标值的下限，高硅的目的主要是控制好二次碳化物的形态和高温下的热稳定性。对于高硅钢，P 含量的控制对冲击韧度有明显的影响[28]，同时在高 Si 和 P 的组合下，处于高温脆性，因此，应控制好 P 含量，最好按表 2-5 中 P 含量的要求进行冶炼控制。表 2-5 为铬钼型高硅低钼方案。

**表 2-5 铬钼型高硅低钼方案**

| 成分编号 | H13 钢改进型化学成分（质量分数，%） | | | | | | | | | | | | |
| --- | --- | --- | --- | --- | --- | --- | --- | --- | --- | --- | --- | --- | --- |
| | C | Si | Mn | P | S | Cr | Mo | Ni | Cu | V | H | O | N |
| 标准 | 0.37~0.42 | 0.80~1.20 | 0.20~0.50 | ≤0.015 | ≤0.005 | 5.00~5.50 | 1.30~1.50 | ≤0.25 | ≤0.25 | 0.80~1.20 | ≤1.8×10⁻⁴ | ≤25×10⁻⁴ | ≤130×10⁻⁴ |
| 2-goal | 0.32 | 1.50 | 0.40 | 0.008 | 0.001 | 5.30 | 1.00 | ≤0.25 | ≤0.25 | 1.00 | ≤1.5×10⁻⁴ | ≤15×10⁻⁴ | ≤90×10⁻⁴ |

（3）铬钨系方案

对于铬钨系模具钢材料，短时间的循环软化受控于位错重排和位错湮灭，几乎不受材料成分的影响；而长时间的循环软化受控于材料回火抗力，取决于碳化物形态及其稳定性[2]。因此，利用不同析出物在高温段的分布稳定性来提高其服役过程中材料的热稳定性能。其主要成分与标准中的 H13 模具钢基本相同，但关键合金成分不同，从而析出物不同，主要体现在 Cr、Mo、W 等合金含量及比例上。

方案目标：提高材料的回火抗力、热稳定性、服役温度与寿命等。鉴于二次碳化物对热稳定性的重要作用，本方案选用具有强烈二次硬化效应的 Mo、W、V 等元素进行优化，研究该钢的相关性能。表 2-6 为本研究中的铬钨系模具钢初步方案。

**表 2-6 铬钨系模具钢初步方案**

| 成分编号 | H13 钢改进型化学成分（质量分数，%） | | | | | | | | | | | | | |
| --- | --- | --- | --- | --- | --- | --- | --- | --- | --- | --- | --- | --- | --- | --- |
| | C | Si | Mn | P | S | Cr | Mo | Ni | Cu | V | W | H | O | N |
| 标准 | 0.37~0.42 | 0.80~1.20 | 0.20~0.50 | ≤0.015 | ≤0.005 | 5.00~5.50 | 1.30~1.50 | ≤0.25 | ≤0.25 | 0.80~1.20 | 0 | ≤1.8×10⁻⁴ | ≤25×10⁻⁴ | ≤130×10⁻⁴ |
| 3-goal | 0.40 | 0.30 | 0.80 | 0.008 | 0.001 | 2.30 | 1.70 | ≤0.25 | ≤0.25 | 1.00 | 1.70 | ≤1.5×10⁻⁴ | ≤15×10⁻⁴ | 90×10⁻⁴ |

因此，基于以上方案分析，开展后续材料设计。

合金设计目的：提高材料的热稳定性、韧性及热疲劳性能。

模具钢拟热处理方式：锻造+退火+淬火、回火。

合金设计思路：基于以上改型 H13 钢成分进行设计，可以充分利用热力学与动力学开展关键参数的计算，以指导材料的设计[29-31]。

1）平衡相图反映缓慢冷却时的相，即可以从平衡相图考虑锻造及退火后的相。设计方向为提高 M(C，N) 的析出温度和析出量，避免 $M_{23}C_6$ 和 $M_6C$ 高温析出量过多，预防退火组织晶粒粗大。

2）第二相析出驱动力可以反映第二相析出情况，作为淬火、回火设计的参考，回火设计方向为促进 M(C，N) 型碳化物的析出，减少容易粗大的 $M_{23}C_6$ 型碳化物的析出以及不利于疲劳性能的 $M_6C$ 型碳化物析出。

**2. 平衡相图及分析**

（1）平衡相图计算

人们利用 JMatPro 软件对各成分进行平衡相图计算，初步计算结果如图 2-4~图 2-6 所示。平衡相图中的固相主要包括：AUSTENITE（奥氏体）、FERRITE（铁素体）、LIQUID（液相）和各碳化物相。从平衡相图中提取各材料奥氏体化及液化临界点对比见表2-7。

表2-7 临界点变化 （单位：℃）

| 临界点 | 1-goal | 2-goal | 3-goal |
|---|---|---|---|
| $As$（奥氏体转变开始温度） | 800 | 829 | 759 |
| $Af$（奥氏体转变终了温度） | 836 | 882 | 834 |
| $Ls$（液相转变开始温度） | 1390 | 1385 | 1380 |
| $Lf$（液相转变终了温度） | 1475 | 1420 | 1443 |
| $Fs$（铁素体转变开始温度） | 1430 | 1395 | 1430 |
| $Ff$（铁素体转变终了温度） | 1475 | 1469 | 1480 |

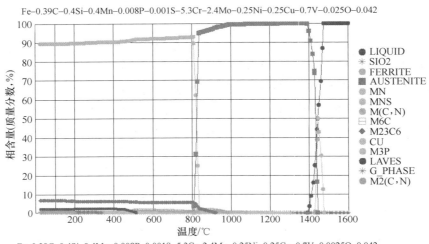

图2-4 1-goal 平衡相图及碳化物随温度的平衡相分布放大图

（2）相图分析

通过计算结果可知：

1）铬钼型低硅高钼模具提高 Si 含量，降低 Mo 含量，可提高 $As$、$Af$，提高 $Ls$，降低 $Lf$。

2）对于铬钨型模具钢，提高 W、Mo，降低 Si 含量后，相较原 H13 钢可显著降低 $As$，降低 $Af$，提高 $Ls$ 和 $Lf$。

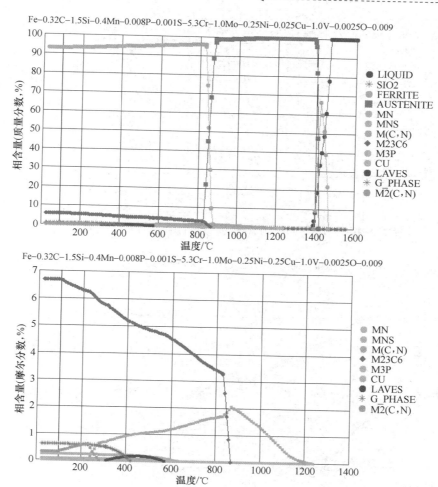

图 2-5 2-goal 平衡相图及碳化物随温度的平衡相分布放大图

（3）碳化物分析

对于碳化物，人们重点关注 MC、$M_2C$、$M_{23}C_6$ 等类型碳化物及成分[32]，其他可暂不考虑。表 2-8 为碳化物最高析出量温度范围。碳化物溶解析出温度见表 2-9。

表 2-8 碳化物最高析出量温度范围

| 碳化物 | 1-goal | | 2-goal | | 3-goal | |
|---|---|---|---|---|---|---|
| | 温度/℃ | 含量（质量分数，%） | 温度/℃ | 含量（质量分数，%） | 温度/℃ | 含量（质量分数，%） |
| MN | 1090 | 0.57 | 1212 | 0.024 | 1200 | 0.021 |
| M（C，N） | 920~1000 | 1~1.23 | 1060~900 | 1~2.12 | 1060~770 | 1~2.5 |
| $M_6C$ | 920~840 | 1~1.71 | — | — | 950~780 | 1~2.46 |
| $M_{23}C_6$ | 800 | 6.7~6.9 | 810~540 | 5~6.1 | 758~510 | 2~2.9 |

1）铬钼型低硅高钼模具钢中碳化物主要包括 MN、M（C，N）、$M_6C$、$M_{23}C_6$、$M_2$（C，N）以及 LAVES、Cu、MNS、$SiO_2$（约为 0.00468%）等相；MN 和 M（C，N）分别主要是 V 的氮化物和碳氮化物，$M_6C$ 主要是 Mo、Fe 的碳化物，$M_{23}C_6$ 主要是 Cr 的碳化物，LAVES 相主要成分为 Mo、Fe、Cr；N 的增加，提高 MN 的析出温度和析出量，以及 M(C，N) 较高含量的析出温度，有益于晶粒细化。

2）铬钼型高硅低钼模具钢中碳化物主要包括 MN、M（C，N）、$M_{23}C_6$、$M_2$（C，N）以及 LAVES、Cu、MNS、$SiO_2$（约为 0.00469%）等相。与铬钼型低硅高钼合金钢相比，未析出 $M_6C$ 相，且 M（C，N）的最大析出量（质量分数）从 1.23% 增至 2% 左右。

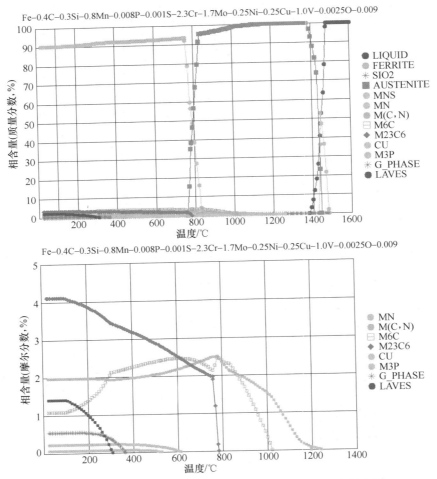

图 2-6　3-goal 平衡相图及碳化物随温度的平衡相分布放大图

**表 2-9　碳化物溶解析出温度**　　　　　　　　　　　　　　　　（单位：℃）

| 碳化物 | 1-goal | 2-goal | 3-goal |
|---|---|---|---|
| MN | 1300～1080 | 1237～1201 | 1240～1194 |
| M（C，N） | 1080～128 | 1201～232 | 1194～25 |
| M$_6$C | 984 | — | 1020 |
| M$_{23}$C$_6$ | 920 | 870 | 781 |
| LAVES | 514 | 573 | 306 |
| Cu | 617 | 635 | 600 |
| M$_2$（C，N） | 201 | 280 | — |

3）铬钨系合金钢中碳化物主要包括 MN、M（C，N）、M$_{23}$C$_6$、M$_6$C 以及 LAVES、Cu、MNS、SiO$_2$（约为 0.00468%）等相。M$_6$C 主要是 W 和 Mo 的碳化物，其他碳化物成分与前述标准 H13 钢种类似。铬钨系模具钢相比标准 H13 钢降低了 Cr 含量，增加了 W，从而提高了 M（C，N）的最大析出量，并使 M$_{23}$C$_6$ 含量（质量分数）降低至 2.9%。

此外，铬钨系模具钢在 1060℃ 奥氏体化时，M（C，N）含量最高，对奥氏体晶粒长大的钉扎作用最强，相对更容易得到更细的晶粒。而在铬钼系模具钢中的 1-goal 和 2-goal 成分的 M（C，N）含量较高。不同的 M（C，N）含量造成奥氏体临界晶粒尺寸 $D_c$ 的变化见表 2-10［假设 M（C，N）尺寸为 100nm］。在奥氏体化温度 1060℃ 时，各成分 M（C，N）的平衡含量见表 2-10。

表2-10 1060℃时碳化物平衡含量及临界晶粒尺寸 $D_c$

| 碳化物 | 1-goal | 2-goal | 3-goal |
|---|---|---|---|
| M（C，N）含量（质量分数） | 0.7% | 0.84% | 1.03% |
| $D_c/\mu m$ | 2.53 | 2.04 | 1.65 |

在本材料中出现的几种碳化物的热力学及物理性能见表2-11。

表2-11 常见碳化物的热力学及物理性能

| 碳化物 | 室温晶体点阵 | 熔点/℃ | 显微硬度 HV |
|---|---|---|---|
| VC | FCC，NaCl 型 | 2830 | 2094 |
| VN | FCC，NaCl 型 | 2050 | 2094 |
| $Cr_{23}C_6$ | 六方，$Cr_{23}C_6$ 型 | 1550 | 1520 |
| $Fe_3Mo_3C$ | 立方，$Fe_3W_3C$ 型 | 1300、1650 | |
| $Fe_3W_3C$ | 立方，$Fe_3W_3C$ 型 | 约1400（分解） | 1350 |
| $Fe_3C$ | 正交，$Fe_3C$ 型 | 1227 | MoC/1500，WC/2080 |
| $Cr_7C_3$ | 六方，$Cr_7C_3$ 型 | 1665 | 980 |
| | | | 1450，2100 |

（4）小结

根据以上分析，从退火和淬火组织的角度来判断，3-goal 钢较为优秀，奥氏体化温度下 MN 和 M（C，N）含量较高，高温下 $M_{23}C_6$、$M_6C$ 的相对含量较低，因此会得到相对较细的晶粒。

**3. 元素对相的影响**

（1）铬钼型模具钢

应用热力学软件基于 1-goal 成分进行计算，得到几个主要元素对相图的影响，结果如图 2-7 所示。各元素的影响分析如下：

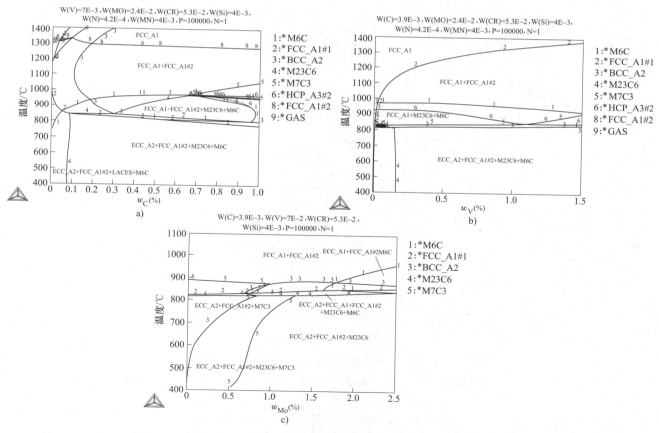

图 2-7 基于铬钼型低硅高钼钢的各元素对相的影响

a）C 元素对相的影响 b）V 元素对相的影响 c）Mo 元素对相的影响

1）C 元素的影响：C 含量（质量分数，后同）小于 0.075% 时，700℃ 以下主要平衡相为铁素体、立方结构的 M（C，N）以及 $M_6C$；当 C 含量在 0.075%~1% 之间时，700℃ 以下主要平衡相为铁素体、M（C，N）、$M_{23}C_6$ 以及 $M_6C$；当 C 含量大于 0.65% 时，在 950~1050℃ 范围内出现 $M_7C_3$；另外 C 含量升高也会提高 $M_{23}C_6$、$M_6C$ 相的溶解温度。

2）V 元素的影响：V 元素会提高 M（C，N）的溶解温度，在 0~1.1%（质量分数）区间内降低 $M_{23}C_6$ 的溶解温度，之后随着 V 含量的提高保持不变；小幅降低 $M_6C$ 溶解温度，在 1.1%~1.5%（质量分数）区间内提高 $As$。

3）Mo 元素的影响：Mo 含量（质量分数，后同）小于 1.35% 时，冷却过程中的平衡相中存在 $M_7C_3$；当 Mo 含量在 1.35%~1.65% 之间时，500℃ 平衡相为 M（C，N）和 $M_{23}C_6$；不存在 $M_6C$；当 Mo 含量大于 1.65% 后，在 800~1000℃ 区间内出现 $M_6C$，$M_6C$ 过多会在高温下促进奥氏体晶粒长大，但如果 Mo 含量太少，钢的热稳定性将下降，Pickering 指出，钼含量在 3% 左右时二次硬化效果最显著，继续增加时对二次硬化效果不大[33]。

（2）铬钨系模具钢

应用热力学软件基于 3-goal 成分进行计算，得到几个主要元素对相图的影响，结果如图 2-8 所示。各元素的影响分析如下：

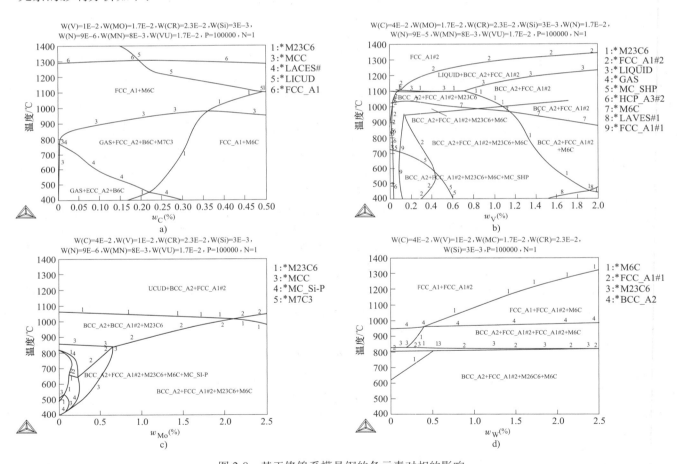

图 2-8 基于铬钨系模具钢的各元素对相的影响

a）C 元素对相的影响 b）V 元素对相的影响 c）Mo 元素对相的影响 d）W 元素对相的影响

1）C 元素的影响：C 含量在 0.15%~0.35%（质量分数）内显著提高了 $M_{23}C_6$、$M_6C$ 相的溶解温度。

2）V 元素的影响：V 元素会提高 M（C，N）的溶解温度，在 0.75%~2.0%（质量分数）区间内迅速降低 $M_{23}C_6$ 的溶解温度及 $M_6C$ 的溶解温度，但当 V 含量大 1.5%（质量分数）时，出现 LAVES 相，因此

V 含量可以选在 0.75%～1.5%（质量分数）之间，建议在原设计基础上提高 V 含量。

3）Mo 元素的影响：Mo 含量小于 0.25%（质量分数）时，冷却过程中的平衡相中存在 $M_7C_3$，Mo 含量的增加提高了 $M_6C$ 的溶解温度，降低了 $M_{23}C_6$ 的溶解温度。

4）W 元素的影响：W 含量的增加显著提高了 $M_6C$ 的溶解温度。

（3）小结

相较于常规 H13 钢，适当地降低 Mo 含量，可以减小 $M_6C$ 的生成，但同时也要考虑到材料的热稳定性；增加 N 可以提高 $M(C，N)$ 的溶解温度，降低 C 可以增加韧性，但不要低于 0.3%（质量分数），否则 As 急剧上升，会提高奥氏体化温度，增加晶粒粗大的风险。

对于铬钨系模具钢，建议在目前设计的基础上，适当降低 C 含量，以减少 $M_{23}C_6$ 的析出量，可考虑增加 V 含量至 1%～1.5%（质量分数），以提高 $M(C，N)$ 的溶解析出温度，降低 $M_{23}C_6$ 析出温度。

**4. 连续冷却转变（CCT）图及等温转变（TTT）图计算**

（1）设计成分 CCT 图计算

计算时采用奥氏体化温度为 1060℃，晶粒度为 4.1 级（1060℃保温 15min），计算结果如图 2-9～图 2-11 所示。各成分对各相开始转变温度的影响见表 2-12。各成分得到马氏体的临界冷速见表 2-13。可见，H13 钢的淬透性均很好，当冷速大于 1.8℃/min 时，便可得到完全的马氏体组织，铬钨系模具钢由于 Cr、Mo 含量的降低，其淬透性稍差，当冷速大于 18℃/min 时，便可得到完全的马氏体组织。

表 2-12　各相开始转变温度

| 成分编号 | 珠光体开始转变温度 $T_p$/℃ | 贝氏体开始转变温度 $T_b$/℃ | 铁素体开始转变温度 $T_f$/℃ | 马氏体开始转变温度 $Ms$/℃ | 马氏体转变50%温度/℃ | 马氏体转变90%温度/℃ |
|---|---|---|---|---|---|---|
| 1-goal | 831 | 425 | 814 | 242 | 204 | 116 |
| 2-goal | 871.9 | 424 | 875.9 | 295.7 | 259.4 | 175 |
| 3-goal | 809.6 | 487.6 | 838.5 | 293.3 | 259.9 | 172.4 |

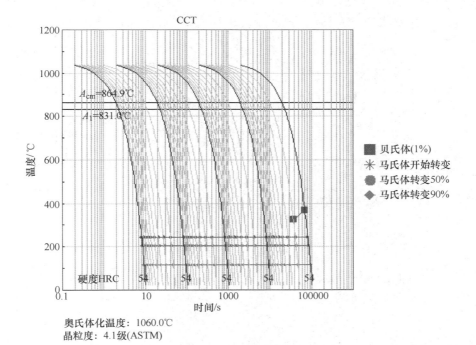

图 2-9　1-goal 的 CCT（ASTM4.1）

表 2-13　各成分马氏体相变临界冷速

| 成分编号 | 1-goal | 2-goal | 3-goal |
|---|---|---|---|
| 临界冷速/(℃/s) | 0.02 | 0.02 | 0.3 |

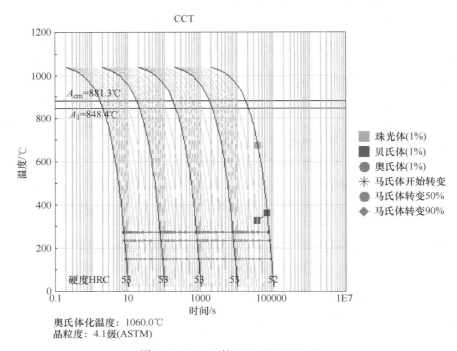

奥氏体化温度：1060.0℃
晶粒度：4.1级(ASTM)

图 2-10　2-goal 的 CCT（ASTM4.1）

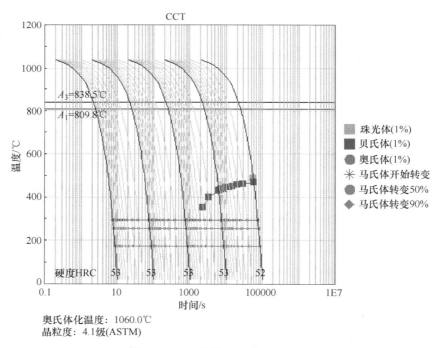

奥氏体化温度：1060.0℃
晶粒度：4.1级(ASTM)

图 2-11　3-goal 的 CCT（ASTM4.1）

（2）设计成分 TTT 图计算

计算时采用奥氏体化温度为 1060℃，晶粒度为 4.1 级（1060℃保温 15min）。计算结果如图 2-12~图

2-14 所示。各成分对临界点的影响见表 2-14。可见，在铬钼型低硅高钼组中，N 的添加使 TTT 图右移；相对来说，铬钼型高硅低钼材料普通珠光体左移，其中，Si 含量越高，Mo 含量越低，TTT 图左移越多；Cr、Mo 的减少，使得铬钨系模具钢的 TTT 图向右移动。

表 2-14　各成分对临界点的影响

| 成分编号 | 珠光体峰值 温度/℃ | 珠光体峰值 时间/s | 贝氏体峰值 温度/℃ | 贝氏体峰值 时间/s |
| --- | --- | --- | --- | --- |
| 1-goal | 692 | 18607 | 372 | 2145 |
| 2-goal | 725 | 2768.13 | 365 | 1323.36 |
| 3-goal | 693 | 8883.64 | 423 | 188.68 |

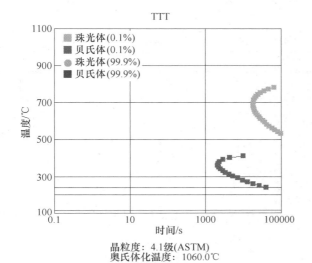

晶粒度：4.1级(ASTM)
奥氏体化温度：1060.0℃

图 2-12　1-goal 的 TTT（ASTM4.1）

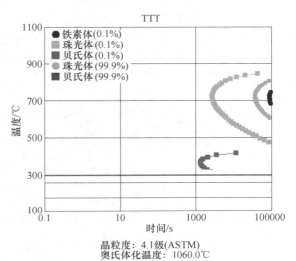

晶粒度：4.1级(ASTM)
奥氏体化温度：1060.0℃

图 2-13　2-goal 的 TTT（ASTM4.1）

（3）小结

铬钼型模具钢的淬透性很好，冷速大于 1.8℃/min 时，便可得到马氏体组织；铬钨系模具钢的淬透性稍差，冷速大于 18℃/min 时，才可得到马氏体组织。

**5. 回火析出计算**

（1）各设计成分回火碳化物析出

通过 JMatPro 计算得到本设计中各成分在 600℃ 的回火析出情况，如图 2-15～图 2-17 所示，各成分回火 100h 时的析出物含量见表 2-15。该计算是基于 1060℃ 淬火后回火进行的，考虑了 1060℃ 淬火时未溶碳化物对回火马氏体基体成分的影响。

可见，回火过程碳化物的演变过程为 $Fe_3C \rightarrow M_2(C, N) \rightarrow M_7C_3 \rightarrow M_{23}C_6$、$M(C, N)$、$M_6C$。几种碳化物按照易粗化的程度排序为 $M_2(C, N) > M_{23}C_6 > M_6C > M_7C_3 > M(C, N)$。

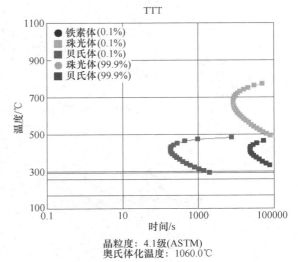

晶粒度：4.1级(ASTM)
奥氏体化温度：1060.0℃

图 2-14　3-goal 的 TTT（ASTM4.1）

由几种成分回火析出的碳化物对比可知：铬钼型低硅高钼钢，600℃ 回火稳定的析出碳化物为 $M_{23}C_6$、$M_6C$ 和 $M(C, N)$，$M_{23}C_6$ 和 $M(C, N)$ 分别在回火 22.4h 和 70h 的时候达到最大析出量，$M_6C$ 在回火 120h 后开始大量析出；$M_{23}C_6$ 在回火 20h 时，长大到最大颗粒状态，$M_6C$ 颗粒大小于回火 500h 后超过

$M_{23}C_6$。铬钼型高硅低钼钢，600℃回火稳定的析出碳化物为 $M_{23}C_6$ 和 $M(C，N)$，$M_{23}C_6$ 和 $M(C，N)$ 分别在回火 22.3h 和 63h 的时候达到最大析出量，$M_{23}C_6$ 在回火 22h 时，长大到最大颗粒状态，无 $M_6C$ 迅速长大，因此铬钼型高硅低钼钢长时热稳定性较好。铬钨系模具钢 600℃回火稳定的析出碳化物为 $M_{23}C_6$、$M_6C$ 和 $M(C，N)$，$M_{23}C_6$ 和 $M(C，N)$ 分别在回火 35.5h 和 56h 的时候达到最大析出量，$M(C，N)$ 的最大析出量与 H13 钢相比提高了 100% 以上，$M_6C$ 在回火 50h 后开始大量析出；$M_{23}C_6$ 在回火 32h 时，长大到最大颗粒状态，$M_6C$ 颗粒大小在回火 63h 后超过 $M_{23}C_6$，因此铬钨系模具钢在高温工作 60h 以内稳定性要好于常规 H13 钢，而 60h 之后 $M_6C$ 的迅速长大会使其性能大幅下降。

表 2-15　几种设计成分在 600℃回火 100h 时析出物含量-最大颗粒尺寸

| 成分编号 | 1-goal | 2-goal | 3-goal |
| --- | --- | --- | --- |
| $M_{23}C_6$ | 6.8%-68.8nm | 4.5%-59.9nm | 2.5%-49.7nm |
| $M_6C$ | 0.07%-38.4nm | — | 0.26%-59.0nm |
| $M(C，N)$ | 0.18%-7.5nm | 0.42%-10.6nm | 1.22%-14.4nm |
| 建议回火时间 | >7.08h | >11.2h | >25.12h |

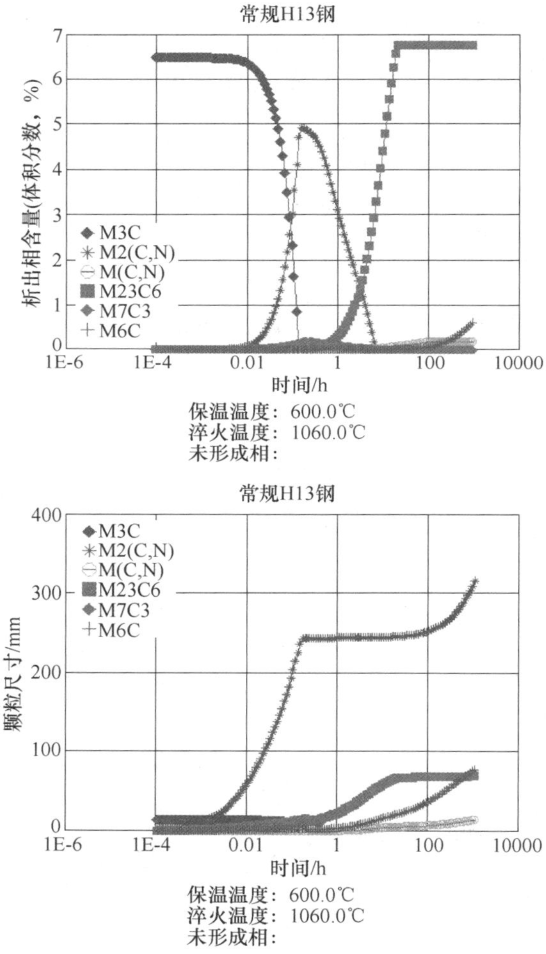

图 2-15　1-goal 600℃回火析出

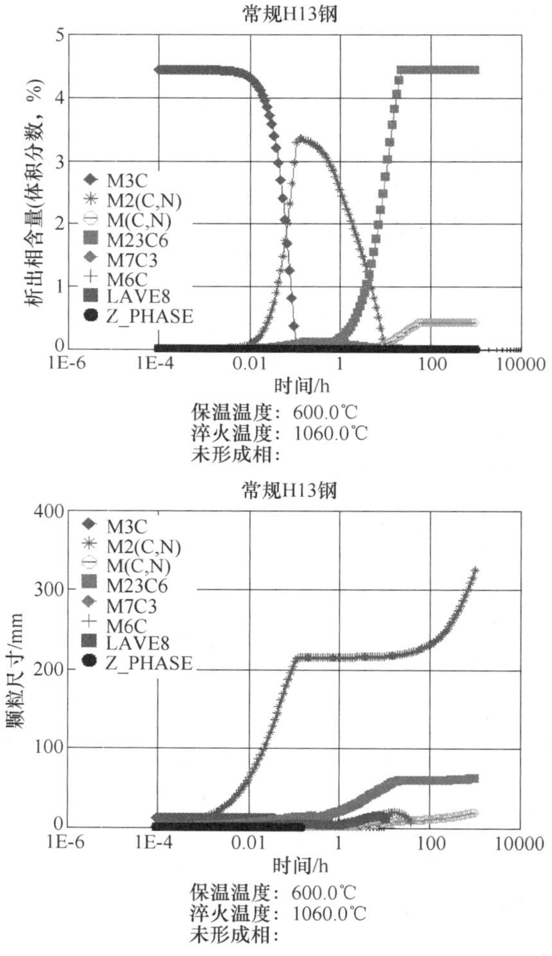

图 2-16　2-goal 600℃回火析出

（2）碳化物析出量随温度的变化

应用热力学软件对碳化物析出量进行计算。由于淬火时会析出一部分碳化物，从而改变铁素体中固溶的碳化物含量，而在热力学计算中，忽略了这个影响，因此计算结果会与实际有一定的差异。

各设计成分在600℃时的碳化物回火析出量见表2-16。

**表2-16　600℃回火时碳化物的析出量**（质量分数,%）

| 成分编号 | 1-goal | 2-goal | 3-goal |
|---|---|---|---|
| M(C，N) | 1.1 | 1.72 | 2.3 |
| $M_{23}C_6$ | 6.1 | 3.4 | 2.2 |
| $M_6C$ | 1.2 | 0 | 2.4 |
| 合计 | 8.4 | 5.12 | 6.9 |

铬钼型低硅高钼组碳化物析出对比如图2-18~图2-20所示，可见，在400~600℃范围内，M(C，N)的析出量随回火温度的升高而增加，$M_{23}C_6$和$M_6C$析出量随回火温度的升高而下降；添加N可以提高M(C，N)在600℃以下回火的析出量，增加$M_{23}C_6$的析出量，降低$M_6C$的析出量。

铬钼型高硅低钼组碳化物析出对比如图2-21~图2-23所示，可见，M(C，N)的析出量随回火温度的升高而增加，$M_{23}C_6$析出量随回火温度的升高而下降，$M_6C$析出量随回火温度的升高先升高再下降，峰值温度为400℃；2-goal增Si降Mo方法降低了M(C，N)、$M_{23}C_6$及$M_6C$在700℃以下回火的析出量。

铬钨系模具钢组碳化物析出对比如图2-24~图2-27所示。M(C，N)的析出量随回火温度的升高先下降再增加，低谷温度为250℃；$M_{23}C_6$析出量随回火温度的升高先上升再下降，峰值温度为250℃；$M_6C$析出量随回火温度的升高先升高再下降，峰值温度为500~600℃；铬钨系模具钢降低了Cr含量，增加了W，可以使W部分取代Mo在$M_6C$中的位置。

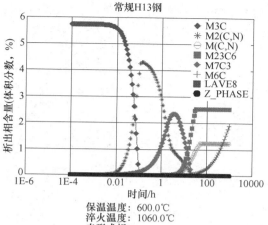

常规H13钢

保温温度：600.0℃
淬火温度：1060.0℃
未形成相：

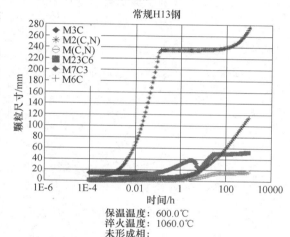

常规H13钢

保温温度：600.0℃
淬火温度：1060.0℃
未形成相：

图2-17　3-goal 600℃回火析出

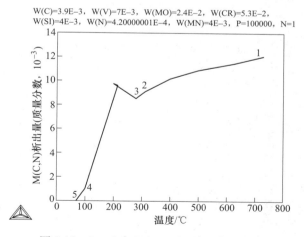

图2-18　1-goal中M(C，N)随温度的变化

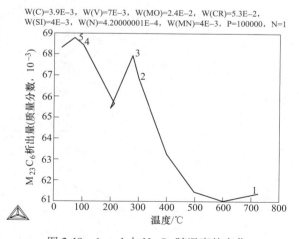

图2-19　1-goal中$M_{23}C_6$随温度的变化

（3）碳化物析出量随成分的变化

本小节计算了各设计成分中关键元素对合金600℃回火时碳化物析出的影响规律，计算结果如图2-28~图2-37所示。

W(C)=3.9E-3，W(V)=7E-3，W(MO)=2.4E-2，W(CR)=5.3E-2，
W(SI)=4E-3，W(N)=4.20000001E-4，W(MN)=4E-3，P=100000，N=1

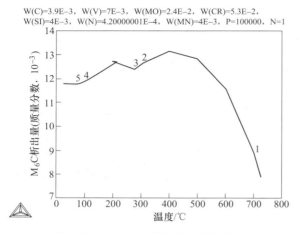

图 2-20　1-goal 中 $M_6C$ 随温度的变化

W(C)=3.2E-3，W(V)=1E-2，W(MO)=1E-2，W(CR)=5.3E-2，
W(SI)=1.5E-2，W(N)=9E-5，W(MN)=4E-3，P=100000，N=1

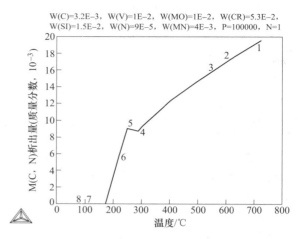

图 2-21　2-goal 中 $M(C，N)$ 随温度的变化

W(C)=3.2E-3，W(V)=1E-2，W(MO)=1E-2，W(CR)=5.3E-2，
W(SI)=1.5E-2，W(N)=9E-5，W(MN)=4E-3，P=100000，N=1

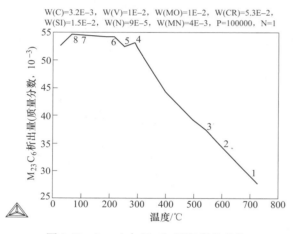

图 2-22　2-goal 中 $M_{23}C_6$ 随温度的变化

W(C)=3.2E-3，W(V)=1E-2，W(MO)=1E-2，W(CR)=5.3E-2，
W(SI)=1.5E-2，W(N)=9E-5，W(MN)=4E-3，P=100000，N=1

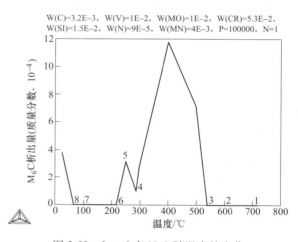

图 2-23　2-goal 中 $M_6C$ 随温度的变化

W(C)=4E-3，W(V)=1E-2，W(MO)=1.7E-2，W(CR)=2.3E-2，
W(SI)=3E-3，W(N)=9E-5，W(MN)=8E-3，W(VV)=1.7E-2，
P=100000，N=1

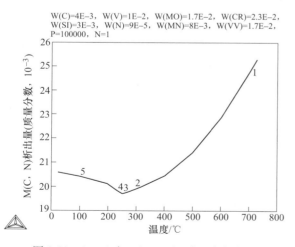

图 2-24　3-goal 中 $M(C，N)$ 随温度的变化

W(C)=4E-3，W(V)=1E-2，W(MO)=1.7E-2，W(CR)=2.3E-2，
W(SI)=3E-3，W(N)=9E-5，W(MN)=8E-3，W(VV)=1.7E-2，
P=100000，N=1

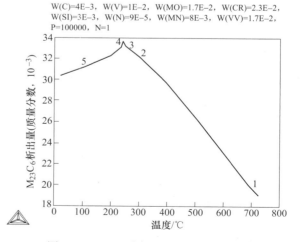

图 2-25　3-goal 中 $M_{23}C_6$ 随温度的变化

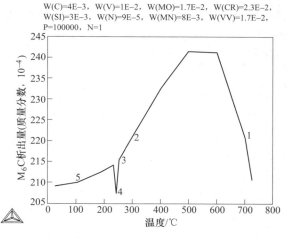

图 2-26 3-goal 中 $M_6C$ 随温度的变化

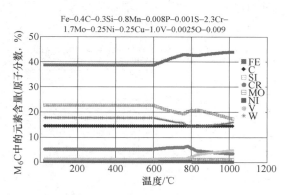

图 2-27 3-goal 中 $M_6C$ 中的元素含量

在铬钼型高硅低钼组中，随着 Mo 元素增加，M（C，N）析出量先增加后减少，峰值处 Mo 含量为 0.5%（质量分数）；Si 含量增加，可提高 M（C，N）析出量；V 元素增加至 2%（质量分数）以后，再增加对 M（C，N）析出量的增加影响不大。

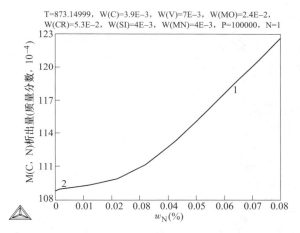

图 2-28 1-goal 中 M（C，N）随 N 含量的变化

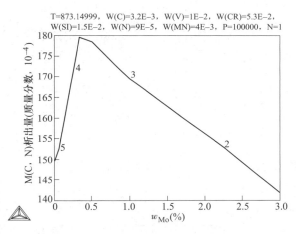

图 2-29 2-goal 中 M（C，N）随 Mo 含量的变化

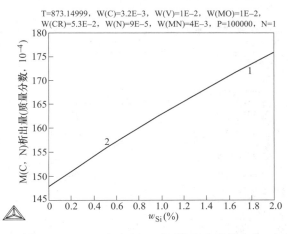

图 2-30 2-goal 中 M（C，N）随 Si 含量的变化

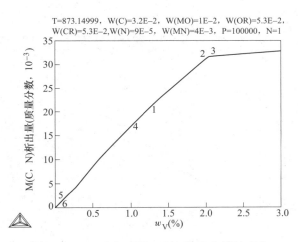

图 2-31 2-goal 中 M（C，N）随 V 含量的变化

在铬钨系模具钢组中，随着 Cr 元素的增加，M（C，N）析出量迅速下降；M（C，N）析出量随 Mo 含量增加先增加后降低，峰值 Mo 含量约为 0.6%（质量分数）；V 元素增加至 1.6%（质量分数）以后，再增加对 M（C，N）析出量的增加影响不大；W 含量增加，使 M（C，N）析出量小幅降低，大幅降低 M$_{23}$C$_6$ 含量，增加 M$_6$C 含量。

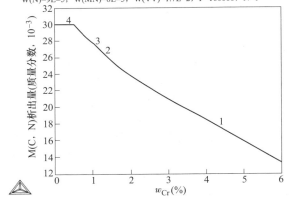

图 2-32　3-goal 中 M（C，N）随 Cr 含量的变化

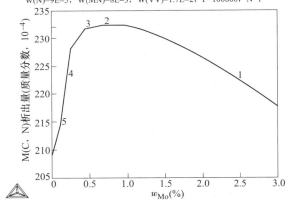

图 2-33　3-goal 中 M（C，N）随 Mo 含量的变化

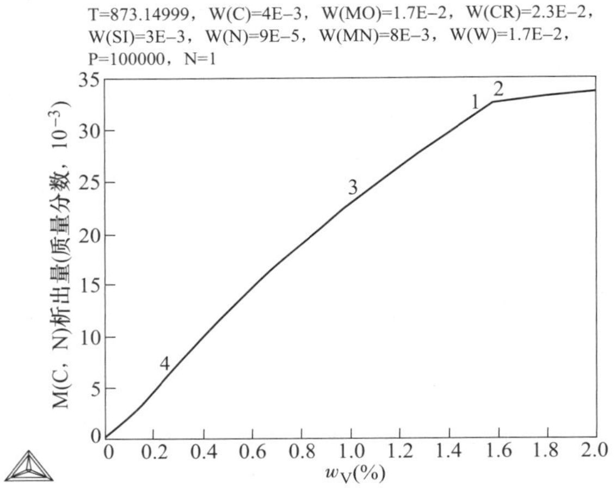

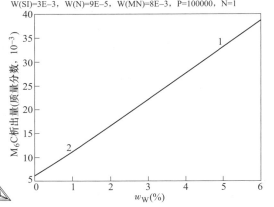

图 2-34　3-goal 中 M（C，N）随 V 含量的变化

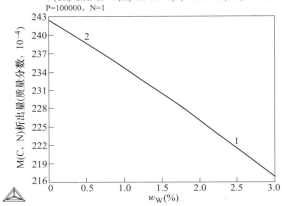

图 2-35　3-goal 中 M（C，N）随 W 含量的变化

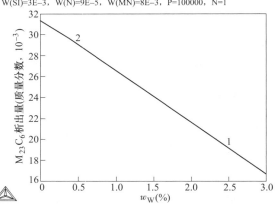

图 2-36　3-goal 中 M$_6$C 随 W 含量的变化

图 2-37　3-goal 中 M$_{23}$C$_6$ 随 W 含量的变化

（4）小结

1）回火温度升高，有利于 M(C，N) 析出，降低了 $M_{23}C_6$ 的析出量，对 $M_6C$ 的析出量影响则是使其先增加再减少。

2）600℃回火时，铬钼型高硅低钼组由于 V 含量的增加，使 M(C，N) 的析出量大于铬钼型低硅高钼组，但增 Si 降 Mo 会使 M(C，N) 析出量小幅度下降；铬钼型高硅低钼组 $M_{23}C_6$ 的析出量低于铬钼型低硅高钼组，且没有 $M_6C$ 析出，因此铬钼型高硅低钼组的长时热稳定性应该强于铬钼型低硅高钼组，但是抗冲击性能差。

3）铬钨系模具钢相比常规 H13 钢 Cr 含量下降，添加了 W，使得 $M_6C$ 和 M(C，N) 增加，因此，该钢种的短时热稳定性较好。

4）在 600℃回火时，V 对 M(C，N) 的析出量有显著的促进作用，但当达到一定后，促进作用变得不明显；Mo 含量的增加，使得 M(C，N) 的析出量先增加再减少，峰值点与其他成分配比有关；Cr 含量会降低 M(C，N) 的析出量；W 会小幅度降低 M(C，N) 的析出量，但显著提高 $M_6C$ 的析出，并部分取代 $M_6C$ 中 Mo 的位置，提高铬钨系模具钢的稳定性。

### 2.1.3　热作模具钢基础研究设计目标

综合前期大量文献与数值模拟计算的结果，人们分别对铬钼型模具钢与铬钨型模具钢两种成分体系的材料进行了分析。

**1. 铬钼型模具钢**

本次计算提出了两种设计方向：低硅高钼、高硅低钼。

1）铬钼型低硅高钼模具钢，是目前比较流行的一种 H13 钢优化的方向，在日本、德国等相关文献资料中均有体现。

2）铬钼型高硅低钼模具钢，从有关资料上的研究结果可得，其试验结果有悖于传统理论，但性能效果却得到一定程度的提高，随后甚至提出高硅高锰（1:1 的含量比）的设计思路，其目的仍然是保障材料的热稳定性和热疲劳性能，同时大幅度降低生产成本。

**2. 铬钨型模具钢**

铬钨系模具钢，相比常规 H13 钢，Cr 含量下降，添加了 W，使得 $M_6C$ 和 M(C，N) 增加，因此，该钢种的短时热稳定性较好，但淬透性稍差。

**3. 应用场合**

H13 模具钢应用场合广泛，主要在压铸模具、挤压模具、锻造模具等，其服役工况范围为 500～700℃，如铝合金液约 670℃，汽车用钢坯料约 1000℃，模腔瞬时温度为 600～700℃（模具通水，持续 0.2～0.4s），工况相对恶劣，因此，需要优异的高温综合性能。

**4. 研究设计目标**

1）从材料的使用性能来讲，优异的高温服役下的热稳定性（高温抗软化能力，即硬度下降程度及趋势）、优异的高温强度、优异的冲击韧度（高横/纵冲击韧度比）、优异的疲劳性能（长疲劳寿命、疲劳裂纹扩展速度慢、表面疲劳裂纹浅而宽等）、高热导率、高弹性模量（弹性变形小）、高淬透性（临界冷却速率，SKD61 钢为 12℃/min，新设计的材料的数值要小于该数值），以及理想的膨胀率、比热容、合金成本等方面。

2）从生产环节来讲，易于冶炼控制，对于大截面棒料（$\phi$1m 级）或大型模块需具有较好的冶金质量，即考虑偏析、液析碳化物控制、夹杂物控制等，锻造时应有充分的锻造比，锻后退火要保障材料的可加工性及均匀性，热处理工艺应综合考虑材料的使用性能，淬火时保障晶粒度，并充分回火，使得特殊碳化物 V、Mo、Cr 等强中碳化物形成元素在回火时直接从过饱和的 α 相中析出形成细小弥散的特殊碳化物 VC、MoC、$(Fe、Cr)_7C_3$ 和 $(Cr、Fe)_{23}C_6$ 等，从而形成二次硬化，从而保障模具钢在后续高温下的使用性能。

综合考虑公司现有用户产品需求，后续研究着重在铬钼系模具钢方向开展相关基础研究及产品样件制造研究工作，并通过工艺改进，以保障样件及产品的关键技术指标：

1）$w_P \leqslant 0.008\%$，$w_S \leqslant 0.001\%$。

2）残余气体元素含量：$w_{[N]} \leqslant 90 \times 10^{-6}$，$w_{[H]} \leqslant 1.5 \times 10^{-6}$，$w_{T.O} \leqslant 15 \times 10^{-6}$，其中"T. O"表示钢中总氧含量。

3）非金属夹杂物 A/C 类 $\leqslant 0.5$ 级，B/D 类 $\leqslant 1$ 级，液析碳化物 $\leqslant 5\mu m$。

4）退火显微组织达到 AS1-5。

5）超声检测达 D/d 级。

6）晶粒度 8 级以上。

## 2.2 热作模具钢基础研究性能对比分析

### 2.2.1 改进型常规 H13 钢基础研究

**1. 化学成分控制**

H13 钢是 C-Cr-Mo-Si-V 型钢，其化学成分及相应的锻造热处理工艺决定了该模具钢的优良性能，具有强度、硬度、塑性、韧性、高温性能等优良的综合力学性能。该模具钢的合金元素主要包含 C、Cr、Mn、Si、Mo、V，同时也要求钢中杂质元素 P、S 含量尽量低。从表 2-17 中可以看出，本节在成分设计方面，和 GB/T 1299—2014《工模具钢》中的 4Cr5MoSiV1 相比，C、Cr、Mn 元素含量控制在标准的上限，V 含量取中限。另外，对杂质元素 P、S 含量提出了更高要求，对 N、H、O 等气体元素也进行了控制，以此来保证模具钢性能优良且稳定。

表 2-17　模具钢化学成分（质量分数,%）

| 钢种 | C | Si | Mn | Cr | Mo | V | P | S | 其他元素 |
|---|---|---|---|---|---|---|---|---|---|
| 改进型常规 H13 钢 | 0.42 | 1.06 | 0.44 | 5.30 | 1.37 | 1.09 | <0.005 | <0.001 | $O<15\times10^{-6}$，$H<1.5\times10^{-6}$，$N<90\times10^{-6}$ |
| 国标 H13 钢 | 0.32~0.45 | 0.80~1.20 | 0.2~0.5 | 4.75~5.50 | 1.10~1.75 | 0.80~1.20 | <0.025 | <0.010 | Cu、Ni<0.025 |

**2. 锻坯加工与取样**

按照材料加工的制备方法获得如图 2-38 所示的原材料方坯，以开展后续的相关基础研究。

在图 2-38 所示的 1 号锻造坯料上切取 80mm×80mm×160mm（去头后尺寸）的热处理试块 1 块，并在头部和尾部各取一个分析试片（T 为锻坯头部，W 为锻坯尾部）。

**3. 退火性能分析**

（1）退火热处理

将 80mm×80mm×160mm 的试块在 1240℃下保温 2h，冷却至室温，在 670℃下保温 8h，然后加热至 870℃保温 2h，然后以 15℃/h 的速率从 870℃冷却至 600℃，然后静置冷却，从而对试块退火。退火热处理工艺曲线如图 2-39 所示。

图 2-38　改进型常规 H131 号模具钢锻造坯料

（2）退火硬度

利用 660 RLD/T 洛氏硬度计测定退火性能评价试块的 HRB 硬度，测试试验力为 150kgf（约 1471N），保持时间为 3s。测试结果见表 2-18，锻坯经退火热处理后头部和中部位置的硬度为 86.8HRB，均在 97HRB 以下，表明退火性能良好，可以在坯料淬火之前进行充分的粗加工，保证工件质量。

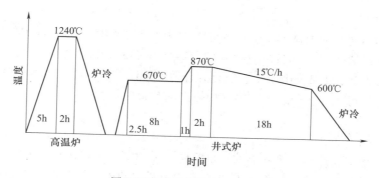

图 2-39 退火热处理工艺曲线

表 2-18 退火后试样硬度（HRB）

| 试样名称 | 测试结果 | | | 平均值 |
|---|---|---|---|---|
| | 1 | 2 | 3 | |
| T | 85.2 | 87.7 | 87.7 | 86.8 |
| W | 84.6 | 88.0 | 87.8 | 86.8 |

**4. 淬火组织及晶粒度分析**

（1）淬火热处理

在锻坯上取试块进行淬火及后续热处理组织性能评价试验，淬火温度及时间的选择需保证合金元素充分固溶到基体中且晶粒度不会粗大。晶粒度评价试样在1030℃下保持5h后淬火。试样表面以50℃/min 的速率冷却至550℃，以25℃/min 的速率从550℃冷却至400℃，并以10℃/min 的速率从400℃冷却至200℃。淬火热处理工艺曲线如图2-40所示。

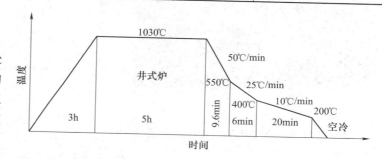

图 2-40 淬火热处理工艺曲线

（2）淬火后组织分析

淬火后的金相组织如图2-41所示，由板条状马氏体、少量针状马氏体和大量弥散碳化物组成。晶粒较为粗大，在原奥氏体晶界处有沿晶界短条状碳化物析出。

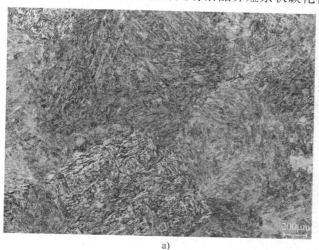

a)

b)

图 2-41 淬火后的金相组织

a）低倍下金相组织　b）高倍下金相组织

（3）晶粒度分析试验

抛光腐蚀后分别用不同腐蚀剂显示试验钢的淬火组织及晶粒形貌，其中淬火组织如图2-42所示，主要为均匀细小的板条马氏体+大量弥散碳化物。根据GB/T 6394—2017《金属平均晶粒度测定法》评价原奥氏体晶粒的晶粒度级别数为5.5。由于碳、钒元素合适的配比可以在淬火过程中形成大量弥散分布的碳化钒钉扎晶界，故试验钢可以在热处理工程中保持较细的晶粒度级别。

**5. 材料性能评价**

（1）性能评价用淬火热处理

综合考虑材料的热稳定及热导率等性能的评价问题，需对测试试样进行热处理。同时，考虑前期淬火后组织与晶粒度结果，并对本次淬火的冷却工艺进行了微调。冲击+热导率试块在1030℃下保持5h后淬火。试样表面以20℃/min的速率冷却至550℃，以15℃/min的速率从550℃冷却至400℃，并以3℃/min的速率从400℃冷却至200℃。淬火热处理工艺曲线如图2-43所示。

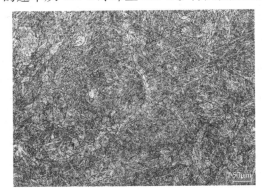

图2-42　淬火组织

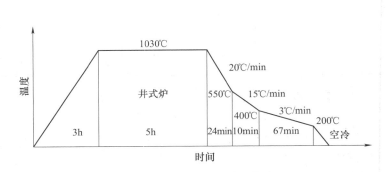

图2-43　淬火热处理工艺曲线

测定试样淬火后硬度（HRC）见表2-19。

表2-19　淬火后试样硬度（HRC）

| 试样名称 | 测试结果 | | | | | 平均值 |
| --- | --- | --- | --- | --- | --- | --- |
| | 1 | 2 | 3 | 4 | 5 | |
| T | 53.1 | 53.6 | 52.7 | 52.4 | 52.7 | 52.9 |
| W | 55.2 | 55.6 | 55.6 | 55.7 | 55.7 | 55.6 |

（2）回火热处理试验

模铸用或压铸用等模具在使用过程中被反复经历冷热交替，且温度较高，在使用过程中模具表面组织无法避免发生一定程度的变化，因此在使用温度范围内要求模具钢有优异的组织稳定性，故选择与工作温度相近的回火温度较为合理，同时要寻求硬度和韧性的综合匹配。因此选择将淬火后的试样进行600~620℃的两次回火，可以既保证材料硬度又使之具有较好的韧性。选择回火温度进行回火，回火热处理工艺曲线如图2-44所示。

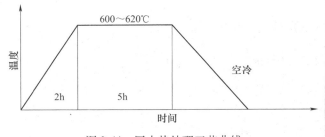

图2-44　回火热处理工艺曲线

（3）回火组织

回火后的金相组织如图2-45所示，为回火索氏体和回火托氏体（近白色针状）以及很少量的颗粒碳化物，原奥氏体晶界回火托氏体占比明显。组织晶粒大小分布不均，原奥氏体晶界处组织晶粒比较小。

多次回火后的组织SEM（扫描电子显微镜）和EDS（能量色散X射线谱）结果如图2-46所示。图中所示的大颗粒碳化物含有较多的V元素，可能是碳化物VC，其他的小颗粒碳化物应该是碳化物$M_{23}C_6$。

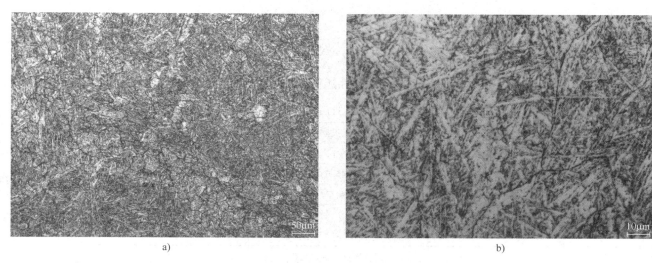

图 2-45 回火后的金相组织

a）低倍下金相组织 b）高倍下金相组织

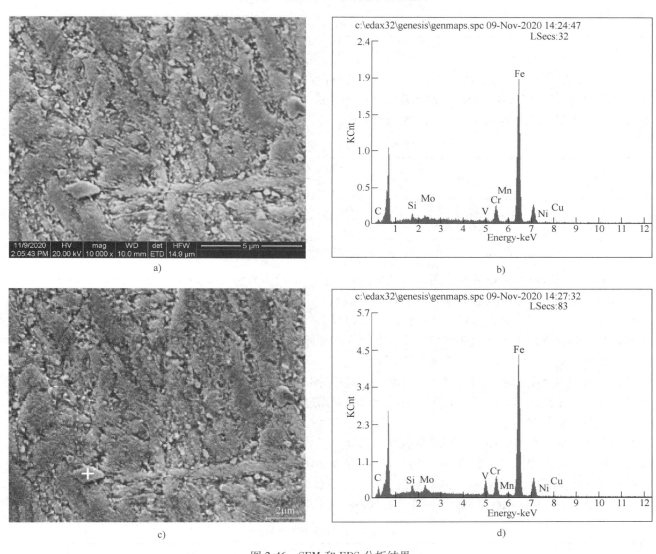

图 2-46 SEM 和 EDS 分析结果

a）局部显微组织 SEM b）局部显微组织的 EDS c）碳化物的 SEM d）碳化物的 EDS

（4）回火硬度

经淬火的试块在 600~620℃下多次回火。经第一次回火和二次回火后试样的硬度结果见表 2-20 和表 2-21。通过二次回火后，硬度值均产生一定的下降，其中 T 部位下降约 1.9HRC，而 W 部位下降约为 2.7HRC，可以看出经二次回火后，常规 H13 钢的性能仍然出现一定的下降趋势。

表 2-20　第一次回火后试样硬度（HRC）

| 试样名称 | 第一次回火测试结果 | | | | | 平均值 |
| --- | --- | --- | --- | --- | --- | --- |
| | 1 | 2 | 3 | 4 | 5 | |
| T | 45.9 | 46.0 | 46.0 | 46.1 | 46.5 | 46.1 |
| W | 44.5 | 44.5 | 44.7 | 44.5 | 44.7 | 44.6 |

表 2-21　第二次回火后试样硬度（HRC）

| 试样名称 | 第二次回火测试结果 | | | | | 平均值 |
| --- | --- | --- | --- | --- | --- | --- |
| | 1 | 2 | 3 | 4 | 5 | |
| T | 44.4 | 43.9 | 44.0 | 44.3 | 44.4 | 44.2 |
| W | 41.8 | 41.8 | 42.0 | 41.7 | 42.0 | 41.9 |

（5）冲击性能评价

将上述试块加工成冲击试样，其中冲击试样按照标准的 U 型缺口试样，冲击试样尺寸为 10mm×10mm× 55mm（U 型缺口底部半径：1mm，缺口深度：8mm，缺口截面面积：0.8cm$^2$）。取 6 个试样的平均值，冲击结果见表 2-22，结果表明，经上述多次回火后试样冲击吸收能量较低。

表 2-22　多次回火室温冲击结果

| 试样名称 | U 型缺口试样室温冲击吸收能量/J | | | |
| --- | --- | --- | --- | --- |
| | 1 | 2 | 3 | 平均值 |
| T | 14.58 | 10.80 | 11.70 | 12.36（15.5J/cm$^2$） |
| W | 7.38 | 9.00 | 5.40 | 7.26（9.1J/cm$^2$） |

注：括号内为冲击韧度（由冲击吸收能量除以试样缺口截面面积 0.8cm$^2$ 得到）。

为了解冲击吸收能量偏低的原因，对试样的断口进行了扫描分析，图 2-47 所示为冲击断口的 SEM 形貌，从断口上可以观察到具有塑性变形特征的撕裂棱，其形成原因可能是在 1030℃淬火后马氏体中点阵畸变严重，经多次回火后，晶粒内的颗粒可能作为裂纹源，边界处易发生较大塑性变形以撕裂方式链接形成撕裂棱。同时也存在局部微观韧窝，整个断口为准解理断口。其中试样中部断口沿晶断裂更明显，且裂纹源处含有大量 Al$_2$O$_3$ 夹杂物，如图 2-48 所示，这主要是冶炼控制所引起的。可见，锻件冶炼中形成的夹杂是降低冲击性能的重要因素之一。因此，本材料的冲击韧度研究为后续大型样件制造工艺的制订提供了重要参考，尤其是冶炼过程中对夹杂物的控制要求需进一步提高。

（6）热导性评价

热作模具钢材料不仅需要良好的淬透性，而且为了减少循环过程所用时间，提高产品质量，以及减少模具热疲劳开裂及焊接，需要有较高的热导率。制备 $\phi$10mm×2mm 的热导率测试用试样。通过激光闪光法测试试样在 25℃下的热导率，结果见表 2-23。可以看出，本研究中改进型常规 H13 钢材料回火后热导率约为 23W/（m·K），数值偏低，不利于在 600~620℃下长时多频次使用。

表 2-23　热导率测试结果

| 试样名称 | 温度/℃ | 热导率/[W/（m·K）] |
| --- | --- | --- |
| T | 25 | 22.654 |
| W | 25 | 21.494 |

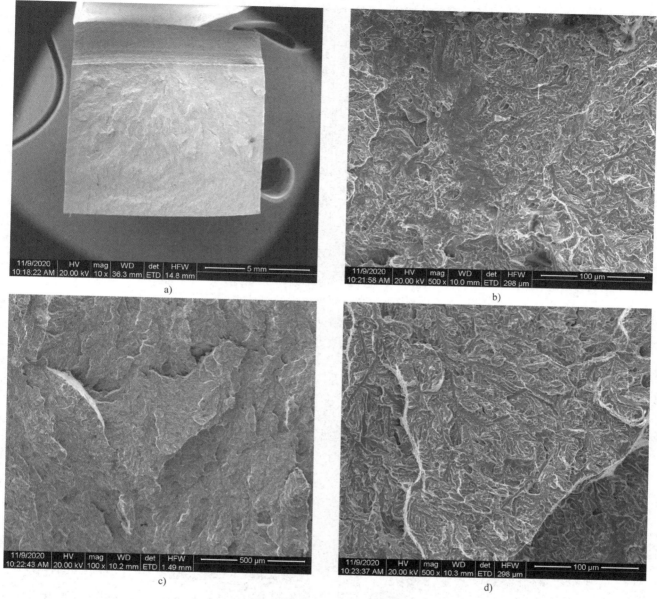

图 2-47　冲击断口 SEM 形貌

a）整体形貌　b）裂纹源放大形貌　c）扩展区　d）扩展区放大形貌

（7）拉伸性能

对多次回火后试料进行常温和高温下的拉伸试验，结果见表 2-24。需要特别说明的是，为了解该改进型常规 H13 钢的高温性能，特将高温拉伸的温度在参考回火温度的基础上重新上调至 650℃。室温及高温拉伸试样的断口形貌如图 2-49～图 2-51 所示，其中，常温拉伸断口起裂区有明显的沿晶开裂现象，高温拉伸试样断口有较深的凹坑和二次裂纹，结合表 2-24 中的拉伸数据可以看出，在室温时，其断后伸长率及断面收缩率相对较小。

表 2-24　常温和高温拉伸试验结果

| 试样名称 | 温度/℃ | 屈服强度 $R_{p0.2}$/MPa | 抗拉强度 $R_m$/MPa | 断后伸长率 A（%） | 断面收缩率 Z（%） |
|---|---|---|---|---|---|
| H-2 | 650 | 452 | 607 | 19.5 | 77 |
| H-1 | 20 | 1298 | 1504 | 5.5 | 14 |

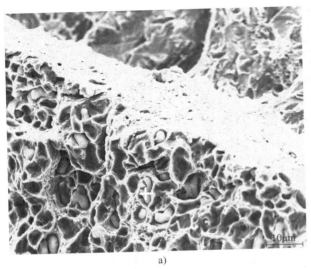
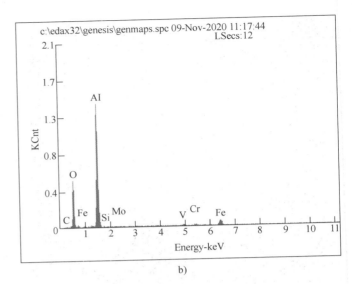

图 2-48　裂纹源处的氧化物夹杂分析

a）裂纹源夹杂物的 SEM　b）夹杂物的 EDS

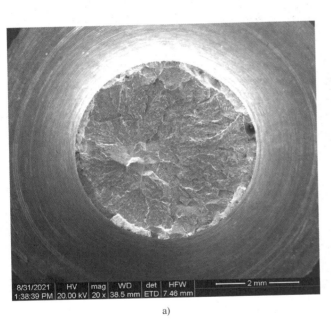
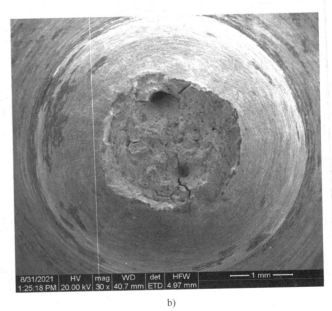

图 2-49　拉伸断口宏观形貌

a）常温拉伸断口宏观形貌　b）高温拉伸断口宏观形貌

**6. 小结**

本小节对改进型常规 H13 钢进行了基础研究试验，并对多项性能进行了表征与分析。

1）本小节在成分设计方面，和 GB/T 1299—2014《工模具钢》中的 4Cr5MoSiV1 相比，改进型常规 H13 钢中的 C、Cr、Mn 元素含量控制在标准的上限，V 含量取中间值；同时，对杂质元素 P、S 含量提出了更高要求，对 N、H、O 等气体元素也进行了控制，以此来保证模具钢性能优良且稳定；通过试验发现，尽管在冶炼控制中提高了对夹杂物的控制要求，但仍难免出现冲击韧度偏低的现象。

2）经 600~620℃ 多次回火后，试块不同部位的硬度值均有一定的下降，其中，头部下降约 1.9HRC，而尾部下降约为 2.7HRC，说明材料的热稳定性在该回火温度下效果一般；同时，材料的冲击韧度偏低，其中，头部为 12.36J/cm²，尾部为 7.26J/cm²，且冲击的裂纹源处出现大量 $Al_2O_3$ 夹杂物，与冶炼控制有

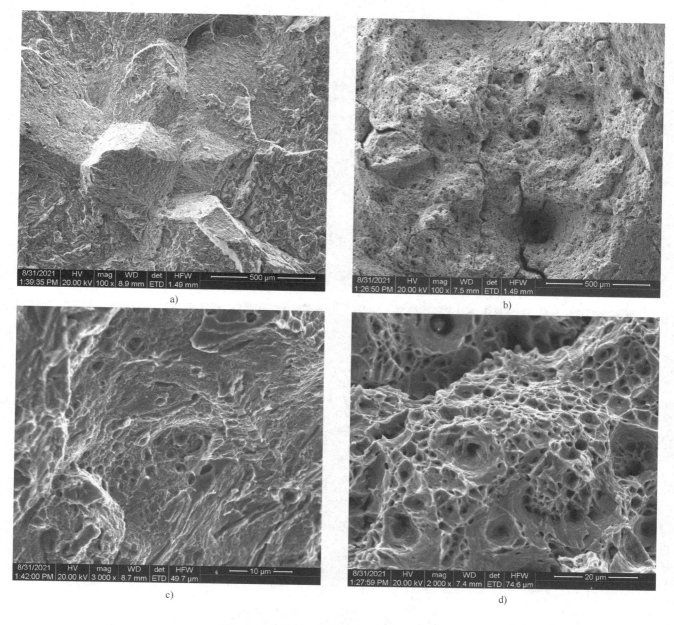

图 2-50　拉伸断口开裂区宏观形貌及放大图
a）常温拉伸断口开裂区宏观形貌　b）a 图放大图　c）高温拉伸断口开裂区宏观形貌　d）c 图放大图

直接的关系。

3）改进型常规 H13 钢材料回火后热导率为 23W/（m·K），数值偏低，不利于在 600~620℃下长时多频次使用。

4）对多次回火后试料进行常温和高温下（650℃）的拉伸试验，常温拉伸断口起裂区有明显的沿晶开裂现象，高温拉伸试样断口有较深的凹坑和二次裂纹，同时，结合拉伸数据可以看出，在室温时，其断后伸长率及断面收缩率相对较小。

通过以上初步研究可以看出，该材料需进一步的提升和改进，一方面要加强冶炼工艺控制，另一方面还需要结合产品实际确定较合适的服役温度，材料的热稳定性、热导率等关键参数受材料本身性能的影响较大。因此，通过本基础研究可以初步为后续大型样件制造提供研究基础。

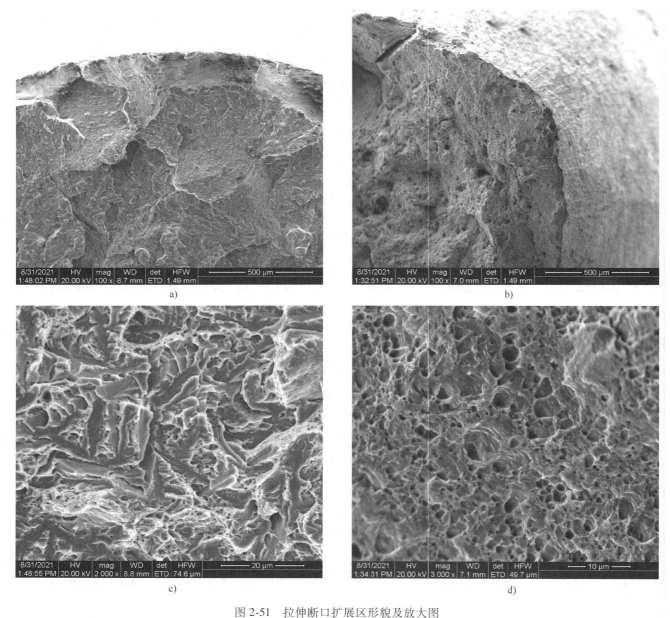

图 2-51　拉伸断口扩展区形貌及放大图

a）常温拉伸断口扩展区宏观形貌　b）a图放大图　c）高温拉伸断口扩展区宏观形貌　d）c图放大图

## 2.2.2　改进型低硅高钼 H13 钢基础研究

### 1. 化学成分控制

表 2-25 为改进型低硅高钼 H13 钢试验用料的化学成分。

表 2-25　低硅高钼型 H13 钢化学成分（质量分数,%）

| C | Si | Mn | P | S | Cr | Mo | Ni | Cu | V | H | O | N |
|---|---|---|---|---|---|---|---|---|---|---|---|---|
| 0.40~0.45 | 0.18~0.25 | 0.80~1.00 | <0.005 | <0.001 | 5.70~6.10 | 1.70~2.10 | <0.1 | <0.02 | 0.80~1.00 | $<1.5\times10^{-6}$ | $<15\times10^{-6}$ | $<90\times10^{-6}$ |

注：其他成分未在表中表述。

### 2. 锻造工艺

高温均质化处理工艺：1250℃×24h，锯切冒口后，发现小钢锭仍然存在一次缩孔（较改进型常规

H13钢更为严重，经冶炼人员分析应为材料特性所致），为保障后续锻造无开裂，经二次加工，有效去除缩松缩孔部位。

加热温度：随炉升温至1160℃保温2~3h。

锻造工艺：

1）镦粗：初始尺寸→预拔规圆→镦$\phi150mm×H$。

2）拔长：拔成方坯至80mm×80mm×$L$。

整个锻造过程温度不得低于850℃，若低于850℃需重新入炉。锻后需要埋起来缓冷。锻坯经750℃保温6h软化处理。

**3. 热处理工艺与性能研究**

（1）相图测定

利用JMatPro软件对改进型低硅高钼H13钢相关相变点进行数值模拟，具体结果见表2-26。

表2-26 改进型低硅高钼H13钢相变点数值模拟结果

| 成分 | 平衡相 | 固液两相区 | δ铁素体 | 奥氏体 | MX | MNS | $M_2X$ | $M_6C$ | $M_{23}C_6$ | LAVES |
|---|---|---|---|---|---|---|---|---|---|---|
| 低硅高钼型 | 开始析出温度/℃ | 1486 | 1486 | 1444 | 1192 | 1322 | 295 | 873，647 | 920 | 511 |
| H13钢 | 终了析出温度/℃ | 1408 | 1430 | 800 | 291 | — | — | 835，495 | — | — |

（2）热物性参数测定

为后续制订合适的锻造、热处理等工艺，并开展相关机理分析，下面对试验用料分别进行热导率、熔点、膨胀系数、比热容等参数测定，分别见表2-27~表2-30。材料的CCT图如图2-52所示。

表2-27 热导率

| 温度/℃ | 热导率/[W/(m·K)] | 温度/℃ | 热导率/[W/(m·K)] |
|---|---|---|---|
| 22 | 26.080 | 750 | 23.269 |
| 100 | 34.850 | 800 | 20.280 |
| 200 | 31.963 | 850 | 22.321 |
| 300 | 30.307 | 900 | 22.740 |
| 400 | 28.732 | 950 | 22.244 |
| 500 | 26.993 | 1000 | 21.508 |
| 550 | 26.302 | 1050 | 15.647 |
| 600 | 25.154 | 1100 | 10.447 |
| 650 | 24.422 | 1150 | 8.261 |
| 700 | 23.345 | 1200 | 9.370 |

表2-28 熔点

| 熔化温度 $T_m$/℃ | 熔化峰值温度 $T_{p1}$/℃ | 熔化峰值温度 $T_{p2}$/℃ | 回归基线温度 $T_f$/℃ |
|---|---|---|---|
| 1417 | 1449 | 1491 | 1516 |

表2-29 膨胀系数

| 温度/℃ | 平均线膨胀系数/($10^{-6}$/℃) | 温度/℃ | 平均线膨胀系数/($10^{-6}$/℃) |
|---|---|---|---|
| 100 | 12.2 | 800 | 13.1 |
| 200 | 12.0 | 900 | 10.8 |
| 300 | 12.2 | 1000 | 11.8 |
| 400 | 12.4 | 1100 | 12.7 |
| 500 | 12.6 | 1200 | 13.7 |
| 600 | 12.8 | 1240 | 14.1 |
| 700 | 12.9 | | |

表 2-30  比热容

| 温度/℃ | 比热容/[J/(g·K)] | 温度/℃ | 比热容/[J/(g·K)] |
|---|---|---|---|
| 22 | 0.413 | 650 | 0.697 |
| 50 | 0.484 | 700 | 0.751 |
| 100 | 0.572 | 750 | 0.904 |
| 150 | 0.572 | 800 | 0.630 |
| 200 | 0.554 | 850 | 0.611 |
| 250 | 0.563 | 900 | 0.524 |
| 300 | 0.562 | 950 | 0.505 |
| 350 | 0.572 | 1000 | 0.484 |
| 400 | 0.582 | 1050 | 0.427 |
| 450 | 0.591 | 1100 | 0.389 |
| 500 | 0.608 | 1150 | 0.366 |
| 550 | 0.631 | 1200 | 0.454 |
| 600 | 0.650 | 1250 | 0.457 |

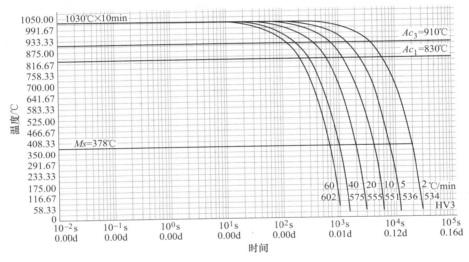

图 2-52  改进型低硅高钼型模具钢的 CCT 图

图 2-53 所示为改进型低硅高钼型模具钢 CCT 中不同冷速下显微组织。案例中所用的改进型低硅高钼型模具钢的 $Ac_3$ 为 910℃，$Ac_1$ 为 830℃，$Ms$ 为 378℃；当试样的冷却速率大于 2℃/min 时，组织转变产物均为马氏体。与传统 H13 钢的 CCT 图相比，改进型低硅高钼型 H13 模具钢的整个连续冷却转变过程中没有发现贝氏体和珠光体组织。传统 H13 钢由于冷却过程析出粗大贝氏体降低了塑韧性，影响其制成模具的热疲劳性能以及耐磨性能，从而大大影响模具寿命。由于改进型低硅高钼型 H13 模具钢合金成分种类及含量与传统型 H13 钢不同，尤其是铬、钼、钒、铌等元素含量较高，与碳原子强烈结合，对碳原子扩散起到阻碍作用，很大程度上推迟了珠光体及贝氏体转变，即使淬火冷速低至 2℃/min 仍然没有引起贝氏体转变，可以初步推测试验钢的淬透性十分优秀，同时试验钢锰元素含量较多，可以提高其冲击韧度。

（3）热变形行为及热加工图

1）热变形流变应力特征。改进低硅高钼型 H13 钢单道次热压缩试验采用如下方案：试样均以 10℃/s 加热到 1200℃后，保温 300s 后，以 5℃/s 冷却到变形温度，变形温度分别为 1200℃、1150℃、1100℃、1050℃、1000℃、950℃、900℃，变形温度保温 30s（1200℃无须进行降温直接压缩），分别以 0.01s⁻¹、0.1s⁻¹、1.0s⁻¹、10.0s⁻¹ 的应变速率变形 60%（真应变约为 0.9），变形结束后水淬以保持高温形变组织，

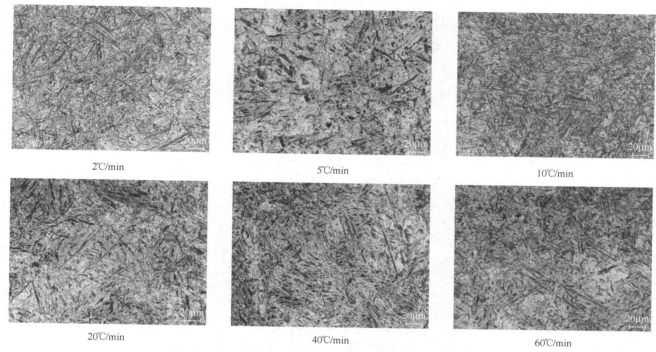

图 2-53　改进型低硅高钼型模具钢 CCT 中不同冷速下显微组织

示意图如图 2-54 所示。

在不同变形温度和变形速率下，试验钢真应力-真应变曲线如图 2-55 所示。应变速率为 $0.01s^{-1}$ 和 $0.1s^{-1}$ 时，在变形温度为 950℃ 时，高温下材料变形时发生动态硬化，流变应力先随应变的增加迅速升高，当真应变继续增加，动态回复软化机制导致真应力趋向平稳，即呈现稳态流变特征；变形温度在 1000～1200℃ 范围内，应力-应变曲线上则呈现出较明显的峰值应力，然后明显下降，出现应力不连续的屈服现象，通常这种不连续屈服现象可能是由于材料内部组织发生动态再结晶、动态失效或者局部流变所致。应变速率为 $1s^{-1}$，变形温度在 950～1150℃ 范围内时，材料变形时发生动态硬化，流变应力先随应变的增加迅速升高，当真应变继续增加，呈现稳态流变特征；变形温度在 1100～1200℃ 范围内，应力-应

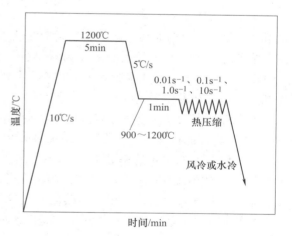

图 2-54　单道次热压缩试验方案示意图

变曲线上则呈现出较明显的峰值应力。应变速率为 $10s^{-1}$，在变形温度在 950～1200℃ 范围内时，材料变形时流变曲线形状相似，基本保持平行，呈稳态流变特征，没有明显的峰值出现。

图 2-56 所示为变形速率为 $0.01s^{-1}$ 时不同温度下奥氏体形态。其中，在 950℃ 下变形速率为 $0.01s^{-1}$ 的奥氏体晶粒只发生动态回复，晶粒被压扁，仅晶界由原来的平直线条变成锯齿状，这种锯齿的内角处为再结晶形核提供了有利的部位；在 1000℃ 下变形速率为 $0.01s^{-1}$ 的奥氏体晶粒形状，由变形曲线很难判断出材料是否发生动态再结晶，从图 2-56b 中奥氏体晶粒的形状看，奥氏体晶粒被压扁，晶界由原来的平直线条变成锯齿状，且已经在锯齿的内角处形成再结晶形核；在 1050℃、1150℃、1200℃ 下变形速率为 $0.01s^{-1}$ 的奥氏体晶粒形状，由变形曲线及奥氏体晶粒形状可知，变形温度超过 1050℃ 就已经发生了连续动态再结晶。

图 2-57 所示为变形速率为 $0.1s^{-1}$ 时不同温度下奥氏体形态。其中，图 2-57a 所示为 950℃ 下变形速率为 $0.1s^{-1}$ 的奥氏体晶粒形状，已经发生了连续再结晶；图 2-57c 所示为 1050℃ 下变形速率为 $0.1s^{-1}$ 的奥氏

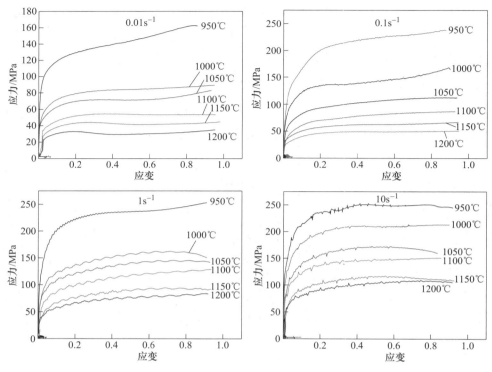

图 2-55　同一应变速率不同变形温度下变形曲线

体晶粒形状，由变形曲线很难判断出材料是否发生动态再结晶，从奥氏体晶粒形状看，奥氏体晶粒被压扁，晶界由原来的平直线条变成锯齿状，且已经在锯齿的内角处形成再结晶形核；图 2-57e、f 所示为 1150℃、1200℃下变形速率为 0.1s⁻¹ 的奥氏体晶粒形状，由变形曲线及奥氏体晶粒形状可知，变形温度超过 1050℃就已经发生了连续动态再结晶。

图 2-58 所示为变形速率为 1s⁻¹ 时不同温度下奥氏体晶粒形状。其中，图 2-58c 所示为 1050℃下变形速率为 1s⁻¹ 的奥氏体晶粒形状，由奥氏体晶粒形状可知，变形温度超过 1050℃就已经发生了连续动态再结晶。

图 2-59 所示为变形速率为 10s⁻¹ 时不同温度下奥氏体晶粒形状。其中，图 2-59f 所示为 1200℃下变形速率为 10s⁻¹ 的奥氏体晶粒形状，由变形曲线很难判断出材料是否发生动态再结晶，从奥氏体晶粒形状看，变形温度在 1200℃就已经发生了连续动态再结晶。

为了更加清晰地比较试验钢在不同变形条件下的热强度，图 2-60 给出了试验钢在不同应变速率下热压缩变形时，峰值应力与变形温度之间的关系。由图 2-60 可以看出，在同一应变速率下，随着温度的升高，峰值应力降低。在同一变形温度下，变形速率越大，峰值应力越高。由表 2-31 可知，变形温度对峰值应力的影响非常显著，这主要是因为随着温度的升高，原子的热振动振幅增大，动能增大，降低了金属原子间的结合力，临界切应力降低，流变应力必然降低；另外随着温度的升高，空位原子扩散及位错进行攀移、交滑移的驱动力越大，滑移运动阻力减小，动态再结晶进行得越充分，可以部分消除加工硬化现象，从而导致金属材料在变形过程中的峰值应力降低[34]。

表 2-31　各变形条件下试验钢的峰值应力　　　　　　　　　　（单位：MPa）

| 应变速率/s⁻¹ | 变形温度/℃ | | | | | |
| --- | --- | --- | --- | --- | --- | --- |
| | 950 | 1000 | 1050 | 1100 | 1150 | 1200 |
| 0.01 | 162.7 | 85 | 72 | 54.4 | 44.1 | 32.8 |
| 0.1 | 227 | 134 | 112 | 86.5 | 63.7 | 49 |
| 1 | 237 | 162.2 | 145.7 | 127 | 94 | 83 |
| 10 | 251 | 210 | 171.5 | 149 | 116 | 108 |

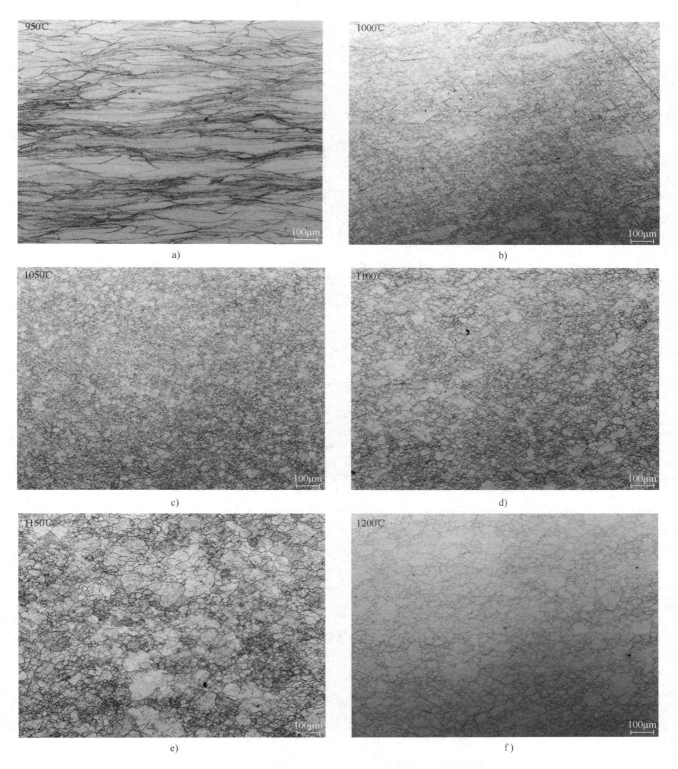

图 2-56　不同变形温度条件下（变形速率为 $0.01s^{-1}$）的奥氏体形态

本构关系是材料的流变应力与热加工参数之间最基本的函数关系，是进行金属塑性变形工艺设计和控制的基础。对于常规热变形，$\sigma$、$\dot{\varepsilon}$、$T$ 之间的关系可表示为[35]

$$\dot{\varepsilon} = A\left[\sinh(\alpha\sigma)\right]^{n}\exp\left[-Q/(RT)\right] \qquad (2\text{-}1)$$

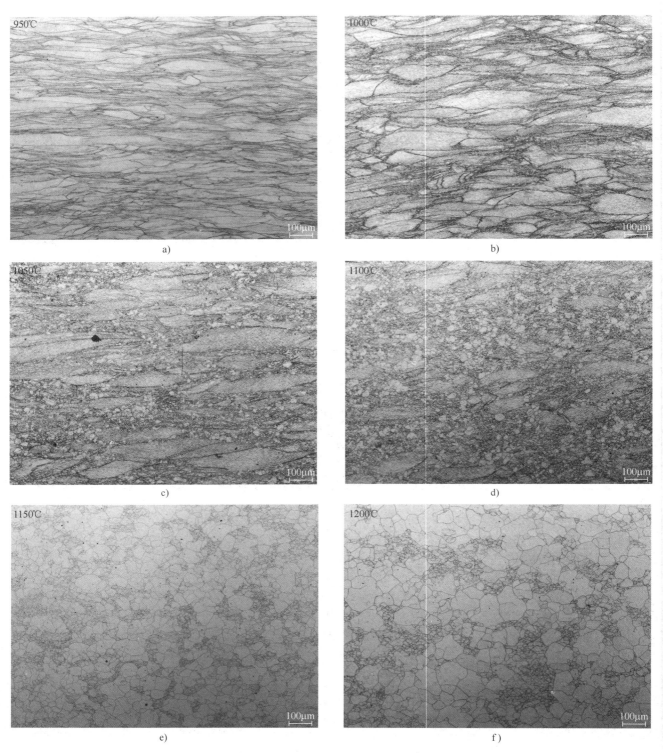

图 2-57　不同变形温度条件下（变形速率为 0.1s⁻¹）的奥氏体形态

式中，$\dot{\varepsilon}$ 为应变速率；$A$ 为结构因子；$\alpha$ 为应力水平参数；$\sigma$ 为峰值应力；$n$ 为应力应变指数；$Q$ 为热变形激活能；$R$ 为气体常数；$T$ 为热力学温度。

在温度相同的低应力（$\alpha\sigma<0.8$）和高应力（$\alpha\sigma>1.2$）水平下，式（2-1）可分别表达为

$$\dot{\varepsilon} = A_1\sigma^{n_1} \tag{2-2}$$

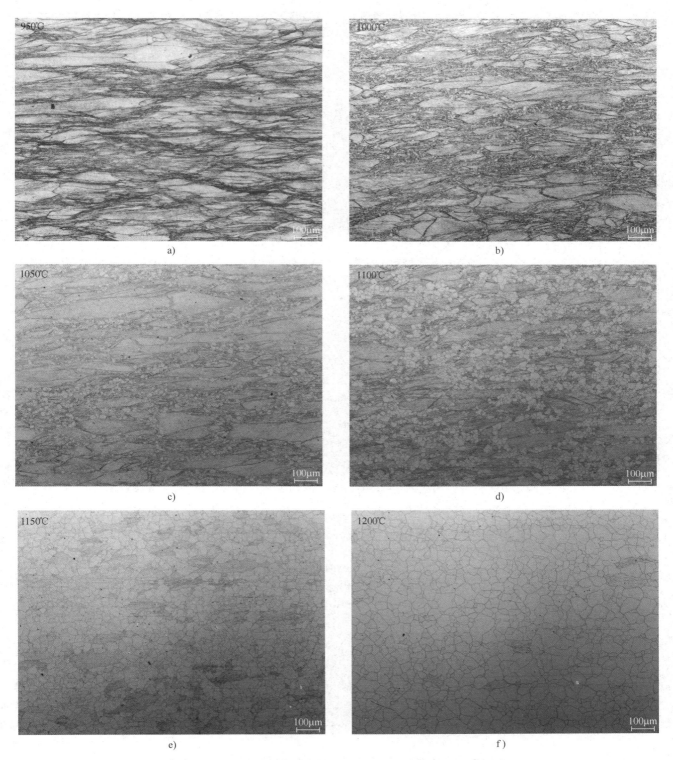

图 2-58　不同变形温度条件下（变形速率为 $1s^{-1}$）的奥氏体形态

$$\dot{\varepsilon} = A_2 \exp(\beta\sigma) \tag{2-3}$$

式中，$A_1$、$A_2$、$n_1$、$\beta$ 均为常数，其中 $\alpha = \beta / n_1$。

对式（2-2）、式（2-3）两边取对数分别可得

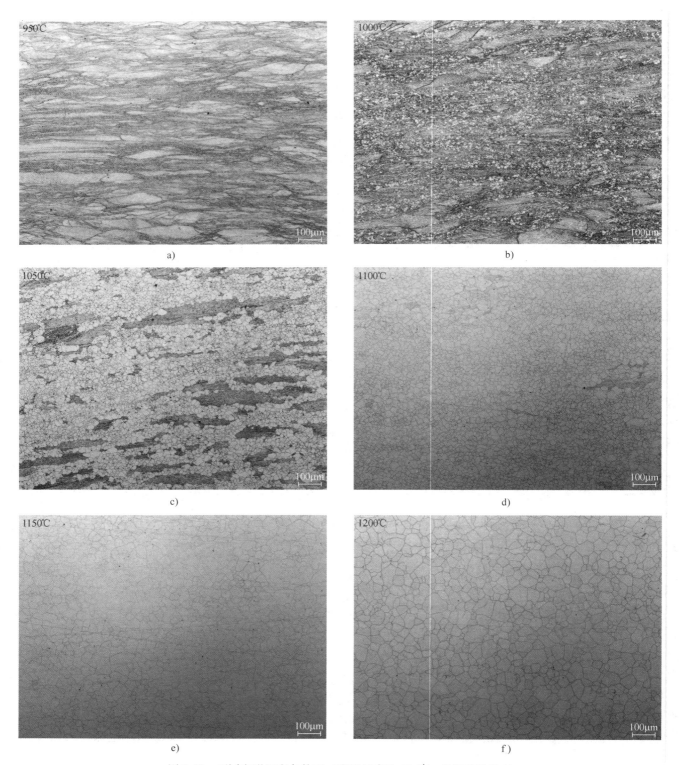

图 2-59　不同变形温度条件下（变形速率为 $10s^{-1}$）的奥氏体形态

$$\ln\dot{\varepsilon} = \ln A_1 + n_1\ln\sigma \tag{2-4}$$

$$\ln\dot{\varepsilon} = \ln A_2 + \beta\sigma \tag{2-5}$$

由式（2-4）、式（2-5）可知，当温度一定时，$n_1$ 和 $\beta$ 分别为 $\ln\dot{\varepsilon}-\ln\sigma$ 和 $\ln\dot{\varepsilon}-\sigma$ 关系曲线的斜率，采

用一元线性回归处理，如图 2-61 所示，得到 $\ln\dot{\varepsilon}$-$\ln\sigma$ 关系曲线如图 2-61a 所示，$\ln\dot{\varepsilon}$-$\sigma$ 关系曲线如图 2-61b 所示。

分别得到 $n_1$ 与 $\beta$ 的平均值为 7.576567 和 0.070833，根据 $\alpha=\beta/n_1$ 得到 $\alpha$ 为 0.009349MPa$^{-1}$。

假定热变形激活能 $Q$ 与温度 $T$ 无关，对式（2-1）两边分别取对数，整理得

$$\ln\dot{\varepsilon} = \ln A - Q/(RT) + n\ln[\sinh(\alpha\sigma)] \qquad (2-6)$$

将不同温度下材料变形时的峰值应力、应变速率值和所求的 $\alpha$ 值代入式（2-6），再用最小二乘法线性回归，绘制出相应的 $\ln\dot{\varepsilon}$-$\ln[\sinh(\alpha\sigma)]$ 关系曲线，如图 2-62 所示；$\ln[\sinh(\alpha\sigma)]$-$1/T$ 关系曲线如图 2-63 所示。

图 2-62 中 $\ln\dot{\varepsilon}$-$\ln[\sinh(\alpha\sigma)]$ 关系曲线的斜率为 $n$，其值为 5.4313。图 2-63 中 $\ln[\sinh(\alpha\sigma)]$-$1/T$ 关系曲线的斜率为 $Q/(nR)$，值为 14642.2。由此可求得变形激活能 $Q=527.91$kJ/mol，其中 $R=8.314$J/(mol·k)。

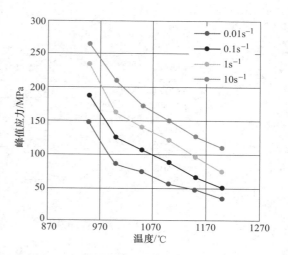

图 2-60　试验钢变形温度对峰值应力的影响

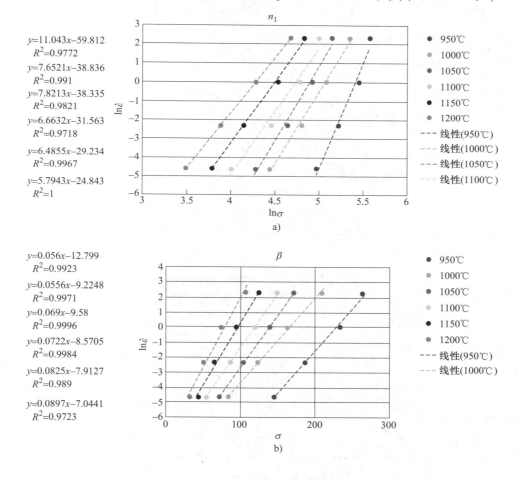

图 2-61　应变速率与流变应力的关系

a) $\ln\dot{\varepsilon}$-$\ln\sigma$ 关系曲线　b) $\ln\dot{\varepsilon}$-$\sigma$ 关系曲线

为了能够更准确地描述材料的加工特性，并且得到准确的热变形方程，引入 Zener-Holloman[36] 温度补偿的变形速率因子 $Z$ 来补偿温度和应变速率对热加工过程中的联系。$Z$ 参数可表示为

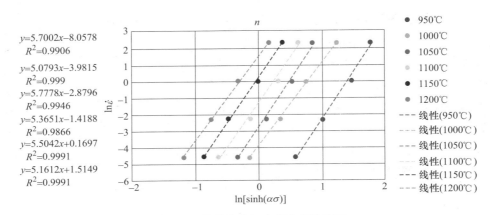

$y=5.7002x-8.0578$
$R^2=0.9906$

$y=5.0793x-3.9815$
$R^2=0.999$

$y=5.7778x-2.8796$
$R^2=0.9946$

$y=5.3651x-1.4188$
$R^2=0.9866$

$y=5.5042x+0.1697$
$R^2=0.9991$

$y=5.1612x+1.5149$
$R^2=0.9991$

图 2-62　峰值应力与应变速率的关系

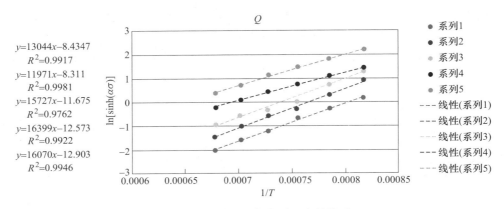

$y=13044x-8.4347$
$R^2=0.9917$

$y=11971x-8.311$
$R^2=0.9981$

$y=15727x-11.675$
$R^2=0.9762$

$y=16399x-12.573$
$R^2=0.9922$

$y=16070x-12.903$
$R^2=0.9946$

图 2-63　峰值应力与变形温度的关系

$$Z = \dot{\varepsilon}\exp(Q/RT) \tag{2-7}$$

$$Z = \dot{\varepsilon}\exp[Q/(RT)] = A[\sinh(\alpha\sigma)]^n \tag{2-8}$$

利用 $Z$ 参数、补偿温度和应变速率对热加工过程的联系，求得相应应变速率与温度下的 $Z$ 值，见表 2-32。

表 2-32　各变形条件下试验钢的 Z 值

| 温度/℃ | 应变速率/s$^{-1}$ | | | |
|---|---|---|---|---|
| | 0.01 | 0.1 | 1 | 10 |
| 950 | 47.31348 | 47.31348 | 47.31348 | 47.31348 |
| 1000 | 4.22532E+20 | 4.22532E+21 | 4.22532E+22 | 4.22532E+23 |
| 1050 | 5.97114E+18 | 5.97114E+19 | 5.97114E+20 | 5.97114E+21 |
| 1100 | 1.60643E+17 | 1.60643E+18 | 1.60643E+19 | 1.60643E+20 |
| 1150 | 7.18338E+15 | 7.18338E+16 | 7.18338E+17 | 7.18338E+18 |
| 1200 | 1.77938E+15 | 1.77938E+16 | 1.77938E+17 | 1.77938E+18 |

绘制 lnZ-ln[sinh($\alpha\sigma$)] 关系图，相关系数达到 0.9849。得到常数 A 值及更精确的应力指数 n 值。

图 2-64 所示为 ln[sinh($\alpha\sigma$)] 与 lnZ 的关系图，对图 2-64 中数据点进行线性回归分析，可分别得到 $n$ 值为 5.3469，$A$ 值为 $3.3\times10^{19}$。将上述结果代入式（2-1）中，可得到改进型低硅高钼型 H13 钢在 950～1200℃、0.01～10s$^{-1}$ 变形条件下的热变形方程

$$\dot{\varepsilon} = 3.3 \times 10^{19}[\sinh(0.00935\sigma)]^{5.3469}\exp[-527910/(RT)] \tag{2-9}$$

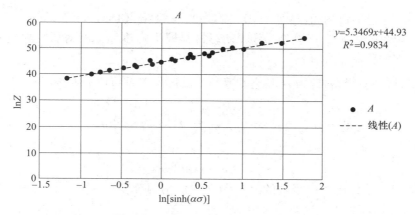

图 2-64　ln[sinh(ασ)] 与 lnZ 的关系

图 2-65 所示为试验钢在不同应变速率和变形温度下峰值应力计算值与实测值对比，表 2-33 为各应变速率及温度下峰值应力计算值。由图 2-65 可知计算结果与试验数据（表 2-34）吻合较好。

表 2-33　各应变速率及温度下峰值应力计算值　　　　　（单位：MPa）

| 应变速率/s$^{-1}$ | 变形温度/℃ | | | | | |
| --- | --- | --- | --- | --- | --- | --- |
| | 950 | 1000 | 1050 | 1100 | 1150 | 1200 |
| 0.01 | 136.1396 | 98.99484 | 73.92485 | 55.17992 | 41.50065 | 31.59228 |
| 0.1 | 177.9498 | 135.6049 | 105.1896 | 80.79047 | 61.9324 | 47.70833 |
| 1 | 226.5431 | 176.8299 | 142.8047 | 113.7468 | 89.7648 | 70.60395 |
| 10 | 260.5066 | 216.6369 | 180.6315 | 152.5824 | 124.6628 | 100.9812 |

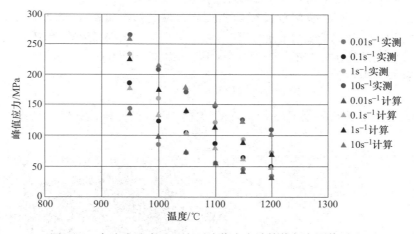

图 2-65　各应变速率及温度下峰值应力计算值与实测值对比

表 2-34　真应变为 0.4 时不同变形条件下应力值　　　　　（单位：MPa）

| 应变速率/s$^{-1}$ | 变形温度/℃ | | | | | |
| --- | --- | --- | --- | --- | --- | --- |
| | 950 | 1000 | 1050 | 1100 | 1150 | 1200 |
| 0.01 | 139 | 83.4 | 71.8 | 54 | 42.7 | 29.8 |
| 0.1 | 178.7 | 124.1 | 103.2 | 78.4 | 62 | 49.1 |
| 1 | 233 | 150 | 134 | 112.3 | 89 | 72.8 |
| 10 | 265 | 210 | 170.5 | 145.4 | 123.2 | 101 |

2）改进型低硅高钼型 H13 钢的热加工图。动态材料模型（Dynamic Material Modeling，DMM）由 Y. V. R. K. Prasad[37]等学者于 1983 年提出，基于动态材料模型的热加工图对研究材料热变形参数对于组织、性能以及变形机理的影响非常有效。

温度和应变一定时，钢铁材料应力 $\sigma$ 和应变速率 $\dot{\varepsilon}$ 之间的关系可以表示为

$$\sigma = K\dot{\varepsilon}^m \tag{2-10}$$

式中，$K$ 为应变速率为 $1s^{-1}$ 时的流变应力（MPa）；$m$ 为应变速率敏感因子。

$m$ 可表示为

$$m = \partial(\ln\sigma)/\partial(\ln\dot{\varepsilon}) \tag{2-11}$$

材料在热变形过程中单位体积内吸收的总功率 $P$ 可以用两个互补函数之和表示，即分为 $G$ 和 $J$ 两部分[38]

$$P = \sigma\dot{\varepsilon} = G + J = \int_0^{\dot{\varepsilon}} \sigma d\dot{\varepsilon} + \int_0^{\sigma} \dot{\varepsilon}d\sigma \tag{2-12}$$

式中，$G$ 为功率耗散量，多数转化为黏塑性热；$J$ 为功率耗散余量，即微观组织变化耗散的功率。应变速率敏感因子 $m$ 决定了 $G$ 和 $J$ 的分配。将 $J$ 与理想线性耗散因子 $J_{max}$ 进行标准化后得到 $\eta$

$$\eta = 2m/(m+1) \tag{2-13}$$

当应变量相同时，由 $\eta$-$T$-$\dot{\varepsilon}$ 的关系可以作出功率耗散图。加工性能最优区的 $\eta$ 值较高，但是同时要考虑加工失稳区对应的功率耗散效率。在动态材料模型中，根据 Prasad 提出的加工失稳判据式（2-14）判定材料失稳区域[38]。

$$\xi(\dot{\varepsilon}) = \frac{\partial\ln[m/(m+1)]}{\partial\ln\dot{\varepsilon}} + m < 0 \tag{2-14}$$

由上述公式计算出改进型低硅高钼型 H13 钢的不同应变、变形温度以及应变速率下的 $m$、$\eta$、$\xi$ 值，从而绘制真应变为 0.4 时的热加工图（见图 2-66）。试验钢在 1050℃ 以下低应变速率与高应变速率都会发生失稳，此时再结晶不完全，存在残留拉长原始奥氏体；热变形温度高于 1100℃ 且应变速率低于 $0.1s^{-1}$ 时，能量耗散率为 0.29，为较高能量耗散区，且为加工安全区，与流变曲线趋势相符。因此，改进型低硅高钼型 H13 钢推荐使用的热加工参数为 $0.001 \sim 0.1s^{-1}$，$1080 \sim 1200℃$。

**4. 材料工艺研究与性能评价**

（1）铸态组织

图 2-67 所示为改进型低硅高钼型 H13 模具钢的铸态组织，经分析，该钢的铸态组织为较粗大的马氏体组织。

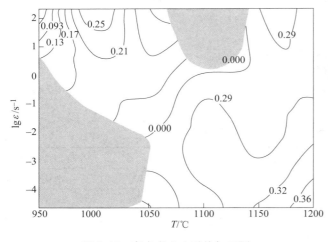

图 2-66　真应变 0.4 时热加工图

图 2-67　铸态组织

（2）锻后退火工艺及性能分析

图 2-68 所示为改进型低硅高钼型 H13 模具钢经锻造后的退火工艺曲线。在锻坯头尾部各取 25mm×25mm 的方形金相试块进行退火性能评定。

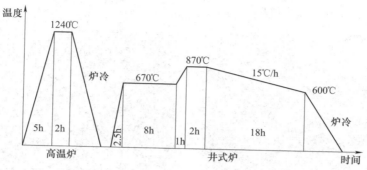

图 2-68　锻后退火工艺曲线

将试块在 1240℃ 保温 2h 获得粗晶组织后，再经 50℃/h 升温至 670℃ 保温 8h，然后升温至 870℃ 保温 2h，以 15℃/h 冷至 600℃ 后炉冷。试样退火组织如图 2-69 所示，球化效果显著。对试块进行硬度（HRB）测定，结果见表 2-35，退火硬度平均值为 84.29HRB，小于 97HRB，退火性能优良，因此，可以在坯料淬火之前进行充分的机加工，以保证工件质量。

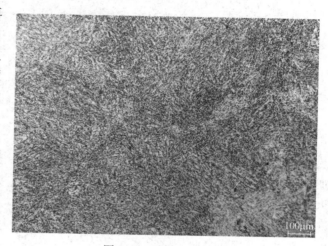

图 2-69　试样退火组织

**表 2-35　试样退火硬度（HRB）**

| 试样名称 | 测试结果 | | | | | 平均值 |
|---|---|---|---|---|---|---|
| | 1 | 2 | 3 | 4 | 5 | |
| 头部 | 83.2 | 82.5 | 82.6 | 79.8 | 85.1 | 82.64 |
| 尾部 | 84.6 | 84.7 | 87 | 87.1 | 86.3 | 85.94 |

（3）淬火及性能评价

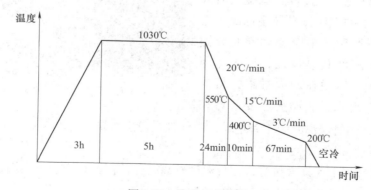

图 2-70　淬火工艺曲线

在锻坯上取 80mm 的长方形试块进行淬火及后续热处理组织性能评价试验，具体淬火工艺曲线如图 2-70 所示。淬火温度及时间的选择需保证合金元素充分固溶到基体中且晶粒度不会粗大。淬火时在 1030℃ 保温 5h 以模拟实际大型模具淬火加热时的长时保温，并模拟生产过程中模具表面冷速 20℃/min 冷却至 550℃，然后 15℃/min 冷至 400℃，最后以 3℃/min 的速度冷却至 200℃ 后出炉空冷至室温。分别用不同腐蚀剂显示试验钢的淬火组织及晶粒形貌，其中淬火金相显微组织如图 2-71 所示，主要为均匀细小的板条马氏体+大量弥散碳化物。淬火晶粒形貌如图 2-72 所示，根据 JIS G0551 评价晶粒度级别为 6~7 级，晶粒较细。由于碳、钒元素合适的配比可以在淬火过程中形成大量弥散分布的碳化钒钉扎晶界，故试验钢可以在热处理工程中保持较细的晶粒度级别。

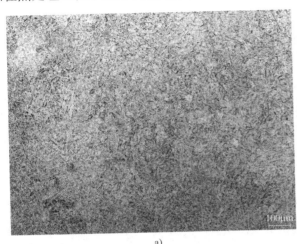
a)

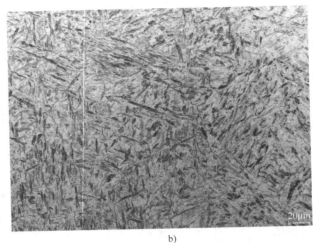
b)

图 2-71　淬火金相显微组织
a）100×　b）500×

适当的奥氏体化温度，可以使模具钢获得最佳热处理性能。提高奥氏体化温度，碳化物溶解量增加，合金元素在基体中的固溶量增加，则基体的淬火硬度提高，这对于模具钢强度，保证回火时的二次硬化峰出现并增强抗回火软化性能非常重要。另外，淬火温度提高会使晶粒长大，粗晶会降低模具钢韧性，且会增加残留奥氏体含量，残留奥氏体过多会在回火热处理后析出晶界碳化物导致模具钢脆性增加，大大降低材料性能。因此淬火温度及时间的选择需保证获得所要求的奥氏体晶粒度情况下适当提高淬火温度，使得奥氏体中合金元素充分固溶，以保证模具钢的高硬度和热硬性，淬火冷却后得到近全马氏体组织，以便在回火过程中得到碳化物弥散分布的回火组织，故淬火温度选择在

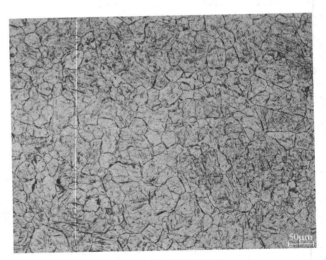

图 2-72　淬火晶粒形貌

1010~1030℃较为合适，同时保温时间不宜过长，以保证晶粒度级别。

（4）回火与热稳定性分析

模铸模具钢在使用过程中反复冷热交替，且温度较高，在使用过程中模具表面组织无法避免发生一定程度的变化，因此在使用温度范围要求模具钢有优异的组织稳定性，故选择与工作温度相近的回火温度较为合理，同时要寻求硬度和韧性的综合匹配。因此选择将淬火后的试样进行 600℃-620℃ 的两次回火，可以既保证材料硬度又使之具有较好的韧性。回火金相显微组织及 SEM 形貌如图 2-73 和图 2-74 所示。回火组织为均匀的回火索氏体+少量碳化物。经过两次回火后组织为回火托氏体加弥散碳化物，经能谱测定应为 V、Mo 的碳化物，碳化物十分细小。相对于传统 H13 钢，低硅高钼型 H13 钢回火组织中原奥氏体晶界处基本不存在链状碳化物，均匀化热处理消除偏析的效果要更优一些。

回火热处理可以消除淬火应力，碳化物析出的数量、大小及分布直接影响模具钢性能。尤其是对热疲劳抗力有明显影响，不同回火温度下所获得的组织硬度不同，其显微组织稳定程度和强塑性配合也不同。回火温度较低时模具钢强度较高但塑性较差，显微组织稳定性较差；回火温度提高时塑性和组织稳定性不断增加，热疲劳抗力随之增加，强度有所降低；当回火温度超过某个温度时，强度迅速下降，热疲劳抗力同样降低，同时模具钢在使用过程中反复冷热交替，且温度较高，在使用过程中模具表面组织无法避免发生一定程度的变化，因此在使用温度范围要求模具钢有优异的组织稳定性。故选择与工作温度相近的回火温度较为合理，同时要寻求硬度和韧性的综合匹配。因此选择将淬火后的试样进行 580℃-620℃ 的两次回火，可以既保证材料组织稳定性、强度又使之具有较好的韧性。回火组织为均匀的回火索氏体+少量碳化物。

图 2-73　回火金相显微组织
a）100×　b）500×

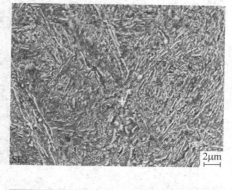

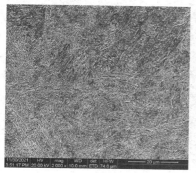
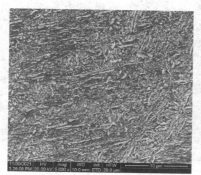

| 元素 | 质量分数(%) | 原子分数(%) |
| --- | --- | --- |
| C(K层) | 10.78 | 36.11 |
| Mo(L层) | 04.19 | 01.76 |
| V(K层) | 07.79 | 06.15 |
| Cr(K层) | 06.33 | 04.90 |
| Fe(K层) | 70.91 | 51.09 |
| 基体 | 修正量 | 定量校正 |

图 2-74　回火组织 SEM 形貌

对回火后的试样进行硬度测定，结果见表 2-36，锻件平均洛氏硬度为 44.7HRC。

表 2-36　试样回火硬度（HRC）

| 试样名称 | 测 试 结 果 | | | | | 平均值 |
| --- | --- | --- | --- | --- | --- | --- |
| | 1 | 2 | 3 | 4 | 5 | |
| 头部 | 44.6 | 44.2 | 44.4 | 44.4 | 44.7 | 44.5 |
| 尾部 | 44.5 | 44.8 | 45 | 45.2 | 45 | 44.9 |

冲击测试采用 U 型缺口试样，其冲击韧度为冲击测试中冲击吸收能量除以试样缺口截面面积（0.8cm$^2$），平均冲击韧度为 48.5J/cm$^2$。对比同工艺下改进型常规 H13 钢冲击韧度仅有 15.5J/cm$^2$，改进型低硅高钼型 H13 钢具有更好的韧性。根据有关资料报道，对于大型模具冲击韧度在 32J/cm$^2$ 时不易发生开裂现象，因此，改进型低硅高钼型 H13 钢开裂风险较小。合适的锰铬元素配比，相对较低的钒元素含量可以既保证析出足够碳化钒来细化晶粒，又不会增加充当裂纹源的液析碳化物，从而保证了试验钢的韧

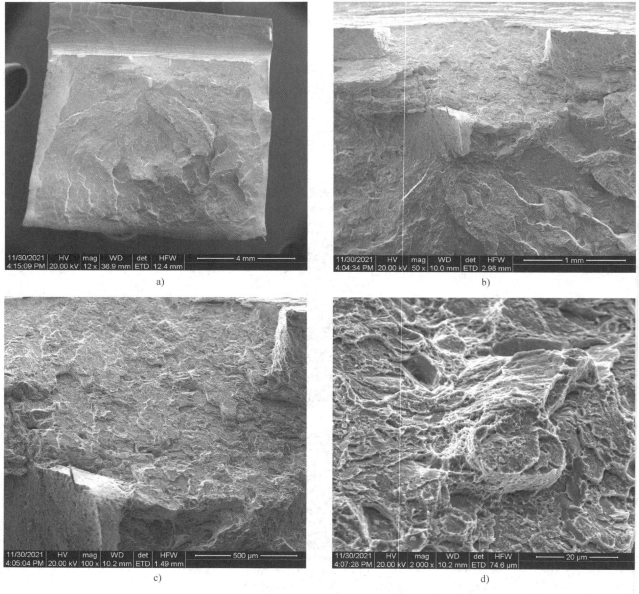

图 2-75　试样冲击断口形貌

性。试样冲击断口形貌如图2-75所示，断口上可以观察到具有塑性变形特征的撕裂棱，其形成原因可能是在1030℃淬火后马氏体中点阵畸变严重，晶粒内的颗粒可能作为裂纹源，边界处易发生较大塑性变形以撕裂方式链接形成撕裂棱。同时也存在局部微观韧窝，整个断口为准结理断口，与传统H13钢冲击断口相比并未发现沿晶断裂特征，因而低硅高钼型H13钢韧性更优。

热作模具钢材料不仅需要良好的淬透性，而且为了减少循环过程所用时间，提高产品质量，以及减少模具热疲劳开裂及焊接，需要有较高的导热率。改进型常规H13钢材料回火后导热率仅有23W/(m·K)，不适合制作大型模铸模具，不利于长时高温使用。改进型低硅高钼H13钢因具有较低的硅元素含量导热性能良好，回火态室温平均导热率为28.7W/(m·K)，相较改进型常规H13有了大幅度提升，具有较优良的热导性，从而保障在模具使用过程中工件的热量及时导出，保障模具使用寿命。

（5）热疲劳性能

根据标准，对热处理的试样开展热疲劳试验。具体试验内容见表2-37。

表2-37　实验室试料的热疲劳试验

| 试验温度/℃ | 热疲劳循环周次/次 |
| --- | --- |
| 室温~600 | 循环3000 |
| 室温~650 | 循环3000 |
| 室温~700 | 循环3000 |

根据标准，对完成的试样进行试样表面鉴定。图2-76所示为热疲劳试验完毕后的试样形貌。试验经检测，检验结果均满足标准要求。

 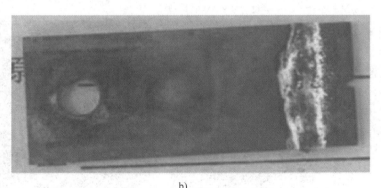

a)　　　　　　　　　　　　　　　　　b)

图2-76　试样热疲劳试验结果
a）热疲劳试验温度监控仪　b）热疲劳试验后试样表面

### 5. 小结

1）改进型低硅高钼型H13钢为温度和应变速率敏感型材料，流变应力行为主要受应变速率和变形温度的影响。低应变速率条件下变形时，发生完全动态再结晶所需温度较低，为1050℃，较低温度、较高应变速率时，更有利于获得细小的再结晶晶粒，但此条件下较难获得完全再结晶组织，需要找到可以获得最优组织的平衡条件。

2）本小节建立了改进型低硅高钼型H13钢热变形方程及热加工图，为变形过程中的软、硬化效应预测提供参考，方程为：$\dot{\varepsilon}=3.3\times10^{19}[\sinh(0.00935\sigma)]^{5.3469}\exp[-527910/(RT)]$，改进型低硅高钼型H13钢的热变形激活能较传统H13钢高，再结晶过程得到延迟，热加工工艺参数区间为0.001~0.1s⁻¹，1080~1200℃。

3）改进型低硅高钼型H13钢冷却速率大于2℃/min时，组织转变产物为马氏体，淬透性十分优秀。该钢经均匀化退火及锻后退火热处理后球化效果显著，退火性能优良，在坯料淬火之前可以进行充分的粗加工，可以保证工件质量。试验钢的淬火组织为均匀细小的板条马氏体+大量弥散碳化物，晶粒度级别为6~7级，晶粒较细可以阻碍模具破裂保证模具寿命。试验钢回火组织为均匀的回火索氏体及少量碳化物，平均洛氏硬度为44.7HRC，冲击韧度为48.5J/cm²。改进型低硅高钼型H13钢性能较优，可进一步研究其在大型模具中的热处理工艺及组织性能，以期制造相应高品质热作模具钢，提高模铸模具使用寿命。

## 2.3  大型热作模具钢工程实践

### 2.3.1  大型热作模具钢制备

为面向大规格模具钢产品的制造与性能评价，某公司分别制备了 φ1200mm 圆坯锻件、400mm 和 500mm 厚×1000mm 宽的阶梯模块。图 2-77 所示为大型模具钢样件关键制备环节。

图 2-77  大型模具钢样件关键制备环节

a）电极坯保护浇注  b）电渣冶炼  c）电渣锭  d）φ1200mm 圆坯锻造  e）400mm 和 500mm 大厚度阶梯模块锻造

f）400mm 和 500mm 大厚度阶梯模块表面加工

g)

图 2-77 大型模具钢样件关键制备环节（续）

g）等待表面二次加工的 $\phi$1200mm 圆坯锻件

## 2.3.2 大规格高品质模具钢性能评价

### 1. 样件切取

在 $\phi$1200mm 圆坯样件坯料冒口端切取裂纹疏松分析盘片，其下切取 150mm 厚的盘片进行宏观腐蚀缺陷分析和组织及力学性能分析，如图 2-78 所示。

图 2-78 $\phi$1200mm 圆坯性能评价试料切取

a）等待切取的试料 b）试料切取方案

在 400mm 和 500mm 大厚度阶梯模块样件坯料 400mm 和 500mm 厚位置分别切取 150mm 厚的盘片（标号分别为 M1 和 M2）进行宏观腐蚀缺陷分析和组织性能分析，如图 2-79 所示。

### 2. 低倍组织

国标规定热作模具钢钢材应检验酸侵低倍组织，低倍组织显示方法为冷酸侵蚀法，所用的侵蚀剂为 30%过硫酸铵水溶液，浸泡时间约为 5min，水冲后再用乙醇溶液冲洗后吹干，然后进行肉眼和放大镜检查。低倍组织检验结果如图 2-80 所示，试片未发现肉眼可见的冶金缺陷，包括目视可见的缩孔、夹杂、分层、裂纹、气泡和白点，以及中心疏松和锭型偏析。这主要原因在于模具钢的电渣重熔冶炼方式对钢的低倍组织的改善。在电渣重熔时，由于钢液的快速凝固，树枝状晶的晶间距离缩小，细化的枝晶有利于组织和成分的均匀化；同时，其结晶的方向也发生了变化，可明显减少中心疏松和偏析。因而，经电渣重熔后的钢与普通的模铸钢锭相比，由于提高了钢的组织均匀性和致密度，其低倍组织有明显的改善。

### 3. 退火组织+带状偏析

分别对样件沿径向、长度、厚度等方向分析锻件的退火显微组织+带状偏析情况。试样检测面平行于主变形方向，腐蚀剂为 4%硝酸乙醇溶液，500 倍下检验退火组织，50 倍下检验带状偏析。

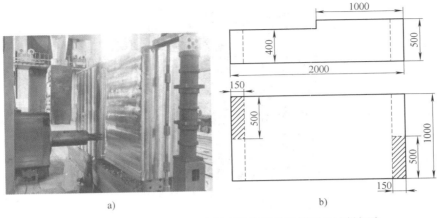

图 2-79　400mm 和 500mm 大厚度阶梯模块性能评价试料切取
a）机加工中的试料　b）试料切取方案

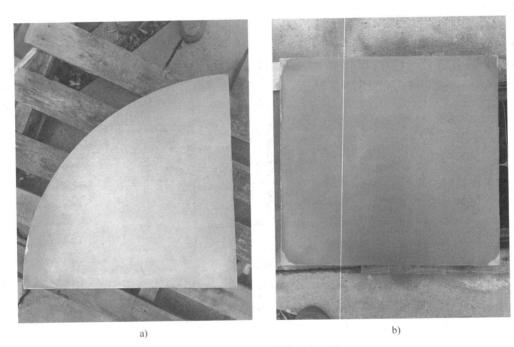

图 2-80　模具钢低倍组织形貌
a）φ1200mm 圆坯　b）400mm 和 500mm 大厚度阶梯模块

φ1200mm 圆坯模具钢退火态带状偏析检验结果如图 2-81 所示，阶梯模块模具钢的 400mm 厚端部和 500mm 厚端部退火态带状偏析检验结果如图 2-82 和图 2-83 所示。从图中可以看出，组织显示出较高的均匀度，可见电渣重熔后的模具钢坯料经进一步的锻造和热处理后，表现出优良的组织均匀性。

φ1200mm 圆坯模具钢退火态显微组织结果如图 2-84 所示，阶梯模块模具钢 400mm 厚端部和 500mm 厚端部退火态显微组织结果如图 2-85 和图 2-86 所示。从图中可以看出，各个位置的试块组织均为球化珠光体组织，二次碳化物颗粒细小且均匀地分布在基体上，并未发现共晶碳化物。由于锻件尺寸加大，锻后冷却过程中表面和心部冷速不同，导致其组织形貌上有差异。可以看出，表面组织由于冷速高，碳化物析出量少，金相组织中的碳化物更加细小，而且其球化程度要低于心部组织。

**4. 晶粒度**

试样经 1010℃ 分级淬火热处理后进行晶粒度腐蚀和评级。φ1200mm 圆坯模具钢与阶梯模块模具钢 400mm 厚端部、500mm 厚端部晶粒度分析照片（放大倍数约 500 倍）如图 2-87 所示。从图中可以观察，

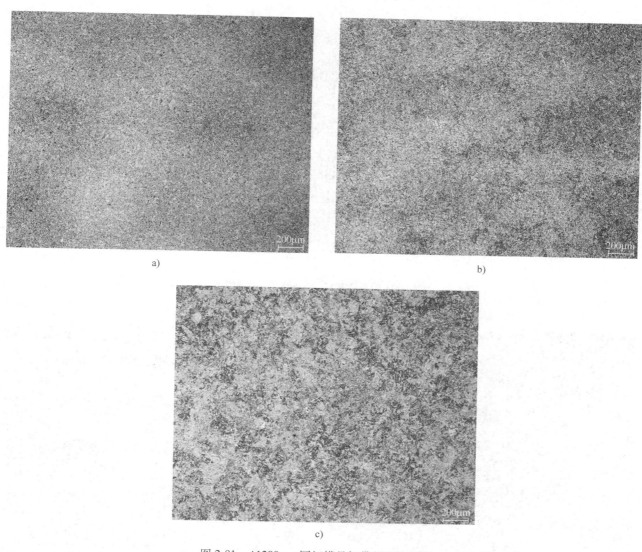

图 2-81 φ1200mm 圆坯模具钢带状偏析形貌

a）心部 b）R/2 处 c）表面

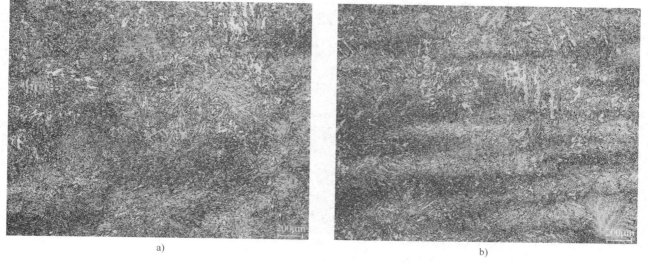

图 2-82 阶梯模块模具钢 400mm 厚端部带状偏析形貌

a）心表 b）心部

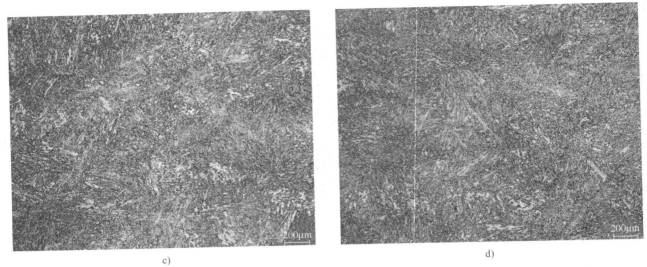

c)                                                        d)

图 2-82　阶梯模块模具钢 400mm 厚端部带状偏析形貌（续）

c）表面　d）表心

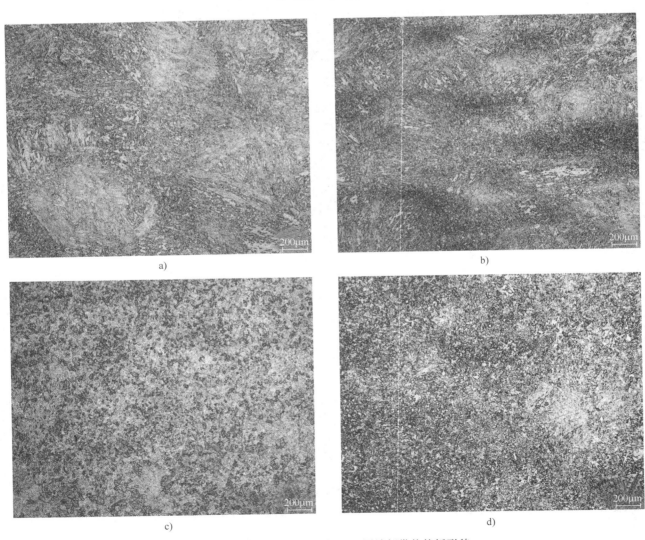

a)                                                        b)

c)                                                        d)

图 2-83　阶梯模块模具钢 500mm 厚端部带状偏析形貌

a）心表　b）心部　c）表面　d）表心

图 2-84 $\phi$1200mm 圆坯模具钢显微组织形貌

a）心部 b）$R/2$ 处 c）表面

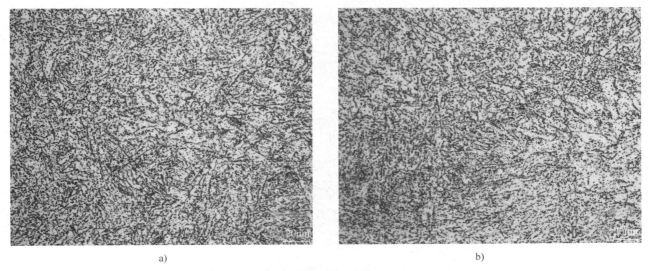

图 2-85 阶梯模块模具钢 400mm 厚端部显微组织形貌

a）心表 b）心部

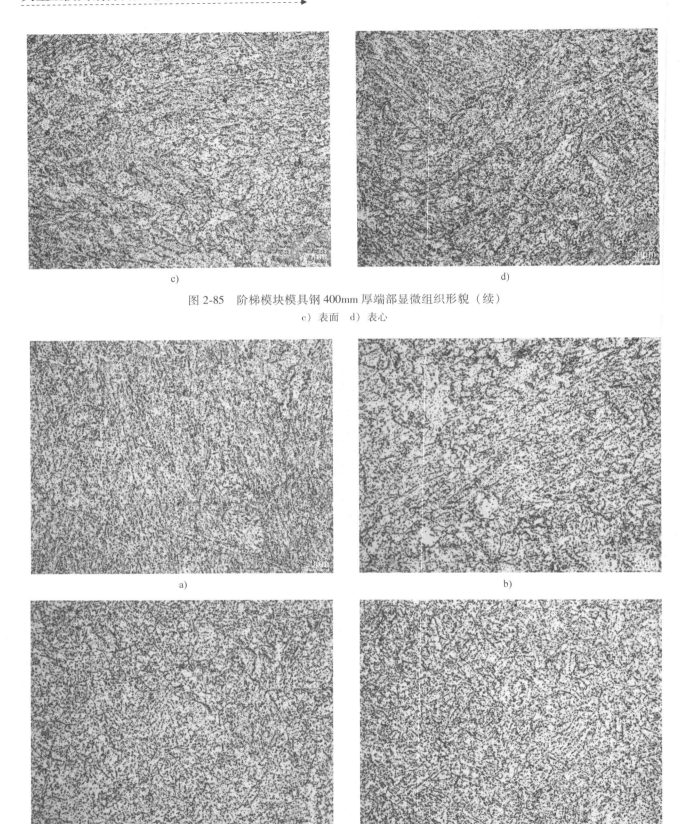

c)

d)

图 2-85　阶梯模块模具钢 400mm 厚端部显微组织形貌（续）

c）表面　d）表心

a)

b)

c)

d)

图 2-86　阶梯模块模具钢 500mm 厚端部显微组织形貌

a）心表　b）心部　c）表面　d）表心

两件样件的晶粒整体都非常细小，另外存在少量较大的晶粒。根据第三方检测结果，φ1200mm 圆坯模具钢晶粒度级别约为 9 级，阶梯模块模具钢 400mm 厚端部晶粒度级别约为 10.0 级，500mm 厚端部晶粒度级别约为 9.5 级。可以看出，阶梯模块受变形的影响，其晶粒度较 φ1200mm 圆坯模具钢晶粒更细小。经电渣重熔冶炼和后续大锻造比锻造及热处理后，模具钢晶粒尺寸大大降低，碳化物等组织得到了充分的细化，从而为最终热处理做准备。

图 2-87　晶粒形貌

a）φ1200mm 圆坯模具钢　b）阶梯模块模具钢 400mm 厚端部　c）阶梯模块模具钢 500mm 厚端部

**5. 非金属夹杂物**

对样件 H13 模具钢中的 A、B、C、D 类非金属夹杂物进行评级，经第三方检测，φ1200mm 圆坯模具钢结果见表 2-38，阶梯模块模具钢 400mm 厚端部、500mm 厚端部结果见表 2-39 和表 2-40。各夹杂的非金属夹杂物级别均不高于 NADCA 标准。同时，DS 类均为 0 级。图 2-88 所示为 φ1200mm 圆坯模具钢、阶梯模块模具钢 400mm 厚端部、500mm 厚端部金相抛光态试样。观察三张图可以发现，模具钢中的非金属夹杂物的含量很少，主要为氧化物夹杂。可见，经电渣重熔冶炼和后续锻造热处理后，钢中硫化物夹杂和硅酸盐夹杂的含量很低，氧化物夹杂也大量被去除，数量明显减少，电渣重熔后钢的纯净度明显提高。

表 2-38　φ1200mm 圆坯模具钢不同位置试样各类型非金属夹杂物级别

| 试样位置 | A 粗 | A 细 | B 粗 | B 细 | C 粗 | C 细 | D 粗 | D 细 |
|---|---|---|---|---|---|---|---|---|
| R/2 处 | — | — | — | — | — | — | — | 0.5 |

注：—表示未观察到此类夹杂。

表 2-39　阶梯模块模具钢 400mm 厚端部不同位置试样各类型非金属夹杂物级别

| 试样位置 | A 粗 | A 细 | B 粗 | B 细 | C 粗 | C 细 | D 粗 | D 细 |
|---|---|---|---|---|---|---|---|---|
| 心部 | — | — | — | — | — | — | — | 0.5 |

注：—表示未观察到此类夹杂。

表 2-40　阶梯模块模具钢 500mm 厚端部不同位置试样各类型非金属夹杂物级别

| 试样位置 | A 粗 | A 细 | B 粗 | B 细 | C 粗 | C 细 | D 粗 | D 细 |
|---|---|---|---|---|---|---|---|---|
| 心部 | — | — | — | — | — | — | — | 0.5 |

注：—表示未观察到此类夹杂。

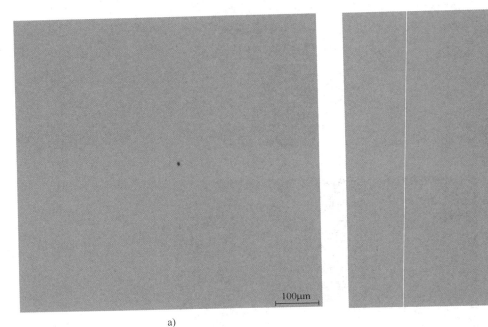

a)　　　　　　　　　　　　　　　　　　b)

c)

图 2-88　试样夹杂物形貌

a）φ1200mm 圆坯模具钢　b）阶梯模块模具钢 400mm 厚端部　c）阶梯模块模具钢 500mm 厚端部

**6. 液析碳化物**

试样经 850℃保温 20min 后油冷，150℃保温 1.5h 进行回火。硝酸乙醇溶液侵蚀后放大 100 倍，按 GB/T 18254—2016《高碳铬轴承钢》中附录 A 中的第 9 评级图评定。$\phi$1200mm 圆坯模具钢液析碳化物结果如图 2-89 所示，阶梯模块模具钢 400mm 厚端部、500mm 厚端部结果如图 2-90 和图 2-91 所示。经过观察，未发现共晶碳化物存在。

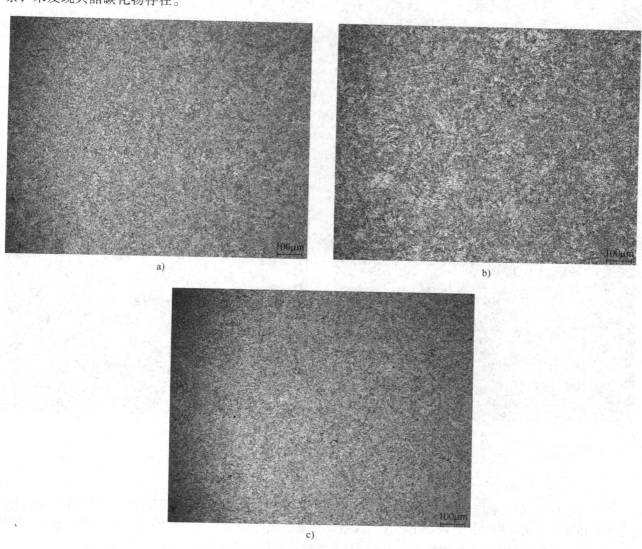

图 2-89 $\phi$1200mm 圆坯模具钢液析碳化物分析
a）心部 b）R/2 处 c）表面

**7. 脱碳层**

依照 GB/T 224—2019《钢的脱碳层深度测定法》，在垂直于锻造方向的横截面上，检测近表面一侧的总脱碳层（铁素体+过渡层）厚度。显微组织显示方法为侵蚀法，侵蚀剂为 1g 苦味酸+5mL 盐酸+100mL 乙醇溶液。图 2-92 所示为 $\phi$1200mm 圆坯模具钢脱碳层，经观察无脱碳层存在。

**8. 退火硬度和调质硬度**

对样件模具钢退火态试样以及经淬火+二次回火状态的试样分别检测退火硬度（HBW）和试样调质硬度（HRC）。其中，试样淬火硬度热处理制度：790℃±15℃预热保温 10min，1010℃±5℃加热，保温 10min 油冷，经 550℃±6℃保温 2h 两次回火。每个试样检测 5 个点取平均值，$\phi$1200mm 圆坯模具钢结果见表 2-41，阶梯模块模具钢 400mm 厚端部、500mm 厚端部结果见表 2-42 和表 2-43。

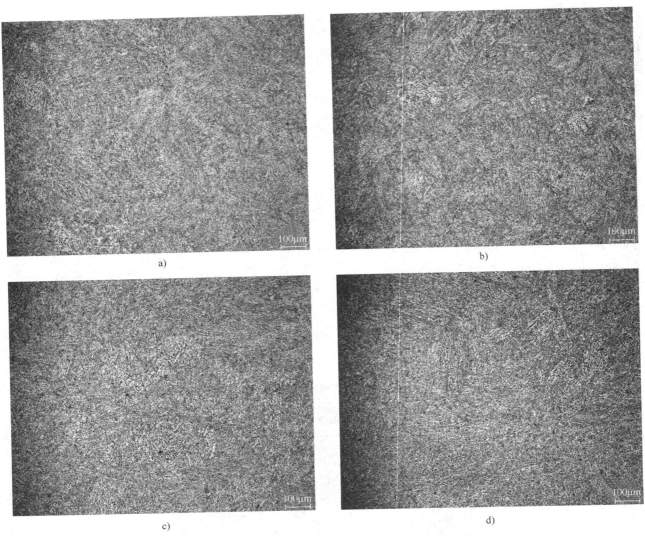

图 2-90　阶梯模块模具钢 400mm 厚端部液析碳化物分析

a）心表　b）心部　c）表面　d）表心

检测结果显示，按指定退火工艺处理后，退火硬度满足国标（≤229HBW）及 NADCA 标准（≤235HBW）要求。另外，可以看出，该大规格模具钢在成分均匀性等因素的保证下，试件退火硬度均匀性较高，调质热处理后心表硬度差<1HRC，从而可保证后续的调质热处理硬度的均匀性。

表 2-41　$\phi$1200mm 圆坯模具钢退火硬度和调质硬度试验结果

| 样品位置 | 退火硬度　HBW | 调质硬度　HRC |
|---|---|---|
| 心部 | 173±3 | 49.5±0.7 |
| R/2 处 | 178±1 | 49.8±0.6 |
| 表面 | 180±4 | 48.9±1.5 |

表 2-42　阶梯模块模具钢 400mm 厚端部退火硬度和调质硬度试验结果

| 样品位置 | 退火硬度　HBW | 调质硬度　HRC |
|---|---|---|
| 心表 | 167±2 | — |
| 心部 | 174±1 | 43±4.5 |
| 表面 | 173±4 | 44±2.8 |
| 表心 | 168±3 | — |

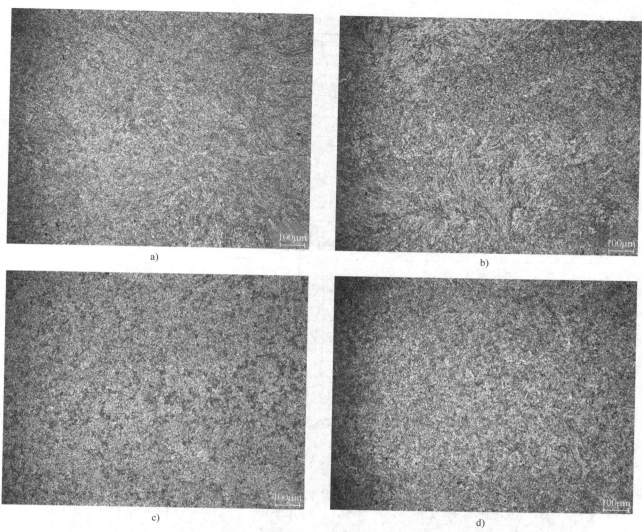

图 2-91 阶梯模块模具钢 500mm 厚端部液析碳化物分析

a) 心表　b) 心部　c) 表面　d) 表心

图 2-92 $\phi$1200mm 圆坯模具钢表面位置的脱碳层分析

表 2-43　阶梯模块模具钢 500mm 厚端部退火硬度和调质硬度试验结果

| 样品位置 | 退火硬度　HBW | 调质硬度　HRC |
|---|---|---|
| 心表 | 170±4 | — |
| 心部 | 172±2 | 43±0.6 |
| 表面 | 173±2 | 45±0.8 |
| 表心 | 167±1 | — |

**9. 热疲劳性能**

根据 HB 6660—2011《金属板材热疲劳试验方法》，分别对 $\phi$1200mm 圆坯模具钢、400mm 和 500mm 厚×1000mm 宽的阶梯模块等样件开展热疲劳试验。

本试验内容见表 2-44。

表 2-44　样件热疲劳试验

| 试验温度/℃ | 热疲劳循环周次/次 |
|---|---|
| 室温~600 | 循环 1000 |
| 室温~600 | 循环 3000 |
| 室温~650 | 循环 1000 |
| 室温~650 | 循环 3000 |
| 室温~700 | 循环 1000 |
| 室温~700 | 循环 3000 |

根据标准，对完成的试样进行试样表面鉴定。图 2-93 所示为热疲劳试验完毕后的试样形貌。试验经检测，检验结果均满足标准要求。

a)　　　　　　　　　　　　　　　　　　　b)

图 2-93　部分试样热疲劳试验结果

a）模块 650℃疲劳后试样　b）圆钢 700℃疲劳后试样

# 2.4　大规格高品质模具钢制备技术对标与分析

## 2.4.1　技术对标依据

本研究以典型的 H13 钢的大规格模具钢为例，在产品工艺方面与国内特钢厂Ⅰ新产品规程（供国内铝合金厂Ⅰ的 H13 钢锻材新产品规程）进行对标，在模具钢产品质量检测等方面与国内铝合金加工厂Ⅱ（挤压用模具钢技术要求 QHJ-MJG-JSYQ—2020A）、国内铝合金厂Ⅰ的 H13 锻材新产品技术条件（QJ/DT01.36075—2010）等涉及的技术要求、国内特钢厂Ⅱ攻关项目技术指标以及 GB/T 1299—2014《工模具钢》、NADCA 207—2003《Premium and Superior Quality H13 Steel and Heat Treatment Acceptance Criteria for Pressure Die Casting Dies（推荐 H13 工具钢工艺规范）》技术指标进行对标。

### 2.4.2 工艺控制

**1. 成分设计**

由于 H13 钢是 C-Cr-Mo-Si-V 型钢,其化学成分及相应的锻造热处理工艺决定了该模具钢的优良性能,即强度、硬度、塑性、韧性、高温性能等优良的综合力学性能。该模具钢的合金元素主要包含 C、Cr、Mn、Si、Mo、V,同时也要求钢中杂质元素 P、S 含量尽量低。

从表 2-45 中可以看出,国内特钢厂 I 在合金元素上采取的是按 GB/T 1299—2014 中上限控制。本研究在成分设计方面,选择在 NADCA 标准范围内进行合金元素的窄范围控制,和 GB/T 1299—2014 相比,C 元素含量控制在标准的上限,Cr、Mn 含量处于标准的中限,Mo、V 含量处于标准的下限。另外,和 GB/T 1299—2014 以及对标企业相比,对杂质元素 P、S 含量提出了更高要求,对 N、H、O 等气体元素也进行了更严格的控制,以此来保证本研究超大规格模具钢产品性能优良且稳定。

**表 2-45 H13 模具钢的化学成分**(质量分数,%)

| 试样名称 | C | Si | Mn | Cr | Mo | V | P | S | 其他元素 |
|---|---|---|---|---|---|---|---|---|---|
| 本研究 | 0.37~0.42 | 0.80~1.20 | 0.2~0.5 | 5.00~5.50 | 1.30~1.50 | 0.80~1.20 | <0.008 | <0.001 | $O \leqslant 0.0015$, $H \leqslant 0.00015$, $N \leqslant 0.0090$,Ni、Cu≤0.25 |
| 国内特钢厂 I | 0.37~0.45 | 0.80~1.20 | 0.2~0.5 | 5.10~5.50 | 1.40~1.75 | 1.00~1.20 | <0.015 | <0.005 | Ni、Cu≤0.25 |
| 国内特钢厂 II① | — | — | — | — | — | — | <0.015 | <0.005 | $O \leqslant 0.0020$,$N \leqslant 0.0150$,Cu、Ni<0.20 |
| 国内铝合金加工厂 II | 0.32~0.45 | 0.80~1.20 | 0.2~0.5 | 4.75~5.50 | 1.10~1.75 | 0.80~1.20 | <0.015 | <0.003 | Cu≤0.20,Ni≤0.15 |
| GB/T 1299—2014 | 0.32~0.45 | 0.80~1.20 | 0.2~0.5 | 4.75~5.50 | 1.10~1.75 | 0.80~1.20 | <0.025 | <0.010 | Cu、Ni<0.25 |
| NADCA 标准(高级优质) | 0.37~0.42 | 0.80~1.20 | 0.2~0.5 | 5.00~5.50 | 1.20~1.75 | 0.80~1.20 | <0.015 | <0.003 | — |

① N、O 元素合格率 90%,其余元素指标合格率 95%。

**2. 工艺路线**

本研究工艺流程:电极坯电炉冶炼+LF(钢包精炼)+VD(真空脱气)冶炼→保护浇注→电极坯料退火→电渣重熔冶炼→加热→锻造→锻后退火→粗加工→超声检测→检验。

国内特钢厂 I 工艺流程:电炉冶炼+LF+VD 冶炼→铸造电极→电极坯料退火→电渣重熔→电渣锭退火→钢锭加热→锻造→锻后退火→光面、超声检测或粗加工、超声检测→检验→上交。

本研究和国内特钢厂 I 的工艺流程整体一致。另外,国内特钢厂 I 增加了电渣锭退火工艺(400~500℃入炉,820℃保温,≤300℃出炉空冷)。其作用应为防止模具钢电渣锭在待料完全冷却过程中发生开裂。本研究单件产品采用短流程操作,在脱模后 600~700℃直接入炉加热锻造,不存在待料完全冷却发生开裂的问题。

**3. 冶炼控制**

在超大规格高品质 H13 模具钢的冶炼上,见表 2-46,本研究和国内特钢厂 I 均采用不低于国内外最高标准、企业技术要求中最先进的电极坯电炉冶炼+LF+VD 冶炼+电渣重熔冶炼方式。

在本研究超大规格模具钢产品试制中,通过电极坯 VD 冶炼并在气体保护下浇注减少电极坯中的 N、O 气体的含量,从而减少杂质元素以及氧化物及氮化物对其质量的影响。在电渣重熔冶炼中,结晶器规格为 $\phi970mm \times 2700mm$,采用高碱度 $CaF-Al_2O_3-CaO-MgO$ 四元渣系深脱硫工艺等来控制电渣坯中 P、S 元素含量,H13 钢经过电渣重熔后,钢液硫含量小于 0.001%(质量分数),磷含量为 0.007%(质量分数)。通过电渣重熔冶炼保证大规格模具钢的纯净度、致密性和均匀性的同时,尽量减少液析碳化物的数量或细化液析碳化物,来保障大截面锻件的均匀性,从而确保 H13 钢锭质量。

表 2-46　H13 模具钢冶炼方式要求

| 试样名称 | 冶炼方式 |
|---|---|
| 本研究 | 电极坯电炉冶炼+LF+VD 冶炼+电渣重熔冶炼 |
| 国内特钢厂 I | 电极坯电炉冶炼+LF+VD 冶炼+电渣重熔 |
| 国内铝合金加工厂 II | 电渣重熔 |
| GB/T 1299—2014 | 采用电弧炉、电弧炉+真空脱气、电弧炉+电渣重熔、真空电弧重熔（VAR）及其他满足要求的方法冶炼，具体冶炼方法应在合同注明 |
| NADCA 标准 | 在处理直径大于 3in（76mm）高级优质 H13 钢时，炼钢法必须包括二次精炼，ESR（电渣重熔）或 VAR（真空电弧重熔） |

#### 4. 锻造控制

模具钢坯料进行锻造是要利用变形击碎钢锭中的碳化物枝晶，打破其偏析带中的链状分布模式，从而达到均匀组织以及提升横纵向冲击性能的目的。

本研究 H13 钢电渣钢锭锻前加热时要保证铸坯均匀加热，需控制好加热时间及均热段温度，均热段温度控制到 1220～1240℃（国内特钢厂 I 为 1200～1220℃）。

锻造过程中及时清理干净锻坯表面出现的裂纹。锻造时采用特殊辅具，为了增加心部变形以保证钢材的致密性和组织均匀性，采用四次镦粗+四次拔长工艺，锻造比大于 6，国内特钢厂 I 也是采用镦拔相结合的锻造方式，但锻造比要求 ≥3。本研究采用大锻造比主要是考虑到模具钢件成品尺寸远远大于常规尺寸，且锻造前直径小于锻后尺寸（锻前为 φ960mm×2250mm，锻后为 φ1245mm×970mm），因而采用大锻造比增加心部变形来保证钢材的致密性和组织均匀性。

#### 5. 锻后热处理

在锻造完成后应及时对锻坯进行退火处理，及时消除锻造应力，并改善锻造组织，为最终热处理做准备。本研究模具钢锻造坯料的锻后热处理工艺曲线如图 2-94 所示。在退火工艺前加上一次保温温度为 1020～1040℃正火超细化工艺，并保证冷却速率，从而有效改善锻坯偏析和网状碳化物，细化晶粒，并促使组织均匀化。退火温度选择 850～870℃范围，采用阶梯冷却及控温退火来控制碳化物并细化组织，为后续最终热处理做好工艺准备。

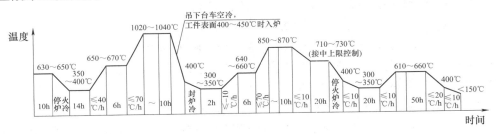

图 2-94　本研究 H13 模具钢锻后热处理工艺曲线

国内特钢厂 I 锻后热处理工艺曲线（图 2-95）和本研究正火超细化工艺退氢处理工艺相近，另外，本研究退氢热处理后增加了低温退火阶段，从而更大程度上降低模具钢材料中的 H 气体元素，改善退火组织可加工性，并起到降低内应力的目的。

## 2.4.3　对标分析

#### 1. 低倍组织

如表 2-47 所示，国内铝合金加工厂 II 技术要求同 GB/T 1299—2014，对于尺寸>400mm 的产品件，低倍缺陷合格级别由供需双方协议确定。国内特钢厂 I 规定热作模具钢钢材应检验酸侵低倍组织，且本研究实际检测结果中中心疏松和锭型偏析远优于 GB/T 1299—2014 中的 1 级标准。

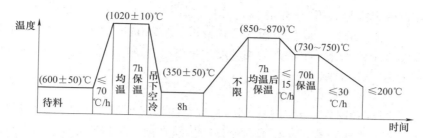

图 2-95 国内特钢厂Ⅰ的 H13 模具钢锻后热处理工艺曲线

表 2-47 H13 模具钢低倍组织检测合格级别

| 试样名称 | 目视检查 | 中心疏松 | 锭型偏析 |
|---|---|---|---|
| 本研究 | 不得有肉眼可见的冶金缺陷，包括目视可见的缩孔、夹杂、分层、裂纹、气泡和白点 | 实际<1级 | 实际<1级 |
| 国内特钢厂Ⅰ | 不得有目视可见的缩孔、夹杂、分层、裂纹、气泡和白点 | ≤1级 | ≤1级 |
| 国内铝合金加工厂Ⅱ | 不得有目视可见的缩孔、夹杂、分层、裂纹、气泡和白点 | 尺寸>400mm，协议 | 尺寸>400mm，协议 |
| GB/T 1299—2014 | 不得有目视可见的缩孔、夹杂、分层、裂纹、气泡和白点 | 尺寸>400mm，协议 | 尺寸>400mm，协议 |
| NADCA 标准 | 未做要求 | — | — |

本研究中低倍组织显示方法为冷酸侵蚀法，所用的侵蚀剂为 30% 过硫酸铵水溶液。浸泡时间约为 5min，水冲后再用乙醇溶液冲洗后吹干，然后进行肉眼和放大镜检查。低倍组织检验未发现肉眼可见的冶金缺陷，包括目视可见的缩孔、夹杂、分层、裂纹、气泡和白点，以及中心疏松和锭型偏析。其主要原因在于模具钢的电渣重熔冶炼方式对钢的低倍组织的改善。在电渣重熔时，由于钢液的快速凝固，树枝状晶的晶间距离缩小，细化的枝晶有利于组织和成分的均匀化；同时，其结晶的方向也发生了变化，可明显减少中心疏松和偏析。因而，经电渣重熔后钢与普通的模铸钢锭相比，由于提高了钢的组织均匀性和致密度，其低倍组织有明显的改善。

**2. 退火组织+带状偏析**

如表 2-48 所示，本研究和国内铝合金加工厂Ⅱ技术要求均遵循欧美标准中对显微组织和组织不均匀性的规定，均在可接受合格级别以内。其中，NADCA 标准和 SEP1614（欧标）中的评级图组织图片是相同的，只是名称和类别有差异。国内特钢厂Ⅰ对组织均匀性没有做出要求。

表 2-48 H13 模具钢高倍组织检测

| 试样名称 | 试验方法 | 显微组织 | 带状偏析 |
|---|---|---|---|
| 本研究 | 在金相显微镜 500 倍下检验退火组织，50 倍下检验带状偏析，按 NADCA 207—2003 中的级别图评定 | AS1-5（即 NADCA 207—1997 中的 A1、A5、B1、B4、C1） | NADCA 中相应的合格级别 |
| 国内特钢厂Ⅰ | 在金相显微镜放大 500 倍条件下检验，按 NADCA 207—1997 中的级别图评定 | A1、A2、A3、B1、B2 为合格级别 | 无要求 |
| 国内特钢厂Ⅱ | 显微组织按 NADCA 207—2018，组织不均匀性按 SEP1614 | AS1-9 范围为合格级别，合格率达到 95% | SA1-4、SB1-4、SC1-4、SD1-4 为合格级别，合格率达到 95% |
| 国内铝合金加工厂Ⅱ | 锻材本体心部取样，500 倍下检验退火组织，50 倍下检验带状偏析，按 SEP1614 评级图进行评定 | GA1、GA2、GA3、GA4、GB1、GB2、GB3、GC1、GD1 为合格级别 | SA1~SA4、SB1~SB4、SC1~SC4、SD1~SD4 为合格级别 |
| GB/T 1299—2014 | 未做要求 | — | — |
| NADCA 标准 | 在金相显微镜 500 倍下检验退火组织，50 倍下检验带状偏析，按评级图进行评定 | 合格级别 | 合格级别 |

本研究模具钢试制件退火显微组织+带状偏析分析试样检测面平行于主变形方向，侵蚀剂为4%硝酸乙醇溶液，500倍下检验退火组织，50倍下检验带状偏析。φ1200mm圆坯及400mm和500mm厚阶梯模块退火态带状偏析检验结果中组织显示出较高的均匀度，可见电渣重熔后的模具钢坯料经进一步的锻造和热处理后，表现出优良的组织均匀性。

**3. 晶粒度**

如表2-49所示，本研究和国内特钢厂Ⅰ及国内铝合金加工厂Ⅱ在试验方法要求上一致，和NADCA标准相比采用分级淬火取代了回火过程。本研究对于该项目模具钢产品晶粒度要求为8级，高于其他标准和技术要求的7级。

**表2-49　H13模具钢晶粒度检测合格级别**

| 试样名称 | 试验方法 | 评级要求 |
| --- | --- | --- |
| 本研究 | 试样经1010℃±10℃，保温30min，分级淬火至730℃±10℃，保温30min，然后空冷至室温。按GB/T 6394—2017评级 | ≥8级 |
| 国内特钢厂Ⅰ | 试样在保护性介质中经1010℃±10℃，保温30min，然后空冷至室温。按GB/T 6394—2017评级 | ≥7级 |
| 国内铝合金加工厂Ⅱ | 试样经1010℃±10℃，保温30min，分级淬火至730℃±10℃，保温30min，然后空冷至室温。按GB/T 6394—2017评级 | ≥7级 |
| GB/T 1299—2014 | 作为特殊要求可增加的检测项目 | 协议 |
| NADCA标准 | 在1030℃奥氏体化30min，中速或快速淬火以及在最低594℃的温度下进行回火 | ≥7级 |

经第三方实测，本研究中模具钢晶粒度实测级别为9~10级。可以看出，经电渣重熔冶炼和后续大锻造比锻造及热处理后，模具钢晶粒尺寸大大降低，碳化物等组织得到了充分的细化，从而为最终热处理做准备。

**4. 非金属夹杂物**

在非金属夹杂物检验要求中，本研究最为严格，见表2-50。这是因为经电渣重熔冶炼和大锻造比锻造及后续热处理后，钢中夹杂能够经变形破碎和合理热处理工艺扩散溶解，从而大量被去除，数量明显减少，电渣重熔后钢的纯净度明显提高。

**表2-50　H13模具钢非金属夹杂级别**（级，不大于）

| 试样名称 | A粗 | A细 | B粗 | B细 | C粗 | C细 | D粗 | D细 | DS |
| --- | --- | --- | --- | --- | --- | --- | --- | --- | --- |
| 本研究 | 0.5 | 0.5 | 1.0 | 1.0 | 0.5 | 0.5 | 1.0 | 1.0 | — |
| 国内特钢厂Ⅰ | 0.5 | 1.0 | 1.0 | 1.5 | 1.0 | 1.0 | 1.0 | 1.5 | 提供数值 |
| 国内特钢厂Ⅱ | 1.0 | 1.0 | 1.0 | 1.5 | 1.0 | 1.0 | 1.0 | 1.0 | 1.5 |
| 国内铝合金加工厂Ⅱ | 0.5 | 1.0 | 1.0 | 1.5 | 1.0 | 0.5 | 1.0 | 1.5 | — |
| GB/T 1299—2014 | 1.5 | 1.5 | 1.5 | 1.5 | 1.0 | 1.0 | 1.5 | 2.0 | 协商 |
| NADCA标准（高级优质钢） | 0.5 | 0.5 | 1.0 | 1.0 | 1.0 | 1.0 | 1.0 | 1.5 | — |

**5. 液析碳化物**

经对比GB/T 1299—2014中的技术条件，其均未为对液析碳化物做出规定，而本研究在考虑到大规格模具钢产品更易在凝固过程中析出共晶碳化物这一特点，提出液析碳化物≤5μm。

试样经850℃保温20min后油冷，150℃保温1.5h进行回火。硝酸乙醇溶液侵蚀后放大100倍，按GB/T 18254—2016《高碳铬轴承钢》中附录A中的第9评级图评定。结果显示，锻件表层和心部不同部位均未发现共晶碳化物存在。

**6. 退火硬度和淬火回火硬度**

本研究依据GB/T 1299—2014要求对模具钢退火态试样以及经淬火+二次回火状态的试样分别检测退

火硬度（HBW）和试样淬火硬度（HRC），分别见表 2-51 和表 2-52。其中，试样硬度只提供结果数值。

**表 2-51 H13 模具钢退火硬度检测要求**

| 本研究 | 国内特钢厂Ⅰ | 国内铝合金加工厂Ⅱ | GB/T 1299—2014 | NADCA 标准 |
|---|---|---|---|---|
| ≤229HBW | ≤235HBW，不同部位硬度偏差≤30HBW | ≤229HBW | ≤229HBW | ≤235HBW |

**表 2-52 H13 模具钢淬火试样硬度检测要求**

| 本研究 | 国内特钢厂Ⅰ | 国内铝合金加工厂Ⅱ | GB/T 1299—2014 | NADCA 标准 |
|---|---|---|---|---|
| 790℃±15℃预热，1010℃±6℃加热，保温 5～10min 油冷，550℃±6℃回火两次，每次 2h。提供数值 | 无要求 | 无要求 | 790℃±15℃预热，1010℃±6℃加热，保温 5～10min 油冷，550℃±6℃回火两次，每次 2h。可提供数值 | 无要求 |

本研究样件的每个试样检测 5 个点并取平均值，结果见表 2-53～表 2-55。检测结果显示，按指定退火工艺处理后，退火硬度满足 GB/T 1299—2014（≤229HBW）及 NADCA 标准（≤235HBW）要求。另外，可以看出该大规格模具钢在成分均匀性等因素的保证下，试件退火硬度均匀性较高，调质热处理后 $\phi$1200mm 圆坯心表硬度差<1HRC，模块芯表硬度差<2HRC，从而可保证后续的调质热处理硬度的均匀性。

**表 2-53 $\phi$1200mm 圆坯退火硬度和调质硬度试验结果**

| 样品位置 | 退火硬度 HBW | 调质硬度 HRC |
|---|---|---|
| 心部 | 173±3 | 49.5±0.7 |
| R/2 处 | 178±1 | 49.8±0.6 |
| 表面 | 180±4 | 48.9±1.5 |

**表 2-54 阶梯模块 400mm 厚端部退火硬度和调质硬度试验结果**

| 样品位置 | 退火硬度 HBW | 调质硬度 HRC |
|---|---|---|
| 心表 | 167±2 | — |
| 心部 | 174±1 | 43±4.5 |
| 表面 | 173±4 | 44±2.8 |
| 表心 | 168±3 | |

**表 2-55 阶梯模块 500mm 厚端部退火硬度和调质硬度试验结果**

| 样品位置 | 退火硬度 HBW | 调质硬度 HRC |
|---|---|---|
| 心表 | 170±4 | — |
| 心部 | 172±2 | 43±0.6 |
| 表面 | 173±2 | 45±1 |
| 表心 | 167±1 | — |

### 7. 横向冲击性能

本研究和国内特钢厂Ⅰ、国内铝加工厂Ⅱ以及国内特钢厂Ⅱ在试验方法要求上基本一致，见表 2-56，国内特钢厂Ⅰ未做性能要求，国内特钢厂Ⅱ冲击吸收能量低于国内铝合金加工厂Ⅱ。本研究参考国内铝加工厂Ⅱ的冲击吸收能量。NADCA 标准使用的是 V 型缺口夏比冲击试验，而 GB/T 1299—2014 未对冲击性能做要求。

表 2-56　H13 模具钢冲击性能要求

| 试样名称 | 试验方法 | 性能要求 |
|---|---|---|
| 本研究 | 1025℃±10℃，保温 30min 油淬，590℃ 回火两次。采用 7mm×10mm×55mm 的无缺口试样，冲击面为 10mm×55mm | 提供数值，和国内铝合金加工厂Ⅱ做比较 |
| 国内特钢厂Ⅰ | 采用 7mm×10mm×55mm 的无缺口试样，冲击面为 10mm×55mm | 提供数值 |
| 国内特钢厂Ⅱ | 采用 7mm×10mm×55mm 的无缺口试样 | 平均值≥170J，最小值≥95J，合格率达到 95% |
| 国内铝合金加工厂Ⅱ | 1025℃±10℃，保温 30min，至少回火两次，保证硬度为 48~50HRC。采用 7mm×10mm×55mm 的无缺口试样，冲击面为 10mm×55mm | 平均值≥220J，最小单个值≥180J |
| GB/T 1299—2014 | 未做要求 | — |
| NADCA 标准 | 在 1030℃保温 30min 油淬，590℃温度下至少进行两次回火，每次回火至少保温 2h，以达到最终硬度 44~46HRC。试验方法参看 ASTM A370 最新版本夏比 V 型缺口摆锤冲击试验 | 平均值为 10in·lbf（13.6J），单个最小值为 8in·lbf（10.8J） |

本研究 $\phi$1200mm 圆坯和 400mm、500mm 厚阶梯模块模具钢试样经 1025℃±10℃，保温 30min，回火两次，硬度为 48.5HRC。相应热处理状态试样（55mm×10mm×7mm）的无缺口冲击结果见表 2-57。可以看出，相同的热处理条件下，模块的冲击断裂性能远大于圆坯的冲击断裂性能，这应该和两者的锻造变形有关，虽然锻造比相近，但圆坯尺寸锻前锻后变化较小，缺陷得不到较好的消除，导致冲击断裂性能较低。

表 2-57　本研究无缺口试样冲击结果

| 样品名称 | 温度/℃ | 冲击吸收能量/J |
|---|---|---|
| 圆坯 | 室温 | 135.7 |
| 阶梯模块 | 室温 | 241.0 |

**8. 超声检测**

超声检测要求上，见表 2-58，国内特钢厂Ⅰ要求较严，但其产品尺寸较小。考虑了尺寸因素对锻件夹杂等缺陷的影响等因素，本研究的超声检测和 GB/T 1299—2014 及国内铝合金加工厂Ⅱ的技术要求相比提出了更加严格的要求。本研究在模具钢锻件表面粗加工之后进行超声检测。耦合剂为机油，灵敏度为 $\phi$3mm/$\phi$5mm，探头型号 B2S-E，晶片尺寸 $\phi$24mm，频率为 2MHz。超声检测结果表明，模具钢模块锻件未发现记录缺陷。

表 2-58　H13 模具钢超声检测合格级别

| 试样名称 | 超声检测要求 |
|---|---|
| 本研究 | 按 GB/T 4162—2008 执行，超声检测达 D/d 级（单点缺陷≤$\phi$5mm，个数≤4，连续缺陷≤$\phi$3mm，个数≤2） |
| 国内特钢厂Ⅰ | 按 GB/T 4162—2008 执行，模具钢直径尺寸>155mm 的钢材应逐支进行超声检测。裂纹、白点、缩孔类型的缺陷不允许存在。单点缺陷≤$\phi$3mm，连续缺陷≤$\phi$2mm |
| 国内铝合金加工厂Ⅱ | 按 GB/T 6402—2008 执行，结果应符合 GB/T 1299—2014 表 38 中 1 组规定（C/c 级） |
| GB/T 1299—2014 | 高品质电渣重熔钢尺寸>400mm 合格级别应达到 C/c 级（单点缺陷≤$\phi$7mm，个数≤8；连续缺陷≤$\phi$5mm，个数≤4） |
| NADCA 标准 | 坯料不应存在超声检测时的内部缺陷，如带状物、氧化物、孔隙、裂纹、严重偏析等。原始钢坯的超声检测按 ASTM 推荐的 A 388 和 E 114 标准（最新版本）。验收标准由买卖双方协商达成 |

## 2.5 大规格高品质模具钢关键制备技术

本研究创新点主要包括超纯净低偏析电渣冶炼控制技术、形性控制一体化锻造技术、组织精细化控制技术，以及增材制坯技术、数字化平台技术等。

1）通过电极坯料前端的精炼控制，从源头控制原材料 P、S 及气体含量，并通过后续电渣渣料控制实现高洁净电渣冶炼，有效保障锻件气体成分、夹杂物控制等技术需求。

2）通过辅具设计、多向柔性镦拔锻造控制技术，打碎碳化物枝晶，细化晶粒，即利用 $\phi900mm$ 级电渣锭实现 $\phi1200mm$ 大尺寸锻造圆坯，以及 1m 以上宽度、400mm 和 500mm 厚度的台阶式大型锻制模块制造。

3）采用锻后超细化热处理工艺，充分均匀化组织、细化晶粒，为最终性能热处理做组织准备，实现 9 级以上晶粒度控制，满足高强韧性、较好的高温强度、抗软化与冷热疲劳性能需求。

### 2.5.1 模具钢高纯净冶炼技术

#### 1. 钢液成分精准控制及电渣锭冶金质量控制[39-41]

（1）超低［P］含量控制技术

依据脱 P 热力学方程可知，钢中脱 P 任务在电炉氧化期完成。电极坯冶炼时，电炉氧化期要强化脱磷，主要的脱磷反应为

$$4[P] + 5(FeO) + 4(CaO) = (4CaO \cdot P_2O_5) + 5[FeO] \tag{2-15}$$

根据热力学计算得磷的分配系数关系式如下：

$$\lg\{(\%P)/[\%P]\} = 22350/T - 16.0 + 0.08\%(CaO) + 2.51\%(TFeO) \tag{2-16}$$

由式（2-15）和式（2-16）可以看出，影响脱磷的因素有炉渣氧化性、石灰含量和温度。因此强化吹氧提高渣的氧化性、提前造高碱度的渣、流渣造新渣、低温，即在氧化前期尽量将磷脱除。实际冶炼时，采用氧化法冶炼：选用优质生铁、废钢及钢屑配料（生铁≤30%，废钢+钢屑≥70%），确保残余元素符合要求。保证电炉出钢［P］≤0.001%；在精炼工序，减少 P 含量高的合金的使用，最终实现钢锭中［P］≤0.008%的低 P 含量要求。

（2）超低［S］含量控制技术

在精炼工序和电渣重熔阶段都有脱硫反应进行，为此，根据 H13 钢材质特性，利用模拟软件计算多种约束条件下的多元多相平衡，设计具有最优物化特性的精炼、重熔炉渣，提高炉渣脱氧、脱硫、去夹杂的冶金效果。结合现场实际工况条件，创新性地开发使用铝氧粉作为造渣材料，优化脱氧过程控制，最终实现理论计算与生产实际相一致，形成稳定控制炉渣组元的新技术。

众所周知，为了有效地使金属脱硫，必须具备以下三个重要条件：

1）炉渣应有高的碱度。

2）要求炉渣有足够的流动性和过热度。

3）钢液和炉渣的接触面积足够大。

同时，电渣重熔冶炼方式也能进一步强化脱 S。在电极熔化末端——熔滴形成阶段，钢渣充分接触，本钢种冶炼时，渣系中除常规组分外，加入 CaO 和 MgO，提高炉渣碱度，从而将钢中的 S 大量去除。

#### 2. H、O、N 元素的精准控制技术

真空处理是实现钢冶炼洁净化的重要步骤之一，其主要净化途径为以下几方面：改变真空度，反应 $[C]+[O]=CO_g$ 向生成 CO 的方向移动，真空脱氧能力提高；降低系统压力后，氢和氮在钢中的溶解度下降，真空去气（H、N）得以实现。电极坯钢液冶炼时，对钢液进行真空除气，在小于 266.6Pa 的真空度下保持 20min，真空后不再调整合金，有利于缩短冶炼时间并提高钢液纯净度；出钢前进行氩气软吹，软

吹以小气量为主，是出钢前精炼包内均匀成分和温度，以及促进夹杂物上浮去除的重要途径，软吹结束后马上出钢。浇注前用热风炉对钢锭模进行预热。钢液浇注过程中增强保护，注流通过氩气保护罩进行保护直到浇注结束，防止注流吸气，避免钢液二次氧化。

电渣重熔时，除第一组电极外，其余电极端头均需预热。渣料未经干燥处理，会含有一定的水分，一部分是来自大气中，另一部分是渣料中自带的结晶水。实际使用过程中，要求渣料烘烤到700℃后保温12h后才可使用。

**3. 洁净钢冶金工艺技术**

精炼阶段加入铝氧粉造渣，铝粉扩散脱氧，以达到稳定炉渣成分、改善钢液纯净度和降低冶炼成本的目的；提高精炼包耐材质量，避免耐材剥落"污染"钢液。

电极坯浇注前对电极模、底盘内表面进行清理，然后烘烤，人工打磨局部锈蚀。钢液浇注过程中增强保护，注流通过氩气保护罩进行保护直到浇注结束，防止注流吸气，避免钢液二次氧化。在浇注过程中钢液面平稳上升，促使夹杂物上浮排除。

电渣重熔阶段，严格控制熔炼速度，保证熔池填充比，补缩期保证钢锭冒口端得到充分补缩，从而提高电渣锭冶金质量。

**4. 高纯净钢锭关键技术准备及工艺控制**

由于该产品为首次制造的新产品，在冶炼控制方面得到高度重视，主要关注点如下：

（1）严格的工艺准备及执行

1）冶炼前对车间操作人员进行工艺交底，要求严格按照工艺执行，同时技术人员现场跟班服务。

2）加强设备点检，排除设备隐患，保证生产过程顺利进行，避免突发情况发生，造成钢锭质量波动。

3）对自耗电极成分进行检验，达到内控后才能使用。

4）由于合金含量高，电渣钢锭表面质量控制难度较大，为保证超声检测及成分烧损，电渣重熔前，严格控制电极表面质量，自耗电极端头及表面要清理干净，尤其是表面和电极冒口端面的氧化物颗粒，防止有异物进入金属熔池。

（2）合理的工艺设计及执行

工艺制订时，根据产品成分制订渣系配比，提高炉渣碱度，同时确定采用铝粒作为脱氧剂，精准控制脱氧剂加入量和加入时机。

采用工业纯铁作为引锭板，焦炭作为引弧剂，自耗电极直接起弧，从而保证整个钢锭成分均匀。

采用$\phi$570mm铸造电极坯重熔，递减功率恒熔速控制原则，选取合适的熔化速度既保证浅平熔池形状，又能保证钢锭表面质量，此材质熔化速度按结晶器直径的80%控制。为避免渣沟过深、过多出现，交换电极一定要快，以减少渣池热量的损失。

补缩期保证钢锭冒口端得到充分补缩，从而提高电渣锭冶金质量。

## 2.5.2 模具钢控形控性锻造技术

模具钢坯料进行锻造是要利用变形击碎钢锭中的碳化物枝晶，打破其偏析带中的链状分布模式，从而达到均匀组织以及提升横纵向冲击性能的目的。电渣钢锭尺寸为$\phi$960mm（水口）×2250mm，锻前加热时要保证铸坯均匀加热，需控制好加热时间及均热段温度，热段温度控制在1220～1240℃，首加热工艺曲线如图2-96所示。锻造过程中及时清理干净锻坯表面出现的裂纹。锻造时为了增加心部变形以保证钢材的致密性和组织均匀性，充分利用辅具，采用四次镦粗+四次拔长工艺，锻造比大于6，截面直径$\phi$1200mm模具钢圆坯锻造过程中的镦粗和拔长工序及锻后形貌如图2-97所示，400mm和500mm厚×1000mm宽模具钢阶梯模块锻造

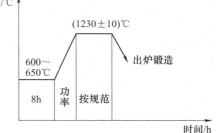

图 2-96 模具钢锻造首加热工艺曲线

过程中的镦粗和拔长工序如图 2-98 所示。为防止锻造过程中锻坯表面尤其是边角处产生裂纹缺陷，要求严格控制终锻温度。

a)

b)

c)

图 2-97　截面直径 φ1200mm 模具钢圆坯锻造过程

a）镦粗　b）拔长　c）锻后形貌

a)

b)

图 2-98　400mm 和 500mm 厚×1000mm 宽模具钢阶梯模块锻造过程

a）镦粗　b）拔长

c)

图 2-98　400mm 和 500mm 厚×1000mm 宽模具钢阶梯模块锻造过程（续）

c）锻后形貌

### 2.5.3　模具钢锻后热处理调控技术

模具钢锻造坯料在锻后热处理工艺如图 2-94 所示。在锻造完成后应及时对锻坯进行退火处理，及时消除锻造应力，并改善锻造组织，为最终热处理做准备。锻件在球化退火热处理前温度不低于 500℃。在退火工艺前加上一次保温温度为 1020~1040℃ 的正火超细化工艺，并保障冷却速率，从而有效改善锻坯偏析和网状碳化物，细化晶粒，并促使组织均匀化。退火温度选择 850~870℃ 范围，采用阶梯冷却及控温退火来控制碳化物并细化组织，为后续最终热处理做好工艺准备。热处理冷却后模具钢锻件的形貌如图 2-99 所示。

a)

b)

图 2-99　模具钢锻后及热处理后冷却形貌

a）截面直径 $\phi$1200mm 模具钢圆坯　b）400mm 和 500mm 厚×1000mm 宽模具钢阶梯模块

## 2.6　大规格高品质模具钢产业化制造

目前，本研究已在 $\phi$700mm~$\phi$1000mm 的模具钢锻件上实现批量化制造与销售。图 2-100 所示为采用本研究制备的大规格模具钢产品。

a)　　　　　　　　　　　　　　　　　　　　　　　b)

图2-100　大规格模具钢产品

a）热处理中的模具钢产品　b）等待发货的模具钢产品

## 2.7　小结

本研究充分利用现有装备制造能力，在国内率先开展大尺寸高品质模具钢材料开发与工程化应用研究，通过炼、锻、热等制备工艺优化组合，成功实现 $\phi1200mm$ 圆坯、400mm 和 500mm 厚×1000mm 宽模具钢阶梯模块等大规格高品质模具钢制造，实现 $\phi700mm\sim\phi1000mm$ 产品量产，部分替代国外进口模具钢材料，并提前布局面向超大尺度锻件的增材制坯技术及数字化平台，不断促进大型锻件绿色制造技术工程化应用和批量化制造，满足高端装备制造用关键基础原材料需求。

# 参 考 文 献

[1] 许珞萍，吴晓春，邵光杰，等．4Cr5MoSiV1，8407 钢的热疲劳性能 [J]．材料工程，2001（2）：3-7.

[2] 施渊吉，吴晓春，闵娜．Fe-Cr-Mo-W-V 系热作模具钢高温热稳定性机理研究 [J]．材料导报，2018，32（6）：930-936；956.

[3] DACENPORT A T，HONEYCOMB R W K．The secondary hardening of tungsten steels [J]．Metal Science，1975，9（1）：201.

[4] KWON H，LEE K B，YANG H R，et al．Secondary hardening and fracture behavior in alloy steels containing Mo，W，and Cr [J]．Metallurgical and Materials Transactions A，1997，28A（3a）：775-784.

[5] 代兵，胡晓涛，袁世平．H13 钢铝合金压铸模具失效分析及寿命提高措施 [J]．铸造技术，2015，36（4）：929-931.

[6] 王立君，吕国斌，李福生．延长压铸模使用寿命的措施 [J]．林业机械与木工设备，1998，26（2）：22-23.

[7] 刘红丽，薛克敏，左标，等．H13 等径角挤压模具早期失效分析及结构优化方案 [J]．制造技术与机床，2016（3）：133-137.

[8] 王孟，刘宗德，宝志坚．H13 钢汽车热锻模具失效机理分析 [J]．锻压技术，2008，33（4）：83-86.

[9] 胡伟勇，沈雅明，王峰，等．H13 钢制模具失效分析及改进措施 [J]．轴承，2011（8）：36-37；46.

[10] 叶喜葱，刘绍友，陈实华，等．H13 热作模具钢锻后热处理工艺 [J]．金属热处理，2013，38（12）：72-74.

[11] 王金国．H13 热作模具钢的热处理工艺研究 [J]．中国金属通报，2017（11）：121-122.

[12] 万霄，陈瑞航，王颜，等．热处理工艺对 H13 热作模具钢组织与性能的影响 [J]．宽厚板，2020，26（5）：18-22；35.

[13] 邓名洋．H13 热作模具钢热处理工艺研究 [J]．山西冶金，2022，45（1）：74-78.

[14] 王欣，杨凌平．H13 模具钢的锻造及热处理 [J]．模具制造，2014，14（1）：84-86.

［15］牛伟．H13锻材球化退火工艺试验研究［J］．热加工工艺，2015，44（20）：204-205.

［16］魏兴钊，朱伟恒，朱繁康，等．4Cr5MoSiV1钢制热作模具若干失效形式与对策探讨［J］．热处理技术与装备，2009，30（3）：19-29.

［17］FUCHS K-D. Hot-work tool steels with improved properties for die casting applications［C］//The Use of Tool Steel, Proceedings of the 6th international Tooling Conference. Sweeden：［s. n.］，2002：15-22.

［18］刘建华，阳燕，庄昌凌，等．H13模铸钢锭中夹杂物的分布解剖［J］．北京科技大学学报，2011，33（增刊1）：179-184.

［19］陈晗．H13模具钢快速电渣重熔铸坯的凝固组织特征及偏析研究［D］．重庆：重庆大学，2016.

［20］向大林．大型电渣重熔值得注意的几个问题［J］．大型铸锻件，2011（1）：26-33；35.

［21］JOSHI S S, SHARMA S, MAZUMDER S, et al. Solidification and microstructure evolution in additively manufactured H13 steel via directed energy deposition：Integrated experimental and computational approach［J］．Journal of Manufacturing Processes，2021，68（PA）：852-866.

［22］薄鑫涛，唐在兴．影响4Cr5MoSiV1类钢铝合金压铸模使用寿命的要素［J］．热处理，2013，28（2）：13-19.

［23］DING R G, YANG H B, LI S Z, et al. Failure analysis of H13 steel die for high pressure die casting Al alloy［J］．Engineering Failure Analysis，2021，124：105330.

［24］吴晓春，左鹏鹏．国内外热作模具钢发展现状与趋势［J］．模具工业，2013，39（10）：1-9.

［25］李天生．国内外不同H13钢冶金质量及性能对比分析［J］．热加工工艺，2016，45（6）：66-71.

［26］尹学炜，徐伟力，姚杰，等．高热导率热冲压模具材料HTCS-130性能的研究［J］．材料科学与工艺，2014，22（1）：61-67.

［27］河野正道．模具用钢和模具：201510220065.1［P］.2015-04-30.

［28］MESQUITA R A, KESTENBACH H J. Complete model for effects of silicon in 5%Cr hot work tool steels［J］．International Heat Treatment and Surface Engineering，2010，4（4）：145-151.

［29］李月婵，林碧兰．热力学计算与动力学模拟在材料设计中的应用探索［J］．材料导报，2014，28（1）：123-126；142.

［30］何燕霖，李麟，吴晓春．计算热力学在钢中非金属夹杂物研究中的应用［J］．上海金属，2004（1）：1-6.

［31］何燕霖，朱娜琼，吴晓瑜，等．富Cr碳化物析出行为的热力学与动力学计算［J］．材料热处理学报，2011，32（1）：134-137.

［32］宁安刚，郭汉杰，陈希春，等．H13钢电渣锭、锻造及淬回火过程中碳化物析出行为［J］．北京科技大学学报，2014，36（7）：895-902.

［33］PICKERING F B. Physical metallurgy and the design of steels［M］．London：Applied Science Publishers Ltd.，1978：133-140.

［34］李晓．00Cr12Ni10MoTi钢热变形行为研究［J］．一重技术，2020（3）：36-42；55.

［35］孙奉亮．12%Cr超超临界转子钢锻造过程微观组织演变的实验及模拟研究［D］．太原：太原科技大学，2011.

［36］SHI H, MCLAREN A J, SELLARS C M, et al. Constitutive equations for high temperature flow stress of aluminium alloys［J］．Materials Science and Technology，1997，13（3）：210-216.

［37］PRASAD Y V R K, SESHACHARYULU T. Modelling of hot deformation for microstructural control［J］．International Materials Reviews，1998，43（6）：243-258.

［38］PRASAD Y V R K, GEGEL H L, DORAIVELU S M, et al. Modeling of dynamic material behavior in hot deformation：Forging of Ti-6242［J］．Metallurgical and Materials Transactions A，1984，15（10）：1883-1892.

［39］李正邦．电渣冶金的理论与实践［M］．北京：冶金工业出版社，2010.

［40］黄希祐．钢铁冶金原理［M］．4版．北京：冶金工业出版社，2013.

［41］张立峰．钢中非金属夹杂物［M］．北京：冶金工业出版社，2019.

# 第3章

# 大型工具钢的开发与应用

工具钢是一种用于制造工具和机械零件的高强度钢材。它具有良好的耐磨性、耐蚀性和耐热性，可以抵抗高温和恶劣环境的影响。Cr4钢、Cr5钢是一种工具钢，是在Cr2钢、Cr3钢的基础上增加Cr元素所开发的钢种，目前主要用来制造大型支承辊，由于其尺寸较大，该钢种在热处理过程中呈现出复杂的组织和性能演变规律，因此，其制造技术具有不同于小型工具钢的鲜明特征。

支承辊是轧机的重要部件，起到支承及稳定工作辊的作用，由于其长期在高载荷和循环应力下工作，具有很高的力学性能要求。随着现代轧钢需求的不断增大，其使用性能要求也不断提高，而且锻钢支承辊的尺寸规格也随之增大，有些直径甚至达到2m以上。支承辊的生产过程主要包括炼钢、浇注、锻造、锻后热处理、调质热处理、差温热处理、精加工等，其中热处理过程是影响支承辊最终性能的重要环节，调质热处理过程主要调整支承辊辊颈及辊身心部的性能[1]，而差温热处理的主要目的是得到满足性能要求的淬硬层。支承辊的生产工艺复杂，周期较长，因此，深入研究Cr5钢材料，可保证产品质量，对支承辊生产成本及周期的控制至关重要。

## 3.1 Cr5钢的组织性能分析

### 3.1.1 Cr5钢材料计算

材料热力学计算能够揭示材料成分与微观结构的相互关系，以及材料相变的规律。20世纪70年代由L. Kaufman和M. Hillert等倡导的相图热力学计算，使金属和陶瓷材料的相图，特别是多元相图的研究走进了一个新的发展时期，在热力学数据库的支持下相图计算逐渐成熟，形成了CALPHAD的相平衡计算研究。这项研究的意义在于使材料的研究逐渐结束了尝试法的阶段，而步入根据实际需要进行材料设计的时代。目前国际上已经有多种相图计算的通用软件，如ThermoCalc、FactSage、Pandat、JMatPro等，这些软件作为专业的计算工具，大都技术背景深厚，具有严格评估的高品质数据库。

Cr5钢历经多年发展，以往大多还是基于研究经验与尝试法进行合金改进，并评价其微观结构与性能的关系。本小节利用JMatPro计算软件对支承辊材料用钢的平衡相图进行热力学计算，为分析Cr5钢基本材料信息提供了理论基础。

Cr5钢的化学成分见表3-1。

表3-1　Cr5钢的化学成分（质量分数,%）

| C | Si | Mn | Cr | Ni | Mo | V |
|---|---|---|---|---|---|---|
| 0.45~0.55 | 0.45~0.65 | 0.40~0.50 | 4.50~5.50 | 0.45~0.55 | 0.45~0.65 | 0.10~0.15 |

采用JMatPro软件进行材料热力学计算，得到Cr5钢平衡相图如图3-1所示，可见，在整个温度范围内，Cr5钢中的固相主要包括：AUSTENITE（奥氏体）、FERRITE（铁素体）、$M_7C_3$（M：Cr、Fe）、$M_{23}C_6$（M：Cr、Fe、Mo、Mn）等，$As$为765℃，$Af$为800℃，临界点试验测量值$Ac_1$为809℃，$M_7C_3$碳化物的平衡溶解/析出温度为968℃（$A_{cm}$），$M_{23}C_6$型碳化物的平衡溶解/析出温度为870℃，在珠光体相变区间内，两种碳化物的平衡含量之和约为6.5%（质量分数），各碳化物中的元素含量如图3-2所示。

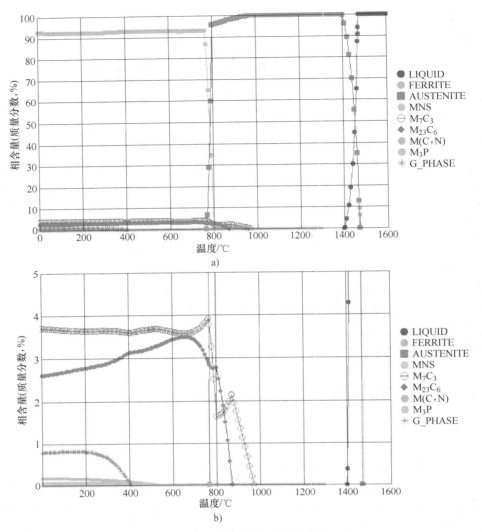

图 3-1　Cr5 钢平衡相图及放大图
a）平衡相图　b）平衡相图放大图

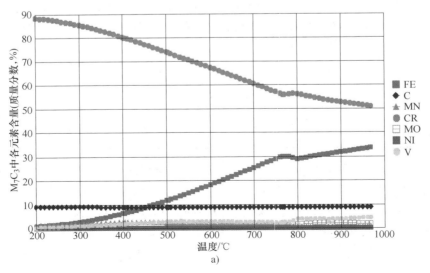

图 3-2　Cr5 钢中各碳化物的平衡成分
a）$M_7C_3$

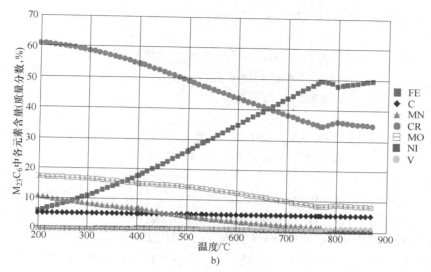

图 3-2　Cr5 钢中各碳化物的平衡成分（续）
b）$M_{23}C_6$

930℃时 Cr5 钢平衡状态下的各相分布如图 3-3 所示，在该温度下碳化物 $M_{23}C_6$ 可以完全溶解，但仍有 0.9% 的 $M_7C_3$ 型碳化物未溶解到奥氏体中，可起到抑制奥氏体晶粒长大的作用。

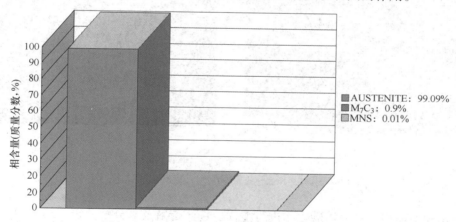

图 3-3　Cr5 钢在 930℃奥氏体化温度下的平衡相

## 3.1.2　Cr5 钢中的组织

### 1. 材料及检测方法

为了分析检测 Cr5 钢的不同组织及力学性能，取 Cr5 钢支承辊产品中不同组织状态的试料制备组织观察及性能检测试样。各类试验采用以下方法进行观察。

（1）组织观察

截取 15mm×15mm×20mm 的金相试样，采用 4% 的 $HNO_3$ 乙醇溶液腐蚀后，在 Axiovert 200MAT 光学显微镜下观察金相组织，在 QUANTA400 扫描电子显微镜下观察高倍组织形貌，并利用能谱仪确定碳化物成分。

（2）TEM 观察

利用钼丝切割将试样切割成厚度为 0.3mm 的薄片，用金相砂纸研磨至 40~60μm，冲制成直径为 3mm 的小圆片。在 MTP-1A 型磁力驱动双喷电解仪上减薄，电解液为 5% 的高氯酸乙醇溶液，电压为 50V，利用干冰将电解槽降温至 −30~−20℃。选取样品在 JEM-2100F 透射电镜上进行观察，加速电压为 200kV。分别对支承辊不同位置的试样进行显微形貌观察，并采用选区衍射技术及高分辨分析对碳化物结构进行鉴定，同时利用能谱仪确定碳化物中各元素的相对含量。

（3）萃取试验

采用电化学萃取试验，电解液为 $FeCl_3+HCl+H_2O$ 溶液，电流恒定为 0.42A，阳极为待测试样，阴极为铂丝，电解时间为 50~65h。电解后将溶液利用离心机沉淀分离，沉淀物采用乙醇溶液冲洗，将溶液在水浴中加热，使乙醇溶液蒸发，直至烧杯中仅留碳化物。

**2. 组织分析**

大型支承辊由于尺寸较大，在热处理过程中不同位置处温度不同，组织及性能差异也较大，组织类型主要包括马氏体、贝氏体、粒状珠光体、片状珠光体以及混合组织[2]。

（1）回火马氏体/贝氏体组织

在支承辊中，热处理时冷却速度较快的区域形成马氏体或贝氏体组织，并有颗粒状碳化物存在，该区域为支承辊的淬硬层，其金相和扫描照片如图 3-4 所示。该组织的透射电镜（TEM）观察的显微形貌如图 3-5 所示，可见，在马氏体组织中板条、针状特征共存，碳化物以长条状碳化物为主（长 200~400nm，宽 30nm），同时存在 $\phi300~\phi1000nm$ 的颗粒状碳化物，且板条内部弥散分布 $\phi20~\phi40nm$ 的小颗粒碳化物。

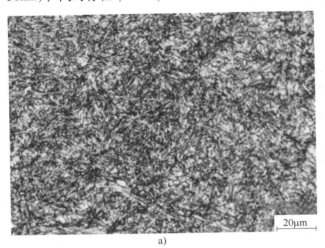
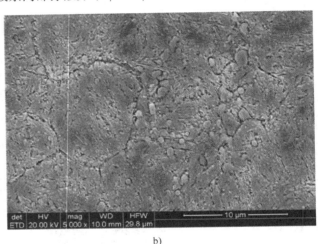

图 3-4　金相及扫描照片

a）回火马氏体组织金相照片　b）回火马氏体组织扫描照片

为了确定碳化物的物相，对上述碳化物进行能谱、选区衍射及高分辨分析，结果如图 3-6 和图 3-7 所示。对于 200nm×30nm 的长条状碳化物，通过选区衍射分析得到的衍射斑点图如图 3-6b 所示，高分辨图（图 3-6d）经傅里叶转变得到的衍射斑点图（图 3-6f），通过标定结合能谱分析确定此碳化物为 $Fe_3C$。按上述分析方法分别确定了弥散分布的直径约为 900nm、300nm 及马氏体板条内部分布的 $\phi20~\phi40nm$ 的小颗粒均为 $Cr_7C_3$ 碳化物，如图 3-7 所示。综上可知，回火马氏体贝氏体组织中碳化物主要以长条状 $M_3C$ 为主，同时弥散分布着大小不一的碳化物 $M_7C_3$。

（2）珠光体组织

在支承辊的淬硬层下方主要为粒状珠光体组织，其形成原因一方面是调质热处理时形成的片状珠光体在差温热处理过程中再次经历了高温回火，在片状珠光体再次经历较高的加热温度时，片状珠光体发生球化，由于不同曲率半径碳化物的碳浓度不同，碳原子由非球状碳化物尖角处的高碳浓度向平面处的低碳区域扩散，使得尖角处曲率半径增大，平面处曲率半径减小，以致逐渐成为各处曲率半径相近的粒状碳化物，最终得到粒状珠光体组织；另一方面是在调质热处理时该处温度较低，$M_7C_3$ 溶解不充分，在淬火冷却的过程中，即形成了粒状珠光体。在成分相同条件下，与片状珠光体相比，粒状珠光体相界面较少且对位错运动阻碍作用小，因此其强度硬度稍低，而塑性较高。

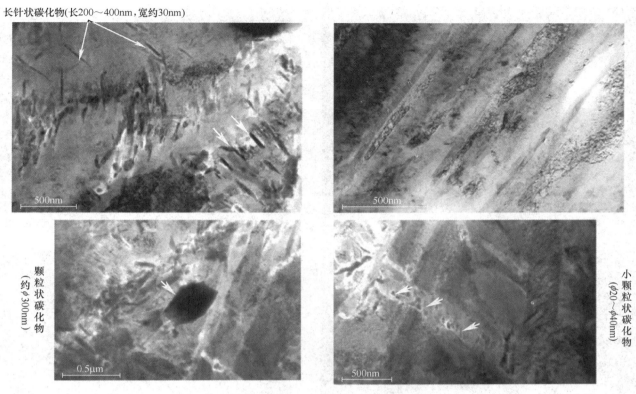

图 3-5 回火马氏体贝氏体组织表面显微组织 TEM 照片

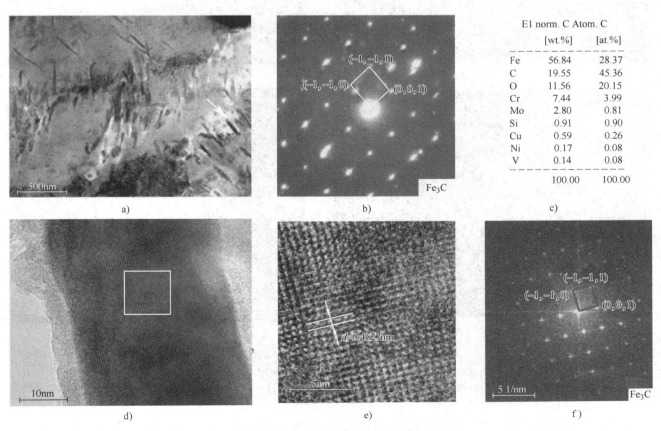

图 3-6 长条状碳化物 TEM 图像

a) 显微形貌 b) 衍射斑点图 c) 能谱分析结果 d) 高分辨图 e) (-1, -1, 0) 晶面间距 f) 傅里叶转变后衍射斑点图

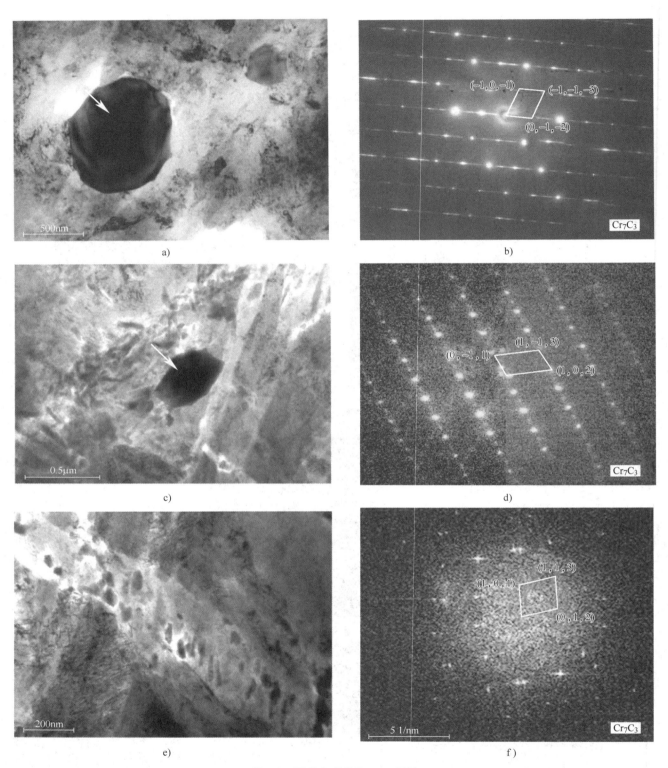

图 3-7　颗粒状碳化物 TEM 图像

a）直径 900nm 颗粒显微形貌　　b）直径 900nm 颗粒衍射斑点图　　c）直径 300nm 颗粒显微形貌

d）直径 300nm 颗粒衍射斑点图　　e）直径 20~40nm 颗粒显微形貌　　f）直径 20~40nm 颗粒衍射斑点图

　　不同球化程度的珠光体组织金相和扫描照片如图 3-8 所示，5.1#、5#、4.5#三个试样中片状珠光体含量呈逐渐升高的趋势，随着片状珠光体含量的增加，颗粒状碳化物尺寸逐渐减小，组织的硬度升高。

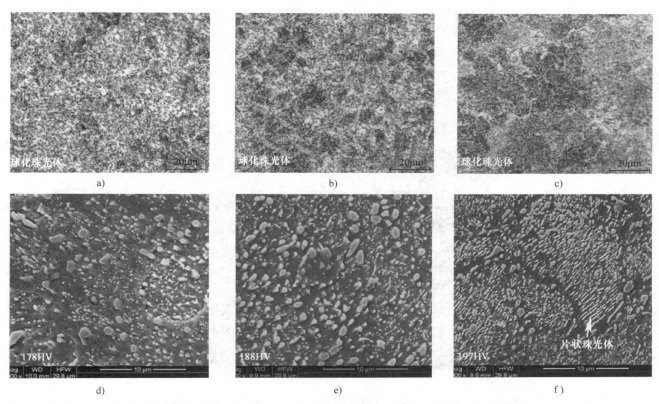

图 3-8 不同球化程度珠光体的金相、扫描照片及维氏硬度值

a）5.1#金相照片 b）5#金相照片 c）4.5#金相照片 d）5.1#扫描照片 e）5#扫描照片 f）4.5#扫描照片

球化组织在透射电镜下观察到的显微形貌如图 3-9 所示，可见，球化组织为铁素体基体上分布着不同

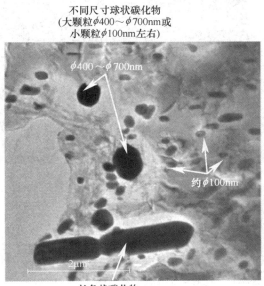

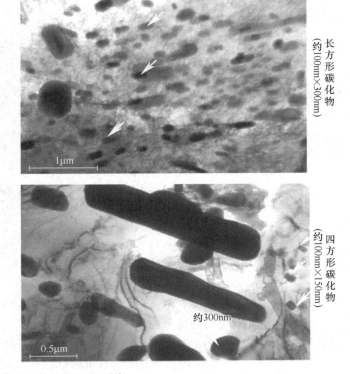

图 3-9 球化显著区显微组织 TEM 照片

形状及尺寸的碳化物，如尺寸为2500nm×400nm的大长条碳化物、直径为100~800nm的圆球状碳化物、长方形或四方形碳化物等。

根据对碳化物进行选区衍射、高分辨分析以及能谱成分的分析结果，初步确定粒状珠光体组织中的碳化物的物相类型如下：长1550nm、宽300nm的长条状碳化物及短棒及四方状碳化物为$M_7C_3$，如图3-10所示；直径约300nm左右的颗粒碳化物为$M_{23}C_6$，结果如图3-11所示。

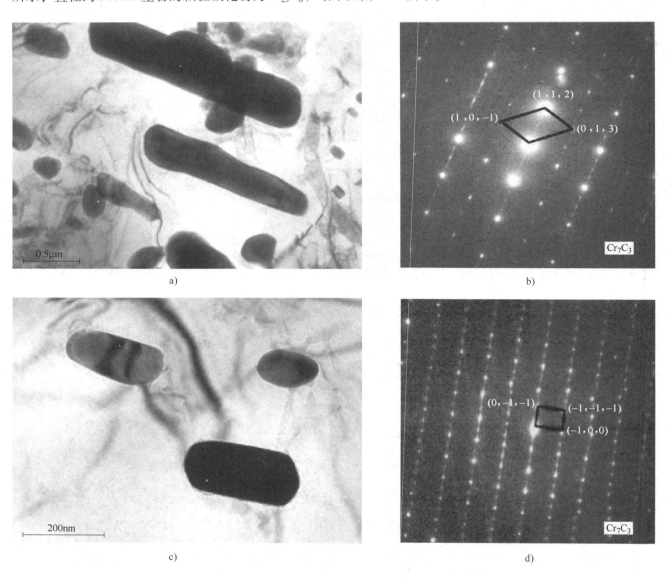

图3-10　长条状及短棒状碳化物TEM分析结果（一）

a）长条状碳化物显微形貌　b）长条状碳化物衍射斑点图　c）短棒状碳化物显微形貌　d）短棒状碳化物衍射斑点图

4#、3#、2#、1#试样均取自支承辊中片状珠光体为主的区域，其金相和扫描照片如图3-12所示，组织均为粒状珠光体和片状珠光体混合组织，但片状珠光体含量不同，随着片状珠光体含量的增加，材料硬度随之增加。部分区域珠光体的片层间距$S_0$约为262nm，局部$S_0$小于等于115nm，说明片状珠光体组织区域同时存在片状珠光体、回火索氏体和托氏体。

透射电镜观察得到的显微组织照片如图3-13所示，以片状珠光体为主的区域可以看到片层状碳化物规则排列，片层间距为150~240nm，与扫描照片结果较为一致；以粒状珠光体为主的区域，基本上弥散分布着约φ300nm的大颗粒以及小于φ100nm的颗粒状碳化物。

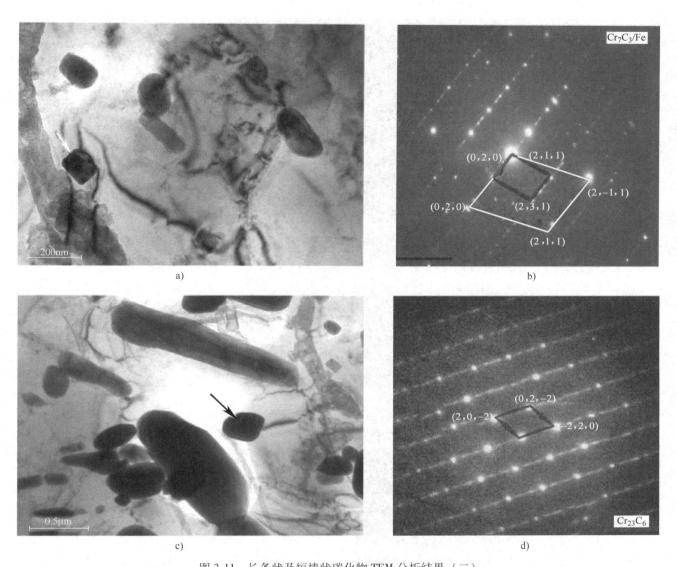

图 3-11 长条状及短棒状碳化物 TEM 分析结果（二）

a）长条状碳化物显微形貌 b）长条状碳化物衍射斑点图 c）短棒状碳化物显微形貌 d）短棒状碳化物衍射斑点图

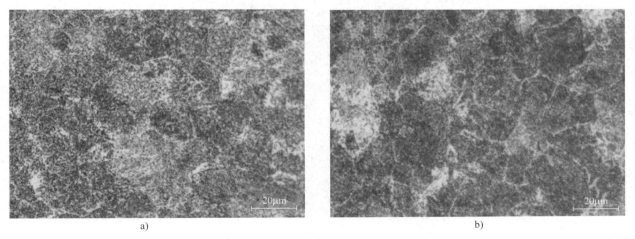

图 3-12 片状为主珠光体金相及扫描照片

a）4#金相照片 b）3#金相照片

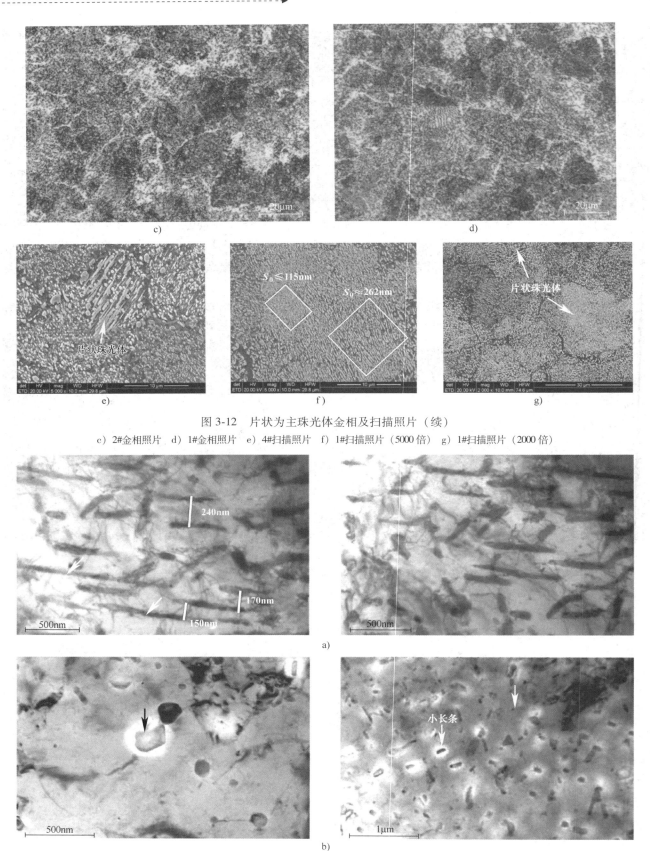

图 3-12  片状为主珠光体金相及扫描照片（续）

c）2#金相照片   d）1#金相照片   e）4#扫描照片   f）1#扫描照片（5000 倍）   g）1#扫描照片（2000 倍）

图 3-13  片状珠光体组织区域显微组织 TEM 照片

a）片状珠光体为主区域   b）粒状珠光体为主区域

图 3-14 所示为对碳化物进行选区衍射、高分辨分析结果，初步确定碳化物的物相类型如下：长 600nm、宽 30nm 的长条状碳化物为 $M_7C_3$，直径约为 200nm 的颗粒状碳化物为 $M_{23}C_6$。

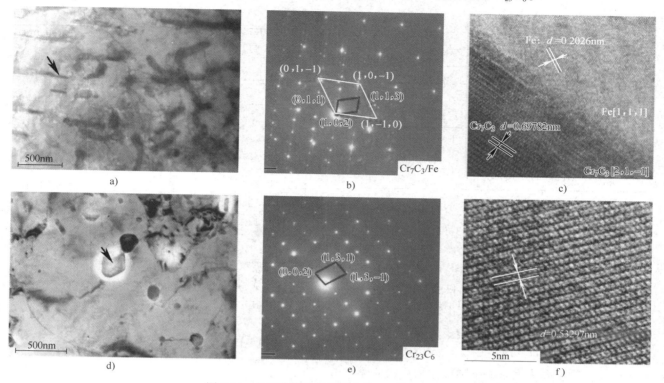

图 3-14 片状珠光体组织碳化物 TEM 分析结果

a) 长条状碳化物显微形貌  b) 长条状碳化物衍射斑点图  c) 长条状碳化物高分辨图
d) 颗粒状碳化物显微形貌  e) 颗粒状碳化物衍射斑点图  f) 颗粒状碳化物高分辨图

值得注意的是，上述碳化物的确定是根据衍射斑点对照 PDF（粉末衍射卡片）得到的，因此对于确认为 $Cr_7C_3$ 型的碳化物不排除为（Fe，Cr）$_7C_3$ 的可能，由于是对照 $Cr_7C_3$ 型碳化物标定而来的，故采用 $Cr_7C_3$ 代表 $M_7C_3$ 型碳化物，$M_{23}C_6$ 型碳化物也是如此。

**3. 碳化物萃取试验**

为了进一步观察珠光体中的碳化物形态及类型，对主要为粒状珠光体的组织（本章简述为"粒状珠光体组织"）以及主要为片状珠光体的组织（本章中简述为"片状珠光体组织"）进行碳化物萃取试验。分别称取萃取试验前待电解试样的质量及电解后剩余质量，并将萃取获得的碳化物称重，碳化物质量百分比计算方法为：碳化物质量/（原试样电解前质量－试样电解后残余质量）×100%。表 3-2 为 Cr5 钢两种不同组织形态的珠光体中碳化物的质量百分比，可知 Cr5 钢中 $M_7C_3$ 与 $M_{23}C_6$ 碳化物的质量百分比平均为 5.49%，萃取试验获得结果略低于 JMatPro 软件在平衡状态下的计算结果，这是因为计算结果为平衡条件下的碳化物含量，而实际热处理过程多为非平衡条件。

表 3-2 支承辊球化区碳化物质量百分比

| 组织 | 电解块体质量/g | 萃取碳化物质量/g | 碳化物质量百分比（%） |
| --- | --- | --- | --- |
| 粒状+片状珠光体 | 25.22 | 1.36 | 5.39 |
| 粒状珠光体 | 24.17 | 1.35 | 5.59 |

将萃取获得的粉末进行 XRD（X 射线衍射）分析测试，通过 PDF 比对，主要物相为 $Cr_7C_3$ 和 $Cr_{15.58}Fe_{7.42}C_6$，与 TEM 的选区衍射结果相一致，标定的物相基本信息见表 3-3，其中 $M_7C_3$ 属于正交晶系，而 $M_{23}C_6$ 属于立方晶系。图 3-15 所示为萃取粉末 XRD 标定结果，同时利用 XRD 半定量计算的方法得出不

同物相的相对含量，见表3-4。可见在粒状珠光体组织中碳化物主要以 $M_7C_3$ 为主，而在片状珠光体组织中 $M_{23}C_6$ 含量明显增加。

表3-3　物相表征信息

| 物相 | 晶系 | 空间点阵 | $a$/Å | $b$/Å | $c$/Å | 参考比强度（RIR） |
|---|---|---|---|---|---|---|
| $Cr_7C_3$ | 正交（Orthorhombic） | Pnma（62） | 7.0149 | 12.153 | 4.532 | 1.02 |
| $Cr_{15.58}Fe_{7.42}C_6$ | 立方（Cubic） | Fm-3m（225） | 10.599 | 10.599 | 10.599 | 2.98 |

注：1Å = 0.1nm。

表3-4　萃取碳化物粉末XRD半定量计算结果

| 试样 | $Cr_7C_3$ | $Cr_{15.58}Fe_{7.42}C_6$ |
|---|---|---|
| Cr5-粒状+片状珠光体 | 74.4% | 25.6% |
| Cr5-粒状珠光体 | 87.6% | 12.4% |

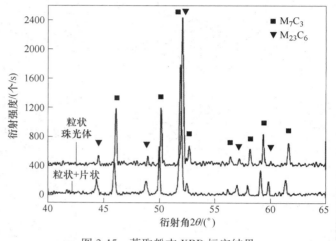

图3-15　萃取粉末XRD标定结果

利用透射电镜观察萃取粉末的形貌特征及选区衍射物相标定，图3-16、图3-17所示分别为Cr5钢中片状珠光体组织及粒状珠光体组织中碳化物的TEM照片，由图可见，Cr5钢片状珠光体的试样中碳化物主要包括大量的尺寸为微米级颗粒状、不规则粗条状 $M_7C_3$ 碳化物，部分厚度约为几十纳米的薄片状、细直长条的 $M_{23}C_6$ 碳化物，以及非常少量的VC碳化物；粒状珠光体试样中的碳化物主要为大量的不同尺寸颗粒状或棒状 $M_7C_3$ 碳化物，部分颗粒状（$\phi200\sim\phi400nm$）$M_{23}C_6$ 碳化物以及少量的VC碳化物。

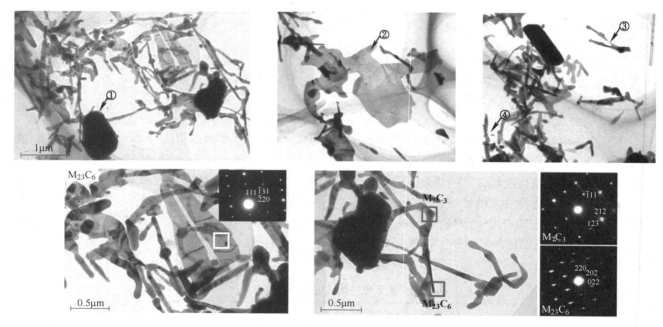

图3-16　Cr5钢片状珠光体试样萃取粉末TEM结果

## 3.1.3　力学性能分析

### 1. 材料及检测方法

对不同形貌的组织进行力学性能检测。

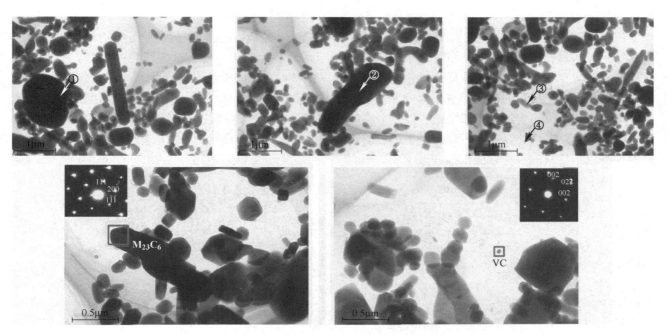

图 3-17 Cr5 钢粒状珠光体试样萃取粉末 TEM 结果

（1）硬度测试

维氏硬度测试采用 Tukon2100B 全自动显微维氏硬度计，载荷约为 98.1N，加载时间 10s，每个组织测试五个点后取平均值。

（2）拉伸测试

采用 CSS44300 电子万能试验机进行常温拉伸试验，试样尺寸为 $\phi5mm \times 70mm$，标距为 25mm，在出现屈服阶段前的拉伸速率为 1mm/min，之后拉伸速率为 5mm/min。低温拉伸由 MTS 万能试验机测定，测量屈服强度时拉伸速率为 0.5mm/min，测量抗拉强度时拉伸速率为 3mm/min。

（3）冲击测试

试验根据 GB/T 229—2020《金属材料 夏比摆锤冲击试验方法》进行，采用缺口深度为 2mm 标准夏比 U 型缺口冲击试样。分别在 25℃、12℃、0℃、-12℃、-25℃、-50℃ 等 6 个温度下进行冲击试验，且同等条件进行三次重复试验取平均值。试验在摆锤式冲击试验机上进行，标准打击能量为 500J。温度控制采用 CDC 冲击试验高低温槽，量程为 -60~200℃。试验设备如图 3-18 所示。

图 3-18 低温冲击试验设备

（4）断裂韧度

依据 GB/T 4161—2007《金属材料 平面应变断裂韧度 $K_{Ic}$ 试验方法》进行试验分析。试样尺寸如图 3-19 所示。当试样厚度较小时，试样裂纹尖端附近处于平面应力状态。随着试样厚度的增加，平面应力状态向平面应变状态过渡。在试样超过一定厚度以后，材料将完全处于平面应变状态。而试验结果表明，在一定的范围内，较薄的试样具有较大的断裂韧度，随着试样厚度的增加，材料的断裂韧度值将逐渐减小，最终趋于一个恒定的较低极限值，即充分厚的试样在完全处于平面应变状态的条件下，材料的断裂韧度将不再随着厚度变化，而是表现为一个恒定的常数。这个常数就是材料的平面应变断裂韧度，平面应变断裂韧度也是材料的一种性能指标。

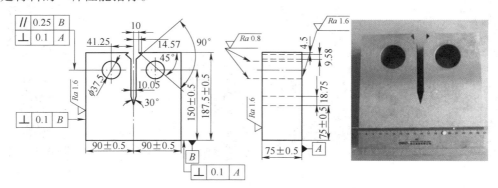

图 3-19 紧凑拉伸试样尺寸示意图及实物图

紧凑拉伸试样的 $K_Q$ 值由已经测量得到的试样厚度 $B$、裂纹长度 $a$、试样宽度 $W$ 及临界载荷 $F_Q$ 按照式（3-1）进行计算。

$$K_Q = \left[ F_Q / (BW^{1/2}) \right] f(a/W) \tag{3-1}$$

$$f(a/W) = (2 + a/W) \times \frac{0.866 + 4.64(a/W) - 13.32(a/W)^2 + 14.72(a/W)^3 - 5.6(a/W)^4}{(1 - a/W)^{3/2}}$$

若 $a/W = 0.5$，$f(a/W) = 9.66$。

若 $K_Q$ 满足以下条件则为有效的 $K_{Ic}$：

1）$B$、$a$、$(W-a)$ 均 $\geqslant 2.5 (K_Q/R_{p0.2})^2$，其中 $R_{p0.2}$ 为条件屈服强度。

2）对于 I 型和 II 型 F-V 曲线，$F_{max}/F_Q \leqslant 1.10$。

根据线弹性断裂力学理论，断裂判据为 $K_I = Y\sigma\sqrt{\pi a} \geqslant K_{Ic}$。其中，$Y$ 为裂纹形状系数；$\sigma$ 为应力；$a$ 为裂纹长度；$K_I$ 为应力强度因子，它表征裂纹尖端附近应力场的强度，其大小取决于构件的几何条件、外加载荷的数值、分布等。$K_{Ic}$ 是在平面应变条件下，材料中 I 型裂纹产生失稳扩展的应力强度因子的临界值，即材料平面应变断裂韧度。

**2. 常温拉伸性能**

表 3-5 为不同组织的拉伸性能，可见马氏体回火组织强度最高，贝氏体回火组织强度较马氏体回火组织有所降低，粒状珠光体屈服和抗拉强度最低，由于片层珠光体中片层碳化物较粒状珠光体中球化的碳化物具有更好的阻碍位错运动，且片层珠光体中的铁素体位错密度较高起到一定的强化作用，因此片状珠光体较粒状珠光体强度有所升高，延伸和面缩率与屈服和抗拉强度的变化规律正好相反。

表 3-5 不同组织的拉伸性能

| 试样编号 | 组 织 | 抗拉强度/MPa | 条件屈服强度/MPa | 断后伸长率（%） | 断面收缩率（%） |
|---|---|---|---|---|---|
| 8# | 马氏体回火组织 | 1916 | 1229 | 4 | 7 |
| 7# | 贝氏体回火组织 | 1804 | 1340 | 8.6 | 15.4 |
| 5.1# | 粒状珠光体 | 628 | 299.5 | 30 | 64.7 |
| 2# | 片状珠光体 | 740 | 358 | 22.2 | 57.9 |

**3. 低温拉伸性能**

通过低温拉伸试验得到了 Cr5 钢支承辊中不同组织在 25℃、0℃、-25℃、-50℃四个温度下的抗拉强度 $R_m$、条件屈服强度 $R_{p0.2}$、断面收缩率 $Z$、断后伸长率 $A$，见表 3-6。回火马氏体贝氏体组织常温强度较高，而塑性指标较低；珠光体组织相对强度较低，而塑性指标较高。低温下，片状珠光体组织的强度均较常温下有所提高，其平均抗拉强度为 757MPa，条件屈服强度为 334MPa，断后伸长率为 23.7%，断面收缩率为 31.9%；粒状珠光体组织的平均抗拉强度为 778MPa，条件屈服强度为 391MPa，断后伸长率为 23.8%，断面收缩率为 32.2%。粒状珠光体组织及片状珠光体组织的强度及塑性随温度的变化趋势如图 3-20 所示，可见，随着温度的降低，各组织均呈现强度增加、塑性降低的趋势。

**表 3-6 不同温度下拉伸性能结果**

| 组织 | 性能 | -50℃ | -25℃ | 0℃ | 25℃ |
|---|---|---|---|---|---|
| 回火马氏体贝氏体 | $R_m$/MPa | — | 1940 | — | 1916 |
| | $R_{p0.2}$/MPa | — | 1760 | — | 1229 |
| | $A$（%） | — | 4 | — | 4 |
| | $Z$（%） | — | 5 | — | 7 |
| 粒珠光体 | $R_m$/MPa | 777 | 777 | 712 | 628 |
| | $R_{p0.2}$/MPa | 415 | 391 | 390 | 299 |
| | $A$（%） | 20 | 24 | 25 | 30 |
| | $Z$（%） | 60 | 54 | 65 | 65 |
| 片状珠光体 | $R_m$/MPa | 799 | 770 | 745 | 725 |
| | $R_{p0.2}$/MPa | 388 | 377 | 370 | 337 |
| | $A$（%） | 22 | 23 | 20 | 20 |
| | $Z$（%） | 55 | 54 | 54 | 58 |

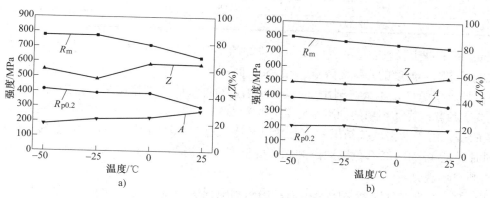

图 3-20 支承辊过渡区及心部拉伸性能随试验温度的变化
a）粒状珠光体为主组织 b）片状珠光体为主组织

**4. 低温冲击性能及韧脆转变温度的测定**

（1）冲击吸收能量

通过低温试验得到不同组织的冲击吸收能量平均值见表 3-7，可见，珠光体的塑性强于马氏体及贝氏体回火组织，且粒状珠光体的塑性强于片状珠光体，马氏体及贝氏体的回火组织冲击吸收能量最低，平均值约为 9J。在-50~-24℃温度区间内，所有组织的冲击吸收能量均随着温度的降低而降低，在-50℃时接近下平台值。其中粒状珠光体以及片状珠光体降低趋势显著，回火马氏体及贝氏体降低幅度较小。

（2）韧脆转变温度

表 3-7　Cr5 钢中不同组织在不同温度下的冲击吸收能量（J）

| 试样编号 | 组　织 | 温度/℃ | | | | | |
|---|---|---|---|---|---|---|---|
| | | 24 | 12 | 0 | −12 | −25 | −50 |
| 2# | 粒状珠光体+片层珠光体 | 49.68 | 45.52 | 29.36 | 20.90 | 16.47 | 6.77 |
| 5.1# | 粒状珠光体 | 92.53 | 104.94 | 76.68 | 83.64 | 41.93 | 20.62 |
| 7# | 回火贝氏体 | 4.29 | 4.50 | 3.83 | 4.32 | 6.57 | 3.95 |
| 8# | 回火马氏体 | 13.49 | 9.63 | 9.29 | 9.25 | 10.34 | 6.92 |

　　韧脆转变温度是衡量材料脆性转变倾向的重要指标，它决定了材料的应用范围，工程界常常将韧脆转变温度作为钢材防断裂的重要判据，了解 Cr5 钢的韧脆转变温度对于预测其低温断裂行为有着重要的作用，可以为工程设计提供依据。

　　韧脆转变温度的定义方法很多，常采用最大冲击吸收能量（上平台能）和最小冲击吸收能量（下平台能）的算术平均值对应的温度作为材料的韧脆转变温度。冲击吸收能量-温度曲线总体呈 S 形，分为下平台、转变温度区和上平台三个部分，但实际试验中得到的冲击吸收能量值，一般较为离散，需要用合适的数学模型进行拟合以更好地反映冲击吸收能量与温度的关系。大量的试验与实践表明，采用式（3-2）所示的 Boltzmann 函数对冲击吸收能量和温度的关系进行回归分析时，具有较好的相关性，而且函数各参数的物理意义明确，可以很好地描述冲击吸收能量与温度之间的关系。

$$K = \frac{E_1 - E_2}{1 + \exp[(T - T_f)/T_r]} + E_2 \tag{3-2}$$

式中，$K$ 为冲击吸收能量；$T$ 为温度；$E_1$ 为下平台能；$E_2$ 为上平台能；$T_f$ 为韧脆转变温度；$T_r$ 反映了转变温度区的温度范围。

　　利用 Boltzmann 函数对 Cr5 钢粒状珠光体及片状珠光体试样在−50~25℃的冲击吸收能量结果进行拟合分析，计算 Boltzmann 函数的 4 个参数，推测不同组织处在−50~25℃范围内的韧脆转变温度（$T_f$），结果见表 3-8。

表 3-8　Boltzmann 函数参数拟合结果

| 组织 | $E_1$/J | $E_2$/J | $T_f$/℃ | $T_r$/℃ |
|---|---|---|---|---|
| 片状珠光体为主 | 6.05 | 61.66 | 2.26 | 15.26 |
| 球状珠光体为主 | 19.52 | 93.53 | −20.53 | 6.05 |

　　Cr5 钢不同组织的冲击吸收能量随温度变化趋势如图 3-21 所示。在−50~24℃温度区间内，不同组织状态的冲击吸收能量均随着温度的降低而降低，在−50℃时接近下平台值。其中珠光体组织降低趋势显著，马氏体及贝氏体的回火组织变化不大。利用 Boltzmann 函数对冲击吸收能量结果进行拟合分析，得出在−50~24℃温度区间内，片状珠光体组织的韧脆转变温度约为−2℃，粒状珠光体组织韧脆转变温度约为−20℃。

　　值得注意的是，由于冲击试验结果的离散性以及测量温度数量的限制，上述韧脆转变温度的确定只是推测结果，同时只是在−50~25℃范围内的韧脆转变温度，但仍具有一定的参考价值。

　　（3）冲击断口形貌分析

　　冲击断口形貌可以直接反映断裂的全过程，揭示韧脆程度的差别，且裂纹扩展功与断口形貌具有良好的相关性，因此，断口形貌研究十分重要。冲击试样断口在通常情况下除了切口底部的断裂源外，一般由纤维区、放射区和剪切唇三部分组成。断口上三个区域所占比例大小标志着材料韧性的优劣。在试验条件一致的情况下，纤维区和剪切唇越大，则材料的韧性越好。研究表明，断口放射区部分的脆断过程所消耗的能量是非常小的，裂纹扩展功主要消耗在经过塑性变形而形成的纤维断口上，因此本研究主要分析断口的塑性变形部分。

　　对三种典型组织的试样进行断口形貌分析。图 3-22 所示为片状珠光体试样在不同温度下的断口宏观形貌。由图可以看出，纤维区厚度与冲击吸收能量随温度变化趋势基本一致，随着温度降低，断口的塑性变形程度随之下降，纤维区所占比例逐渐减小，放射区比例逐渐增大。如图 3-23 所示，纤维区厚度在常温下约为 860μm，在 0℃时几乎降低一半，厚度约 380μm，在−50℃时纤维区约 13μm，且呈现不连续分布，此时冲击吸收能量也非常低，约为 6.77J，基本接近下平台值。

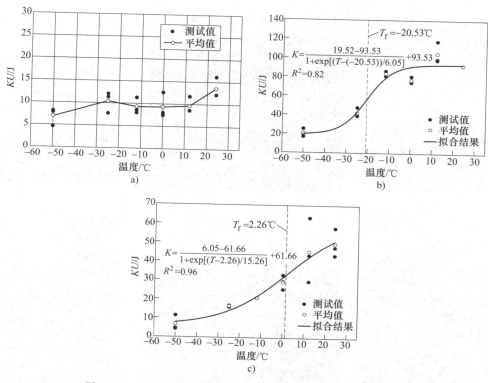

图 3-21 Cr5 钢不同组织状态冲击功吸收能量随温度的变化

a）马氏体/贝氏体回火组织 b）粒状珠光体组织 c）片状珠光体组织

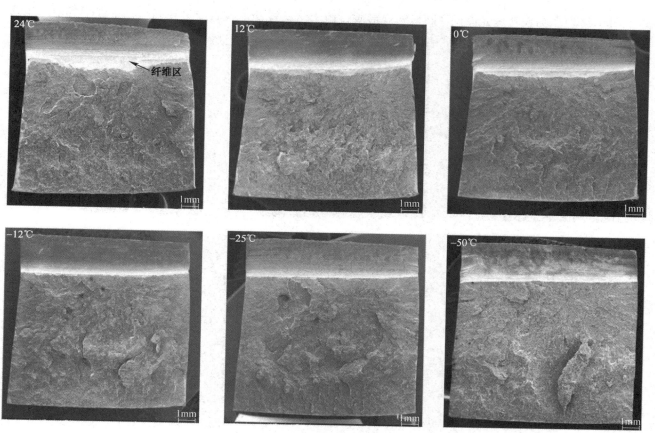

图 3-22 片状珠光体组织在不同温度下的断口宏观形貌

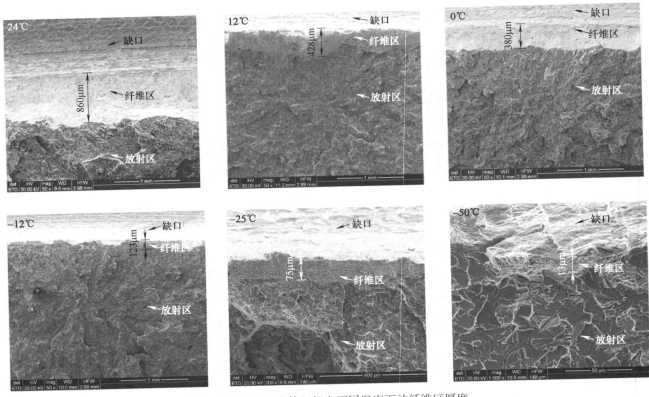

图 3-23　片状珠光体组织在不同温度下的纤维区厚度

图 3-24 所示为粒状珠光体试样断口宏观形貌，由于该试样冲击吸收能量较高，在常温下其断口出现

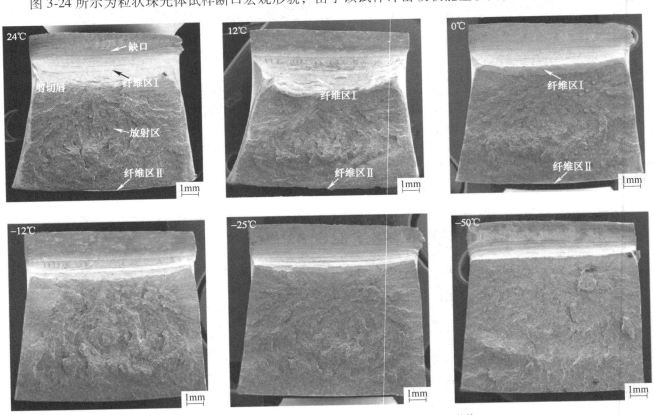

图 3-24　粒状珠光体组织在不同温度下的断口宏观形貌

剪切唇，纤维区所占比例相对较大，且在试样底部出现第二纤维区，这是因为在冲击试验过程中试样切口部分受拉应力，经过塑性变形后产生裂纹；不开口部分受压应力，裂纹扩展进入放射区，当遇到受压应力区域时，裂纹的扩展遭到阻碍，再次出现塑性变形区。随着温度降低，剪切唇区域逐渐减少，在-50℃时基本消失，纤维区厚度在常温下约1000μm，在-12℃降低至一半左右，在-50℃时纤维区厚度只有约40μm，如图3-25所示。

图3-25　粒状珠光体组织在不同温度下的纤维区厚度

马氏体/贝氏体回火组织在不同温度下冲击断口宏观形貌如图3-26所示。在常温下试样断口几乎未发生塑性变形，纤维区厚度约为50μm，且呈现不连续分布；随着温度的降低，试样宏观形貌变化不大，纤维区厚度稍有减少。这一现象与冲击吸收能量结果是一致的，即淬硬组织区塑性较低，常温下冲击吸收能量只有11J，且随温度下降稍有减少，整体变化不大。

图3-27所示为常温下三种典型组织放射区及纤维区的微观形貌，可以看出珠光体组织的放射区均具有典型的准解理特征，马氏体/贝氏体回火组织相比珠光体组织其解理面较为细小。放射区的微观形貌随温度变化不明显，且对冲击吸收能量影响较小，因此应重点分析纤维区的微观形貌。粒状珠光体试样断口形貌为等轴韧窝，大而深的韧窝比较均匀且数量较多，韧性较好；片状珠光体试样韧窝较为均匀，大小适中，但相对粒状珠光体试样韧窝较小较浅，所以韧性相对低一些；回火马氏体试样韧窝最浅也是最小的，其韧性是最差的。

Cr5钢的片状珠光体组织、粒状珠光体组织以及回火马氏体组织在6个温度下的断口纤维区微观形貌分别如图3-28～图3-30所示，可以看出，随着温度的降低，所有试样的断口逐渐趋于平滑，韧窝尺寸由大变小，由深变浅；当温度下降至-50℃时，珠光体组织已经呈现出解理面及解理台阶的脆性断裂特征；回火马氏体组织在常温下韧窝就已经很小，随着温度的降低，韧窝特征已经不明显。与珠光体相比，回火马氏体贝氏体组织的韧性较差且脆断特征更明显。

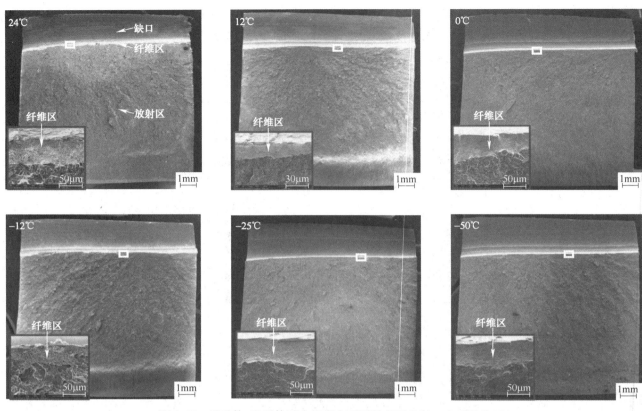

图 3-26　马氏体/贝氏体回火组织在不同温度下的断口宏观形貌

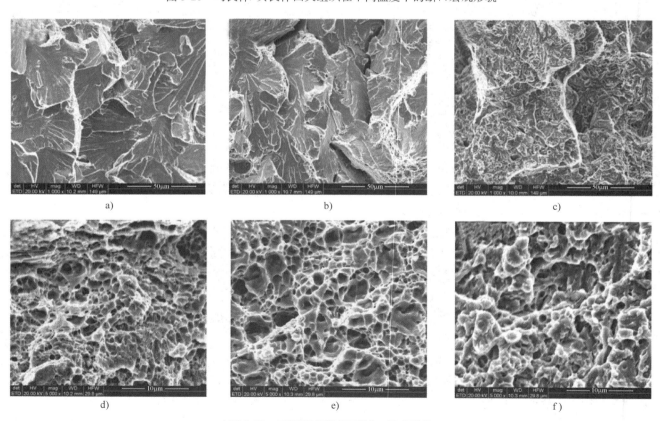

图 3-27　不同组织常温下断口微观形貌

a）片状珠光体组织放射区微观形貌　b）粒状珠光体组织放射区微观形貌　c）回火马氏体/贝氏体组织放射区微观形貌
d）片状珠光体组织纤维区微观形貌　e）粒状珠光体组织纤维区微观形貌　f）回火马氏体/贝氏体组织纤维区微观形貌

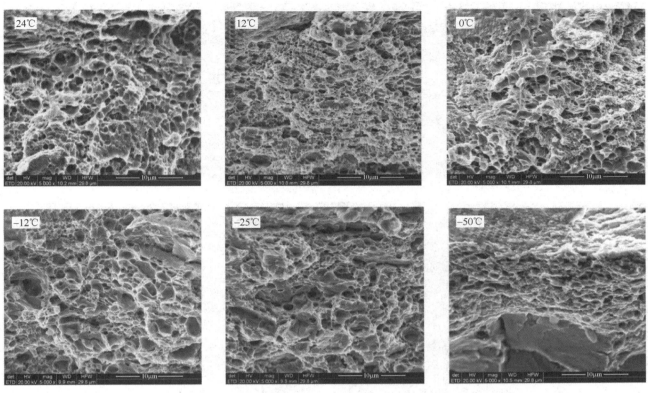

图 3-28 片状珠光体组织（2#）不同温度下断口纤维区微观形貌

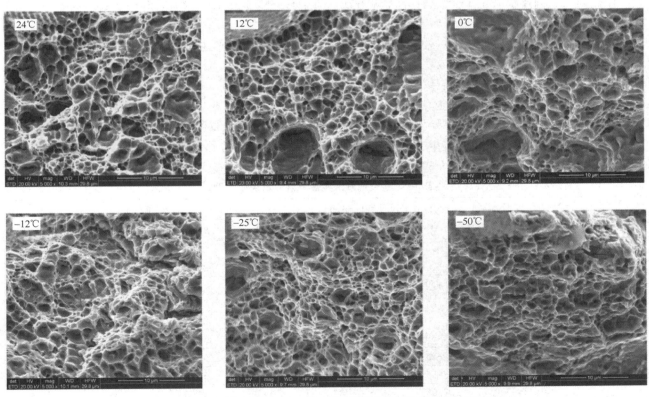

图 3-29 粒状珠光体（5.1#）不同温度下断口纤维区微观形貌

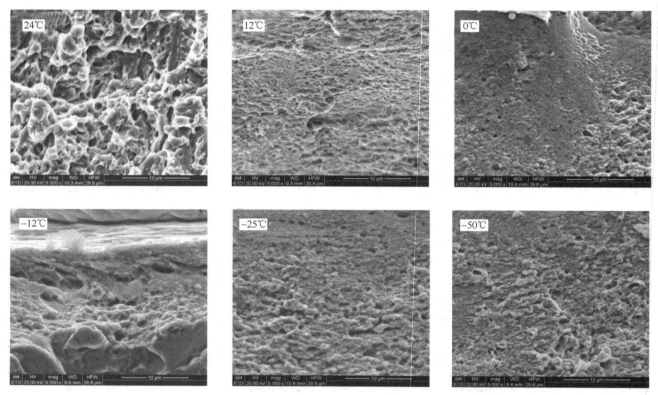

图 3-30　回火马氏体贝氏体组织（8#）不同温度下断口纤维区微观形貌

综上可见，断口形貌分析与冲击试验测得的冲击吸收能量结果及拟合得到的韧脆转变温度的结果相一致。温度对 Cr5 钢片状珠光体组织的韧性影响显著，在温度下降至 0℃时，冲击韧度几乎减少一半。

**5. 断裂韧度**

在金属冶炼、铸造、锻造、热处理以及实际使用中不可避免地要产生某些宏观的缺陷或裂纹，这些缺陷或裂纹在使用中受到外加应力或残余应力的作用而产生缓慢的扩展，当裂纹扩展到临界尺寸时就要发生失稳扩展，直至断裂，所以临界裂纹尺寸的确定具有重要的现实意义。

（1）试样 F-V 加载曲线

将紧凑拉伸试样在设定温度保温后，预制疲劳裂纹，并进行临界载荷 $F_Q$ 的测定，由试验记录的 F-V 曲线得出 $F_Q$ 并测量裂纹长度。其中，$F$ 为施加的力；$V$ 为缺口张开位移。不同试样的 F-V 曲线如图 3-31 所示，试样在 $B/4$、$B/2$、$3B/4$ 的 3 个位置处裂纹长度见表 3-9。

表 3-9　断裂韧度试样基本参数及裂纹长度

| 组织 | 试样编号 | 试验温度 /℃ | 试样厚度 /mm | 裂纹长度/mm | | | |
|---|---|---|---|---|---|---|---|
| | | | | $B/4$ 处 | $B/2$ 处 | $3B/4$ 处 | 平均长度 |
| 回火马氏体 贝氏体组织 | M-1 | −25 | 24.92 | 26.89 | 27.01 | 27.03 | 26.98 |
| | M-2 | 25 | 24.86 | 26.6 | 26.85 | 26.8 | 26.75 |
| 粒状珠光 体组织 | G-1 | −50 | 49.65 | 51.21 | 52.27 | 52.1 | 51.86 |
| | G-2 | −25 | 49.62 | 50.72 | 50.79 | 50.62 | 50.71 |
| | G-3 | 25 | 74.41 | 80.08 | 80.33 | 80.27 | 80.22 |
| 片状珠光 体组织 | P-1 | −50 | 49.8 | 52.16 | 52.31 | 52.14 | 52.2 |
| | P-2-1 | −25 | 49.72 | 52 | 52.09 | 51.74 | 51.94 |
| | P-2-2 | −25 | 49.65 | 52.1 | 52.23 | 52.14 | 52.14 |
| | P-3 | 0 | 49.8 | 52.12 | 52.27 | 52.14 | 52.18 |
| | P-4 | 25 | 74.92 | 74.85 | 75.25 | 74.84 | 74.98 |

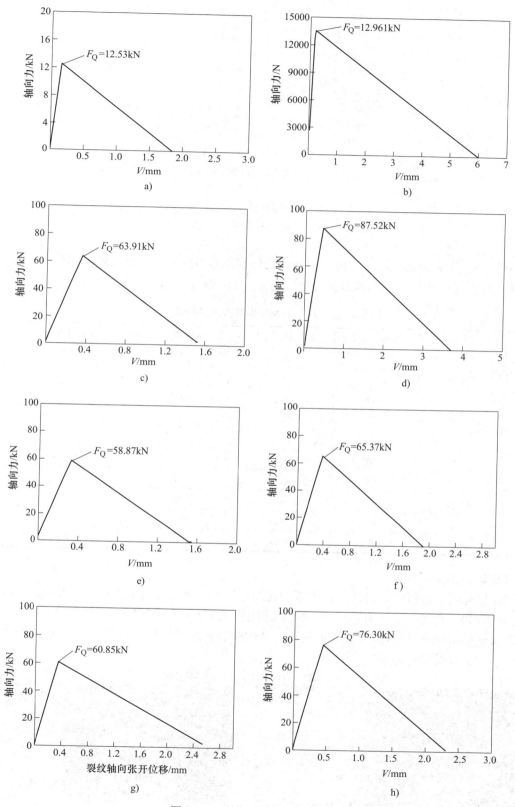

图 3-31 不同试样的 F-V 曲线

a) M-1, -25℃  b) M-2, 25℃  c) G-1, -50℃  d) G-2, -25℃  e) P-1, -50℃

f) P-2-1, -25℃  g) P-2-2, -25℃  h) P-3, 0℃

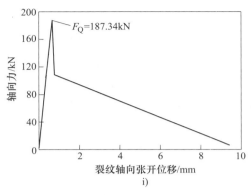

图 3-31　不同试样的 F-V 曲线（续）

i）P-4，25℃

计算得到的 $K_Q$ 见表 3-10，除了常温下片状珠光体组织及 0℃下粒状珠光体组织的断裂韧度结果，其他试验数据均满足判据 $B$、$a$、$(W-a)$ 均 $\geq 2.5(K_Q/R_{p0.2})^2$，属于有效 $K_{Ic}$ 值。

表 3-10　断裂韧度试验结果参数

| 组织 | 试样编号 | 试验温度/℃ | $K_Q/MPa \cdot m^{1/2}$ | $2.5(K_{Ic}/R_{p0.2})^2$/mm | $(W-a)$（试样）/mm | 有效性 |
|---|---|---|---|---|---|---|
| 回火马氏体贝氏体组织 | M-1 | −25 | 24.7 | 0.5 | 22.9 | 有效 |
| | M-2 | 25 | 25.2 | 1.1 | 23.3 | 有效 |
| 粒状珠光体组织 | G-1 | −50 | 41.6 | 25.1 | 48.23 | 有效 |
| | G-2 | −25 | 52.7 | 45.4 | 49.3 | 有效 |
| | G-3 | 0 | 82.8 | 191.5 | 74.5 | 无效 |
| 片状珠光体组织 | P-1 | −50 | 38.7 | 24.9 | 47.8 | 有效 |
| | P-2-1 | −25 | 42.5 | 32.3 | 48.3 | 有效 |
| | P-2-2 | −25 | 40.1 | 28.8 | 47.8 | 有效 |
| | P-3 | 0 | 50.3 | 46.2 | 47.7 | 有效 |
| | P-4 | 25 | 62.4 | 81.9 | 74.9 | 无效 |

（2）试样断口的宏观形貌

紧凑拉伸试样断口包括线切割区、疲劳区、脆性断裂区，如果材料韧性较好，可能会出现纤维区。线切割区和预疲劳裂纹区是在试验前形成的，脆性断裂区为试件发生脆性断裂形成的断口，形成速度较快。常温下片状珠光体组织及马氏体/贝氏体回火组织区的断裂韧度试样断口如图 3-32 所示，整个断口主要分为线切割区、疲劳区和脆性断裂区。

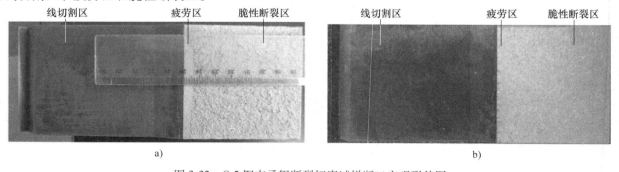

a）　　　　　　　　　　　　　　　　　　　b）

图 3-32　Cr5 钢支承辊断裂韧度试样断口宏观形貌图

a）珠光体组织常温断口　b）马氏体/贝氏体回火组织常温断口

（3）有效断裂韧度结果

Cr5 钢不同组织低温断裂韧度结果见表 3-11。可以看出，马氏体/贝氏体回火组织在常温和低温（-25℃）下的断裂韧度 $K_{Ic}$ 均约为 25MPa·m$^{1/2}$，相差不大；粒状珠光体组织在 -25℃ 时测量得到 $K_{Ic}$ 为 52.7MPa·m$^{1/2}$，在 -50℃ 下的 $K_{Ic}$ 为 41.6MPa·m$^{1/2}$；片状珠光体组织在 -50℃、-25℃、0℃ 下的有效断裂韧度分别为 38.7MPa·m$^{1/2}$、42.3MPa·m$^{1/2}$ 以及 50.3MPa·m$^{1/2}$，常温下测量 $K_Q$ 为 62.4MPa·m$^{1/2}$，为无效 $K_{Ic}$，但可推断常温下片状珠光体组织平面应变断裂韧度大于 0℃ 的 50.3MPa·m$^{1/2}$，小于常温的 $K_Q$ = 62.4MPa·m$^{1/2}$。在各个温度下，粒状珠光体组织的断裂韧度均大于片状珠光体组织，且远高于马氏体/贝氏体回火组织。

表 3-11　不同温度下断裂韧度试验结果

| 组　织 | -50℃ | | -25℃ | | 0℃ | | 25℃ | |
|---|---|---|---|---|---|---|---|---|
| | $K_Q$ | $K_{Ic}$ | $K_Q$ | $K_{Ic}$ | $K_Q$ | $K_{Ic}$ | $K_Q$ | $K_{Ic}$ |
| 马氏体/贝氏体回火组织 | — | — | 24.7 | 24.7 | — | — | 25.02 | 25.02 |
| 粒状珠光体组织 | 41.6 | 41.6 | 52.7 | 52.7 | | | 82.8 | 无效 |
| 片状珠光体组织 | 38.7 | 38.7 | 42.3 | 42.3 | 50.3 | 50.3 | 62.4 | 无效 |

（4）断裂韧度与冲击韧度的关系

断裂韧度判据以断裂力学为基础，可以把断裂韧度与外加应力、构件缺陷紧密联系起来，比冲击韧度更具代表性。但是断裂韧度试验方法复杂，试验费用高，而冲击韧度测试方法简单，成本低廉。且对于冲击韧度较高的材料，若想获得有效的 $K_{Ic}$，必须要增大试样尺寸，而目前的试验设备限制了试样的尺寸，许多常温下能够有效测得的平面应变断裂韧度将难以获得。因此，多年来研究人员一直在寻找冲击吸收能量和断裂韧度之间的关系，试图通过简单的冲击试验来推测材料的断裂韧度。

冲击韧度以材料承受冲击荷载时所吸收的能量为依据，常以冲击吸收能量 $K$（包括 U 型缺口冲击吸收能量 $KU$ 和 V 型缺口冲击吸收能量 $KV$）为度量指标；断裂韧度以断裂力学为基础，把断裂韧度与外加应力、构件缺陷紧密联系起来，常以平面应变断裂韧度 $K_{Ic}$、裂纹尖端张开位移（CTOD）临界值 $\delta_c$ 和 J 积分临界值 $J_{Ic}$ 为度量指标。国内外学者提出了许多钢种冲击吸收能量 $K$ 与断裂韧度 $K_{Ic}$ 的经验关系[3]，研究结果见表 3-12。

表 3-12　断裂韧度与冲击吸收能量的经验关系式

| 提　出　者 | 经验关系式 | 适用范围 |
|---|---|---|
| S. T. Rolfs, J. M. Barson（1970 年） | $\left(\dfrac{K_{Ic}}{R_{p0.2}}\right)^2 = 5\left(\dfrac{KV}{R_{p0.2}} - 0.05\right)$ | $KV$ 上平台<br>$R_{p0.2} = 758 \sim 1696$MPa |
| 岩馆忠雄（1976 年） | $\left(\dfrac{K_{Ic}}{R_{p0.2}}\right)^2 = 518.2\left(\dfrac{KV}{R_{p0.2}} - 0.01223\right)$ | $KV$ 上平台 |
| 伊藤 | $\left(\dfrac{K_{Ic}}{100}\right)^2 = 300\left(\dfrac{KV}{R_{p0.2}}\right)$ | 转变温度区及低温<br>HT60、HT80 钢熔合线 |
| P. C. Parist | $K_{Ic} = 15.5 \ (KV)^{1/2}$ | 转变温度区及低温<br>A533B、A517F、A542 |
| 王元清（清华大学） | $K_{Ic}^2 = a \cdot KU + b$ | 转变温度区及低温 |

根据清华大学王元清总结的研究，钢材断裂韧度 $K_{Ic}$ 与冲击吸收能量 $KU$ 满足式（3-3）所描述的关系，即断裂韧度的二次方值与冲击吸收能量成正比。

$$K_{1c}^2 = a \cdot KU + b \tag{3-3}$$

由表 3-7 和表 3-10 可知，马氏体/贝氏体回火组织的冲击吸收能量随温度的变化不大，其断裂韧度也同样对温度变化不敏感，这一结果与试验值也是吻合的。

分别将 Cr5 钢片状珠光体、粒状珠光体组织测量得到的有效断裂韧度依式（3-3）进行拟合，得到断裂韧度 $K_{1c}$ 与冲击吸收能量的关系分别如式（3-4）、式（3-5）和图 3-33 所示。

$$(K_{1c})^2 = 45.05KU + 1147.3 \tag{3-4}$$

$$(K_{1c})^2 = 49.19KU + 716.29 \tag{3-5}$$

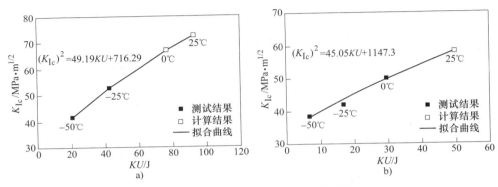

图 3-33　Cr5 钢断裂韧度与冲击吸收能量的关系
a）粒状珠光体组织　b）片状珠光体组织

由 Cr5 锻钢支承辊材料微观组织及韧性试验测量结果可知，相同的化学成分下，组织状态不同、碳化物尺寸和分布不同均会导致材料韧性不同。马氏体与珠光体相比，由于内部存在孪晶和大量的位错，回火时碳化物沿马氏体板条界析出且呈不均匀分布，使其强度高、韧性差。以片层状珠光体为主的组织中，条片状的碳化物主要以层状进行分布；粒状珠光体组织中的碳化物以类球形或棒状分布在铁素体基体中。根据史密斯解理裂纹形核模型，片层状碳化物与球状碳化物相比，解理裂纹易于萌发及扩展，使脆性增加，与片状珠光体组织相比，粒状珠光体组织的冲击韧度和断裂韧度明显提高。因此，合理优化热处理工艺，改善碳化物形貌，可以有效提高材料的断裂韧度。

（5）Cr5 钢支承辊临界裂纹尺寸的计算

许多中低强度钢的大型、重型机件经常在低于屈服应力下发生低应力脆性断裂，大量分析表明脆断是由宏观裂纹扩展引起的。其裂纹可能是材料在生产和机件在加工时产生的工艺裂纹，如冶金缺陷、铸造裂纹、锻造裂纹、焊接裂纹、淬火裂纹等；也可能是机件在工作时产生的使用裂纹，如疲劳裂纹、腐蚀裂纹等。这些缺陷或裂纹在运用中受应力的作用而产生缓慢的扩展，当裂纹扩展到某临界尺寸时发生失稳断裂，所以临界裂纹尺寸的确定具有重要的现实意义。

低应力脆断裂纹扩展的问题，可以应用线弹性断裂力学理论解释，其典型特征为断口没有宏观塑性变形的痕迹，裂纹在断裂扩展时，其尖端处于弹性状态，应力和应变呈线性。裂纹尖端附近的应力场强度与裂纹扩展类型有关，含裂纹的金属件，根据外加应力与裂纹扩展面的取向关系，有三种基本形式的裂纹扩展：张开型（Ⅰ）裂纹、滑开型（Ⅱ）裂纹及撕开型（Ⅲ）裂纹扩展。实际裂纹的扩展并不局限于这三种形式，往往是它们的组合，其中张开型（Ⅰ）裂纹扩展最危险，容易引起脆性断裂。

Ⅰ型裂纹试样在拉伸或弯曲的过程中，其裂纹尖端处于复杂的应力状态，裂纹尖端区域各点的应力除了取决于其位置外，均与 $K_1$ 相关，$K_1$ 的大小直接影响应力场的大小，这样 $K_1$ 就可以表示应力场的强弱程度，故称应力强度因子。$K_1$ 是一个与应力和裂纹尺寸有关的复合力学参量，一般表达式为

$$K_1 = Y\sigma\sqrt{\pi a} \tag{3-6}$$

式中，$Y$ 为裂纹形状系数；$\sigma$ 为应力；$a$ 为裂纹长度。随着应力和裂纹长度的增大，$K_1$ 不断增大，当增大到临界值 $K_{1c}$ 时，裂纹开始失稳扩展，因此，裂纹发生失稳断裂判据为 $K_1 \geqslant K_{1c}$，即 $Y\sigma\sqrt{\pi a} \geqslant K_{1c}$。裂纹

形状系数 $Y$ 在不同裂纹下的表达方式是不同的，其中内埋裂纹较为常用，其裂纹形状模型近似采用无限大物体内部有椭圆片裂纹，远处受均匀拉伸，椭圆片长轴为 $2c$、短轴为 $2a$。

裂纹尖端的应力强度因子为

$$K_I = Y\sigma\sqrt{\pi a} \tag{3-7}$$

$$k^2 = 1 - (a/c)^2 \tag{3-8}$$

$$Y = \frac{1}{E(k)}(1 - k^2\cos^2\theta)^{1/4} \tag{3-9}$$

$$E(k) = \int_0^{\frac{\pi}{2}}\sqrt{1 - k^2\sin^2\theta}\,\mathrm{d}\theta \tag{3-10}$$

$E(k)$ 为以 $k$ 为参照的第二类完整椭圆积分，且可见椭圆片状裂纹前缘各点处的 $k$ 因子随其位置不同而变化。在特殊情况下，可将式（3-9）进一步简化：①圆片裂纹（$a=c$），裂纹形状系数接近最小值，临界裂纹尺寸接近较大值，计算得到 $Y=2/\pi$；②长条裂纹（$c\gg a$ 或 $a/c\to0$），裂纹形状系数取最大值，临界裂纹尺寸对应最小值，即 $Y=1$。

理论上，脆性断裂判据只适用于线弹性体，但金属材料在裂纹扩展前，其尖端附近总要出现一个塑性变形区。如果裂纹尖端塑性区尺寸 $r$ 远小于裂纹长度（$r/a<0.1$），称为小范围屈服，该情况下，只要将线弹性断裂力学得到的公式稍加修正，就可以获得工程上可以接受的结果。基于这种想法，Irwin 提出了等效模型概念。由于裂纹尖端塑性区的存在，会降低裂纹体的刚度，相当于裂纹长度的增加，即：$K_I = Y\sigma\sqrt{a+r}$。若机件尺寸足够大，近似成平面应变情况，则修正后的应力强度因子 $K_I$ 及临界裂纹长度 $a_c$ 表达式如下。

1）塑性区修正后（平面应变）

$$K_I = \frac{Y\sigma\sqrt{\pi a}}{\sqrt{1 - \frac{1}{4\sqrt{2}}Y^2\left(\frac{\sigma}{R_{p0.2}}\right)^2}} \tag{3-11}$$

$$a_c = \frac{K_{Ic}^2\cdot\left(1 - \frac{1}{4\sqrt{2}}Y^2\left(\frac{\sigma}{R_{p0.2}}\right)^2\right)}{\pi Y^2\sigma^2} \tag{3-12}$$

2）非塑性区修正（平面应变）

$$K_I = Y\sigma\sqrt{\pi a} \tag{3-13}$$

$$a_c = \frac{K_{Ic}^2}{\pi Y^2\sigma^2} \tag{3-14}$$

其中，长条裂纹形状系数 $Y=1$，圆形裂纹形状系数 $Y=2/\pi$。

对于不同的材料及构件，其塑性区尺寸不同。高强度钢的塑性区尺寸很小，可用线弹性断裂力学解决，而某些中低强度钢塑性区较大，相对屈服范围也很大，属于大范围屈服甚至整体屈服。此时线弹性断裂力学已不适用，从而要求发展弹塑性断裂力学来解决问题。

弹塑性中断裂判据可以采用 $J_I$ 为准则，即 $J_I\geqslant J_{Ic}$。$J_I$ 为 Ⅰ 型裂纹的能量线积分，反映了裂纹尖端区的应变能，即应力应变的集中程度。

实际工况中很少用 J 积分判据来计算裂纹体的承载能力。因为：①各种实用的积分数学表达式并不清楚，即使知道数值，也无法用来计算；②对于韧性断裂，裂纹往往有较长的亚稳扩展阶段，$J_{Ic}$ 对应的点只是开裂点，用 J 积分判据分析裂纹扩展的最终断裂，需要建立裂纹亚稳扩展的阻力曲线。目前 J 积分判据及 $J_{Ic}$ 测试的目的，主要是期望用小试样测出 $J_{Ic}$，以代替大试样的 $K_{Ic}$，然后按判据 K 去解决中低强度钢大型件的断裂问题。

基于上述理论分析，可以知道利用判据 K 进行材料的断裂分析需要掌握工件所受的平均应力、裂纹类型和尺寸以及断裂韧度。Cr5 钢不同组织状态的常温断裂韧度已通过测量得到，如需计算临界裂纹尺寸，还需要确定工件内的平均应力值。平均应力一般是指和裂纹面相垂直的危险正应力，包括外加正应力和残余内应力。由本章参考文献 [4] 可知，支承辊热处理后的应力分布状态，相对周向和径向应力，轴向应力数值最大，在片状珠光体区域轴向应力约为 200MPa，粒状珠光体区域轴向应力约为 400MPa。

1）常温条件下片状珠光体组织区域临界裂纹尺寸的计算。常温条件下，片状珠光体组织区域的条件屈服强度 $R_{p0.2}=336$MPa；断裂韧度 $K_{Ic}=58$MPa·m$^{1/2}$，片状珠光体组织区域轴向应力 $\sigma_{轴}$ 约为 200MPa。

① 未进行塑性区修正（平面应变）：

长条裂纹 $\qquad a_c = \dfrac{K_{Ic}^2}{\pi Y^2 \sigma^2} = \dfrac{58^2}{3.14 \times 1^2 \times 200^2}\text{m} = 26.8\text{mm}$

圆形裂纹 $\qquad a_c = \dfrac{K_{Ic}^2}{\pi Y^2 \sigma^2} = \dfrac{58^2}{3.14 \times (2/\pi)^2 \times 200^2}\text{m} = 66.1\text{mm}$

② 塑性区修正后（平面应变）：

长条裂纹 $\quad a_c = \dfrac{K_{Ic}^2 \cdot \left[1 - \dfrac{1}{4\sqrt{2}} Y^2 \left(\dfrac{\sigma}{R_{p0.2}}\right)^2\right]}{\pi Y^2 \sigma^2} = \dfrac{58^2 \times \left[1 - \dfrac{1}{4\sqrt{2}} \times 1^2 \times \left(\dfrac{200}{336}\right)^2\right]}{3.14 \times 1^2 \times 200^2}\text{m} = 25.1\text{mm}$

圆形裂纹 $\quad a_c = \dfrac{K_{Ic}^2 \cdot \left[1 - \dfrac{1}{4\sqrt{2}} Y^2 \left(\dfrac{\sigma}{R_{p0.2}}\right)^2\right]}{\pi Y^2 \sigma^2} = \dfrac{58^2 \times \left[1 - \dfrac{1}{4\sqrt{2}} \times (2/\pi)^2 \times \left(\dfrac{200}{336}\right)^2\right]}{3.14 \times (2/\pi)^2 \times 200^2}\text{m} = 64.4\text{mm}$

$$r = \frac{1}{4\sqrt{2}\,\pi}\left(\frac{K_I}{R_{p0.2}}\right)^2 = 1.68\text{mm}$$

可见，在片状珠光体组织区域

$$\sigma/R_{p0.2} = 200/336 = 0.595, r/a < 0.1$$

残余应力为 200MPa 时，在 Cr5 钢支承辊片状珠光体组织区域满足线弹性断裂力学的应用条件，在长条裂纹条件下，发生断裂的临界裂纹尺寸为 25mm，进行塑性区修正后的临界裂纹尺寸比未修正略小。

2）常温条件下粒状珠光体组织区域临界裂纹尺寸的计算。常温条件下，粒状珠光体组织域的条件屈服强度 $R_{p0.2}=299$MPa；断裂韧度 $K_{Ic}=73$MPa·m$^{1/2}$，该区域最大轴向应力 $\sigma_{轴}$ 约为 400MPa。

塑性区修正后（平面应变）：

长条裂纹 $\quad a_c = \dfrac{K_{Ic}^2 \cdot \left[1 - \dfrac{1}{4\sqrt{2}} Y^2 \left(\dfrac{\sigma}{R_{p0.2}}\right)^2\right]}{\pi Y^2 \sigma^2} = \dfrac{73^2 \times \left[1 - \dfrac{1}{4\sqrt{2}} \times 1^2 \times \left(\dfrac{400}{299}\right)^2\right]}{3.14 \times 1^2 \times 400^2}\text{m} = 7.25\text{mm}$

圆形裂纹 $\quad a_c = \dfrac{K_{Ic}^2 \cdot \left[1 - \dfrac{1}{4\sqrt{2}} Y^2 \left(\dfrac{\sigma}{R_{p0.2}}\right)^2\right]}{\pi Y^2 \sigma^2} = \dfrac{73^2 \times \left[1 - \dfrac{1}{4\sqrt{2}} \times (2/\pi)^2 \times \left(\dfrac{400}{299}\right)^2\right]}{3.14 \times (2/\pi)^2 \times 400^2}\text{m} = 22.8\text{mm}$

$$r = \frac{1}{4\sqrt{2}\,\pi}\left(\frac{K_I}{R_{p0.2}}\right)^2 = 3.35\text{mm}$$

可见，在粒状珠光体组织区域

$$\sigma/R_{p0.2} = 400/299 = 1.34, r/a > 0.1$$

在 Cr5 钢支承辊粒状珠光体组织区域处，塑性区较大，相对屈服范围也很大，已不满足线弹性断裂力学的范畴，只能应用弹塑性断裂力学进行分析。由于目前无法建立弹塑性条件下的断裂韧度或 J 积分与断裂尺寸的相互关系，不能进行计算。但是利用判据 K 进行的分析，仍具有重要的指导意义。

3）温度及应力对 Cr5 钢片状珠光体组织临界裂纹尺寸的影响。表 3-13 为不同温度及应力下 Cr5 钢片状珠光体组织临界裂纹尺寸的数值，可以看到，在同一应力下，随着温度的降低，临界裂纹尺寸随之降低；以应力为200MPa、裂纹为长条裂纹为例，引起断裂的临界裂纹尺寸由常温下的25mm，在0℃下降低为19mm，在-25℃时临界裂纹尺寸已降低至13mm。

在同一温度下，随着应力的逐渐提高，临界裂纹尺寸急剧降低；常温下应力由200MPa增加至300MPa，临界裂纹尺寸由25mm降低至10mm。可见，温度及应力大小对临界裂纹尺寸均有显著的影响。

表3-13 不同温度及应力下Cr5钢片状珠光体组织临界裂纹尺寸 （单位：mm）

| 温度 | 25℃ | | 0℃ | | -25℃ | | -50℃ | |
|---|---|---|---|---|---|---|---|---|
| 应力/MPa | $Y=1$ | $Y=2/\pi$ | $Y=1$ | $Y=2/\pi$ | $Y=1$ | $Y=2/\pi$ | $Y=1$ | $Y=2/\pi$ |
| 200 | 25 | 64 | 19 | 48 | 13 | 34 | 12 | 29 |
| 300 | 10 | 27 | 8 | 21 | 5 | 15 | 5 | 13 |
| 400 | 5 | 15 | 3 | 11 | 3 | 8 | 2 | 7 |
| 500 | 2.6 | 8.9 | 2.1 | 6.8 | 1.5 | 4.8 | 1.4 | 4.2 |
| 以下为进行塑性区修正结果 | | | | | | | | |
| 200 | 27 | 66 | 20 | 49 | 14 | 35 | 12 | 30 |
| 300 | 12 | 29 | 9 | 22 | 6 | 15 | 5 | 12 |
| 400 | 7 | 17 | 5 | 12 | 4 | 9 | 3 | 7 |
| 500 | 4.3 | 11 | 3.2 | 8 | 2.2 | 5.5 | 1.9 | 4.8 |

注：残余应力 $\sigma = 400MPa$ 和500MPa时，已不属于线弹性断裂模型。

## 3.2 热处理工艺对Cr5钢组织性能的影响

根据3.1节的研究结果，Cr5钢不同的组织及碳化物形貌均对材料的强度及韧性有很大的影响，而热处理过程对于组织及其形貌的演变起到决定性作用，因此本节重点研究热处理工艺对Cr5钢组织性能的影响。

### 3.2.1 Cr5钢的晶粒长大及碳化物溶解规律

**1. 试验过程及方法**

本试验原料为Cr5钢支承辊锻坯料，因锻造坯料存在不同程度的成分偏析和缺陷，为保证后期试验的顺利进行，对坯料进行预处理，从而得到均匀的组织状态，避免因试料的成分偏析对试验结果造成影响。预热处理工艺如图3-34所示。经过预备热处理后，得到均匀的片状珠光体组织。

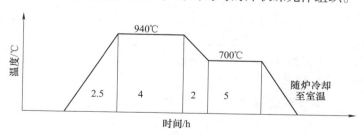

图3-34 预备热处理工艺

采用尺寸为20mm×20mm×15mm的试样，将试样分别在890℃、920℃、940℃、975℃四个温度下进行奥氏体化，保温时间分别为2h、5h、10h、20h、25h，空冷至室温后进行金相、扫描和透射电镜观察，从而分析奥氏体化温度和时间对晶粒度长大及碳化物溶解的影响。

**2. 奥氏体化温度对晶粒度的影响**

图3-35所示为不同奥氏体化温度下的晶粒形貌，从图中可知，随着奥氏体化温度的升高，晶粒尺寸

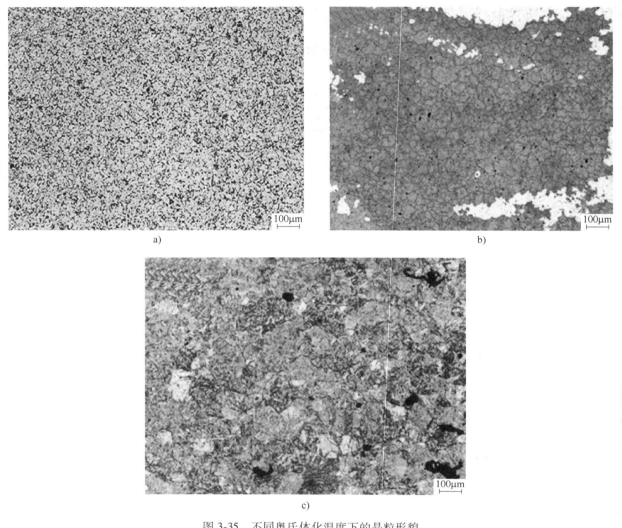

图 3-35　不同奥氏体化温度下的晶粒形貌
a）890℃　b）940℃　c）975℃

逐渐增大。在 890~920℃保温温度区间内晶粒平均直径约为 20μm，晶粒度等级基本没有变化；保温温度升高到 940℃时，晶粒平均直径由 18.09μm 增大到 31.8μm；加热温度高于 940℃后，晶粒长大速度明显增快，在 940~975℃温度区间内，晶粒平均直径由 31.8μm 增大到 89.8μm。奥氏体晶粒平均直径随奥氏体化温度的变化曲线如图 3-36 所示，其晶粒随保温温度变化规律呈指数函数形式，在温度高于 940℃后，随着温度的升高晶粒尺寸迅速增大。

根据 Arrhenius 公式，奥氏体晶粒尺寸与奥氏体化温度的关系可表示为

$$D = A\exp\left(-\frac{Q}{RT}\right) \qquad (3-15)$$

式中，$D$ 为奥氏体晶粒平均直径；$A$ 为常数；$Q$ 为晶界迁移能（J/mol）；$R$ 为气体常数，$R = 8.314\mathrm{J/(mol \cdot K)}$；$T$ 为热力学温度。

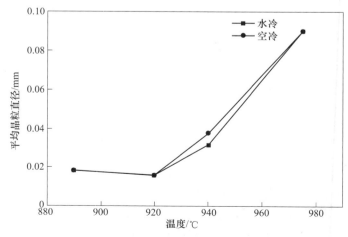

图 3-36　不同奥氏体化温度与晶粒尺寸的关系

对式（3-15）两边求对数，可得

$$\ln D = -\frac{Q}{RT} + \ln A \qquad (3\text{-}16)$$

式中，$\ln D$ 与 $1/T$ 呈线性关系，斜率为 $-Q/R$，截距为 $\ln A$。将试验所得数值代入式（3-16），并进行拟合，得到

$$\ln D = -28837.9(1/T) + 27.36376 \qquad (3\text{-}17)$$

计算得：$Q = 2.4 \times 10^5 \mathrm{J/mol}$，$A = 7.6 \times 10^{11} \mu m$，由此得出，Cr5 钢在不同奥氏体化温度下保温 2h 时，奥氏体晶粒尺寸与加热温度的关系为

$$D = 7.6 \times 10^{11} \exp\left(-2.4 \times 10^5 \frac{1}{RT}\right)$$

$$(3\text{-}18)$$

图 3-38 所示为 Cr5 钢在不同奥氏体化温度下保温 2h 后的淬火组织，随着温度的上升，材料晶粒逐渐长大，组织不断粗化，马氏体板条变宽。当温度大于 940℃后，晶粒长大速度明显加快，组织粗化严重，这是因为在该温度下碳化物大量溶

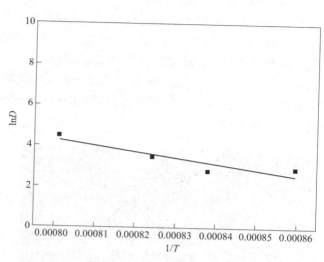

图 3-37 不同奥氏体化温度下 $\ln D$ 与 $1/T$ 的关系曲线

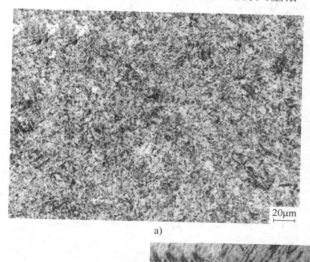

a）

b）

c）

图 3-38 不同奥氏体化温度下的淬火组织

a）890℃ b）940℃ c）975℃

解，对晶界的钉扎作用减弱。在热处理过程中，晶粒度与组织的粗化可能会对材料的服役性能造成不利的影响，因此应合理选择淬火温度。

**3. 保温时间对晶粒度的影响**

相同奥氏体化温度不同保温时间下的晶粒形貌如图 3-39~图 3-41 所示。由图可知，随着保温时间的增加，材料晶粒逐渐长大，局部出现混晶，而后大晶粒吞噬小晶粒，在长大到一定尺寸后，晶粒尺寸不再变化。在保温过程中，晶粒长大的时间随温度的升高而缩短，890℃、920℃下保温 25h 后晶粒才出现明显的长大现象，而 975℃保温 20h 后晶粒就开始明显地增大。不同奥氏体化温度和保温时间对材料晶粒尺寸的影响规律如图 3-42 所示，随着保温时间的增加，晶粒尺寸逐渐增加，但保温时间的作用明显小于加热温度对晶粒的影响。

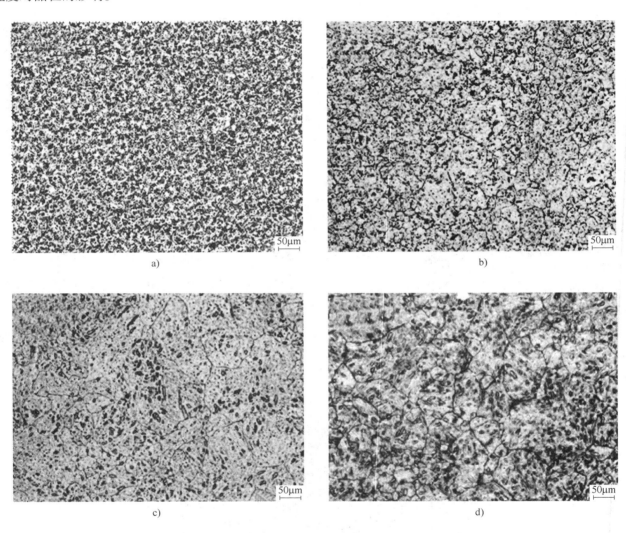

图 3-39 890℃奥氏体温度下不同保温时间的微观组织（200×）
a) 5h  b) 10h  c) 20h  d) 25h

总体来看，在保温过程中，晶粒长大有起步期、生长期、稳定期，保温时间与晶粒直径的关系曲线类似于抛物线。可用 Beck 方程描述为

$$D = Kt^n \tag{3-19}$$

式中，$K$、$n$ 为常数；$t$ 为保温时间；$D$ 为晶粒平均直径。

对式（3-19）两边取对数，可得

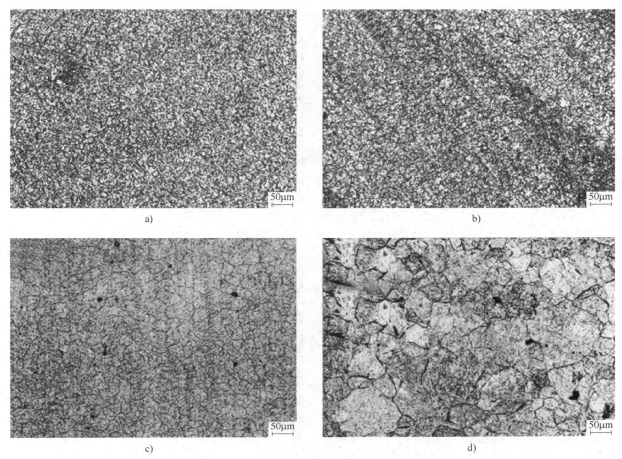

图 3-40 920℃奥氏体温度下不同保温时间的微观组织（200×）

a）5h b）10h c）20h d）25h

$$\ln D = \ln K + n\ln t \tag{3-20}$$

$\ln D$ 与 $\ln t$ 呈线性关系，如图 3-43 所示，通过拟合得得到 890℃、920℃、975℃下的经验表达式分别为

$$D_{890} = 4.1202t^{0.7041} \tag{3-21}$$

$$D_{920} = 2.3434t^{0.94801} \tag{3-22}$$

$$D_{975} = 10.6536t^{0.50017} \tag{3-23}$$

综上所述，晶粒尺寸随着加热时间的延长和保温温度的提高而增大，而加热温度对晶粒长大的影响更为显著，当温度低于940℃时，晶粒长大缓慢，高于940℃之后，碳化物的大量溶解使得晶粒长大的阻力变小，晶粒长大速度明显加快。

**4. 不同奥氏体化温度和保温时间对碳化物溶解的影响**

根据 3.1.1 节内容，Cr5 钢支承辊中碳化物类型主要为 $M_7C_3$、$M_{23}C_6$ 和 $M_3C$，由于碳化物的溶解温度、析出温度等固有性质有所不同，因此，碳化物状态与热处理工艺密切相关，在制订产品热处理工艺时，碳化物溶解程度是制订淬火温度的重要依据。

（1）奥氏体化温度对碳化物溶解的影响

将试样分别在 890℃、920℃、940℃、975℃四个温度下奥氏体化 2h 后空冷，冷却后的金相组织和扫描电镜照片分别如图 3-44 和图 3-45 所示，可以看出，试样空冷后基体组织主要为马氏体，在 890℃下，

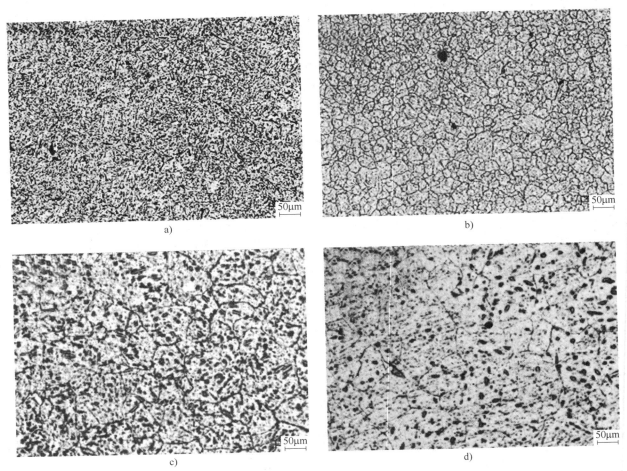

图 3-41　975℃奥氏体温度下不同保温时间的微观组织（200×）

a）5h　b）10h　c）20h　d）25h

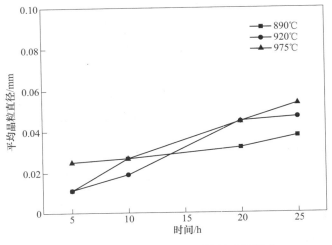

图 3-42　不同保温时间对晶粒尺寸的影响

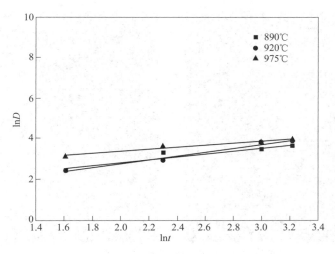

图 3-43　不同保温时间时 lnD 与 lnt 的关系

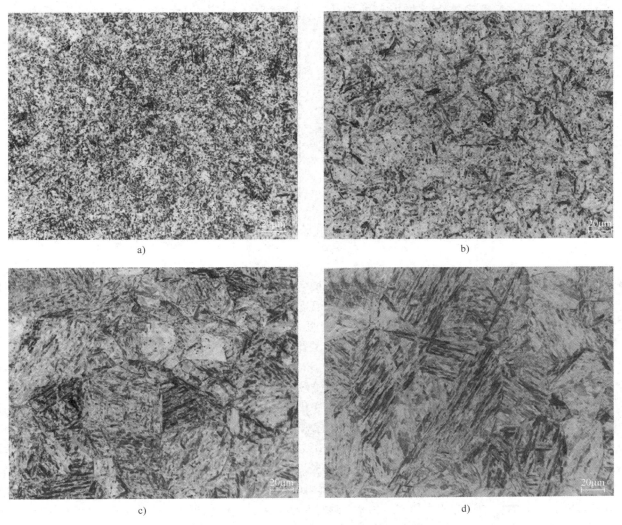

图 3-44　不同奥氏体化温度下金相组织

a）890℃　b）920℃　c）940℃　d）975℃

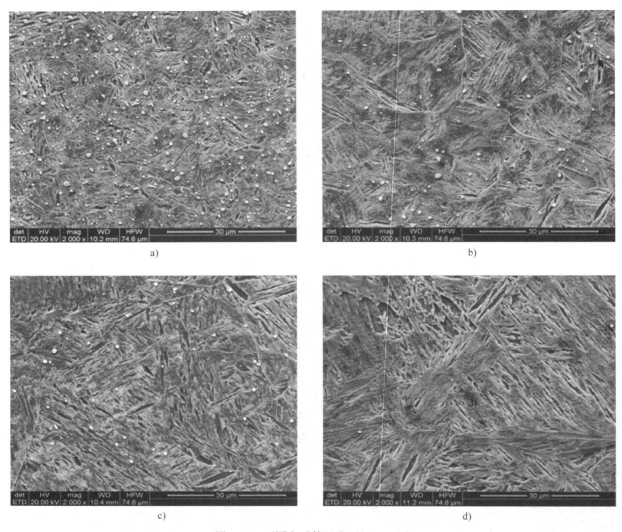

图 3-45　不同奥氏体温度下 SEM 照片
a）890℃　b）920℃　c）940℃　d）975℃

马氏体组织中仍有大量碳化物未溶，且呈颗粒状、长条状、不规则多边形分布；温度达到 940℃时，碳化物大量溶解，未溶碳化物均为颗粒状；当奥氏体化温度为 975℃时碳化物基本完全溶解。对未溶解的部分碳化物进行能谱分析，结果如图 3-46 所示，结果表明，碳化物主要组成合金元素为 Cr、Mo、V。

（2）保温时间对碳化物溶解的影响

奥氏体化温度分别为 890℃、920℃、975℃时，不同保温时间下的碳化物溶解情况如图 3-47～图 3-49 所示，可见，随着时间的增加，碳化物的溶解量增加，且碳化物在保温初期溶解较快，而后溶解速度减缓，这是因为碳化物溶解的驱动力大小主要受温度变化的影响，而保温时间中能量的积累对于驱动力的增加作用有限。奥氏体化温度为 890℃、920℃时，保温超过 20h 后碳化物数量明显减少，而后碳化物含量趋于稳定；奥氏体化温度为 975℃时保温 20h 碳化物基本全部溶解。另外，通过 EDS 检测碳化物的化学成分，对部分碳化物的组成进行统计如图 3-50～图 3-52 所示，可知，890℃保温时，随着保温时间的增加，碳化物的形貌由多种形貌转变为仅剩颗粒状碳化物，其中碳的原子百分比为 40%～50%，Cr 的原子百分比为 10%～20%，Fe 的原子百分比为 30%～40%，碳与其他元素的比例接近 1∶1，920℃、975℃保温时，碳化物的元素种类及含量与 890℃时基本一致。

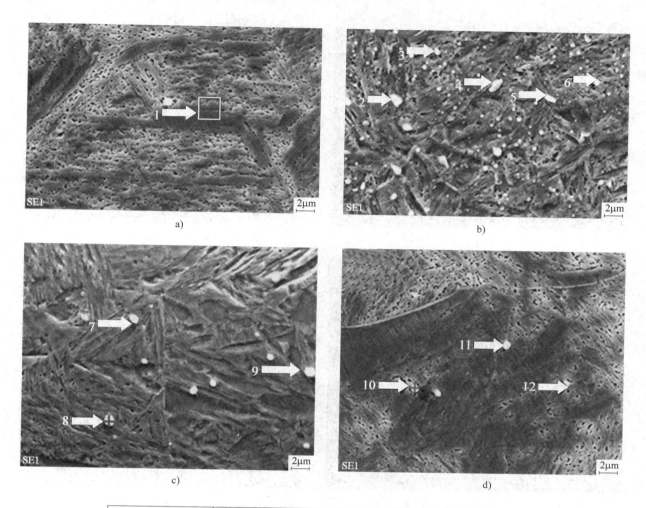

图 3-46 不同奥氏体化温度下未溶碳化物的 EDS 分析

a）基体 b）890℃碳化物 c）940℃碳化物 d）975℃碳化物

| 样品状态 | | 元素百分比(原子分数，%) | | | | | | | |
|---|---|---|---|---|---|---|---|---|---|
| | | Fe | Cr | C | Si | Mn | Mo | V | — |
| a | 1(基体) | 77.3 | 4.56 | 16.8 | 1.41 | 0.66 | | | |
| b | 2 | 38.62 | 10.01 | 49.49 | 0.46 | 0.32 | 0.41 | 0.69 | |
| | 3 | 41.12 | 15.24 | 40.63 | 0.67 | 0.48 | 0.67 | 1.19 | |
| | 4 | 25.2 | 20.3 | 51.35 | 0.31 | 0.49 | 0.72 | 1.78 | |
| | 5 | 27.01 | 14.27 | 56.17 | 0.4 | 0.45 | 0.5 | 1.2 | |
| | 6 | 31.22 | 10.27 | 56.49 | 0.37 | 0.38 | 0.39 | 0.88 | |
| c | 7 | 35.46 | 18.04 | 43.31 | 0.45 | 0.67 | 0.49 | 1.6 | |
| | 8 | 35.4 | 15.91 | 46 | 0.5 | 0.42 | 0.5 | 1.27 | |
| | 9 | 43.05 | 11.86 | 42.15 | 0.77 | 0.74 | 0.46 | 0.97 | |
| d | 10 | 30.67 | 12.7 | 54.54 | 0.3 | 0.41 | 0.37 | 1.01 | |
| | 11 | 35.21 | 15.05 | 47.05 | 0.53 | 0.42 | 0.44 | 1.3 | |
| | 12 | 35.85 | 13.2 | 41.6 | 0.49 | 0.45 | 0.41 | 0.79 | |

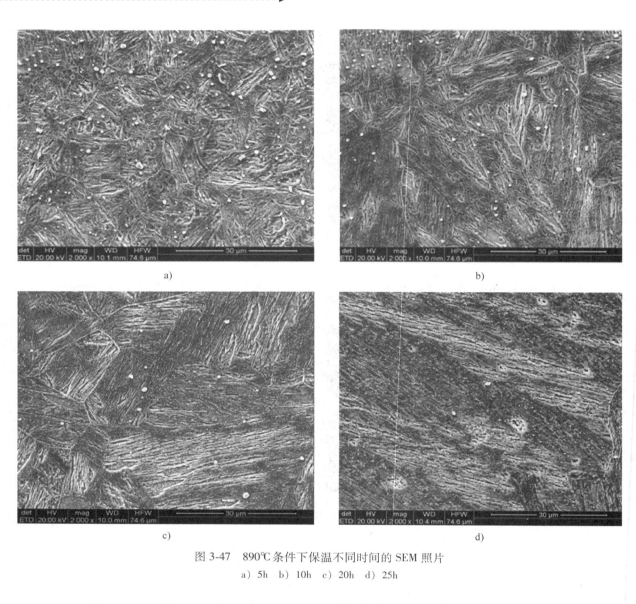

图 3-47 890℃条件下保温不同时间的 SEM 照片

a）5h b）10h c）20h d）25h

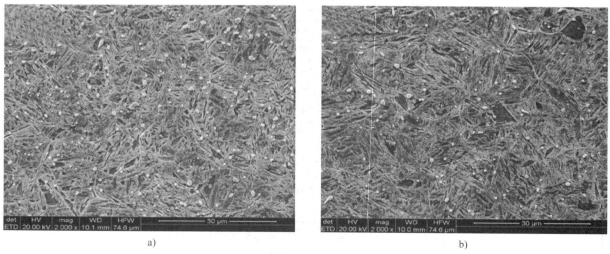

图 3-48 920℃条件下保温不同时间的 SEM 照片

a）5h b）10h

图 3-48　920℃ 条件下保温不同时间的 SEM 照片（续）

c）20h　d）25h

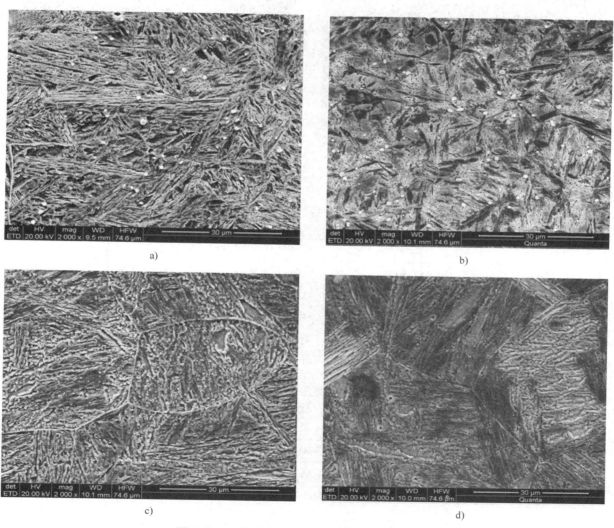

图 3-49　975℃ 条件下保温不同时间的 SEM 照片

a）5h　b）10h　c）20h　d）25h

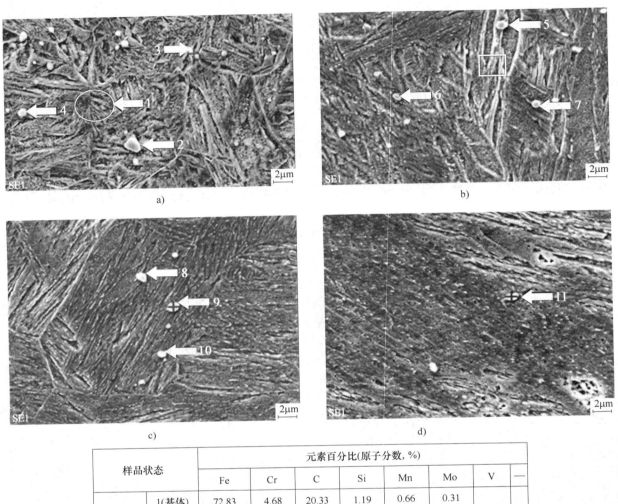

| 样品状态 | | 元素百分比(原子分数, %) | | | | | | | |
|---|---|---|---|---|---|---|---|---|---|
| | | Fe | Cr | C | Si | Mn | Mo | V | — |
| a | 1(基体) | 72.83 | 4.68 | 20.33 | 1.19 | 0.66 | 0.31 | | |
| | 2 | 30.72 | 20.57 | 46.32 | | | 0.62 | 1.77 | |
| | 3 | 30.77 | 13.45 | 53.69 | 0.36 | | 0.47 | 1.26 | |
| | 4 | 41.56 | 13.18 | 43.04 | 0.57 | | 0.55 | 1.1 | |
| b | 5 | 40.49 | 15.33 | 41.83 | 0.55 | | 0.49 | 1.3 | |
| | 6 | 43.81 | 11.9 | 42.3 | 0.61 | | 0.5 | 0.88 | |
| | 7 | 36.4 | 17.14 | 43.98 | 0.5 | | 0.61 | 1.36 | |
| c | 8 | 36.57 | 16.82 | 44.06 | 0.47 | | 0.58 | 1.56 | |
| | 9 | 34.57 | 18.28 | 43.74 | 0.46 | | 0.67 | 2.28 | |
| | 10 | 47.92 | 9.42 | 40.66 | 0.69 | | 0.43 | 0.88 | |
| d | 11 | 39.31 | 16.26 | 41.9 | 0.55 | | 0.51 | 1.47 | |

图 3-50  890℃下不同保温时间的 EDS 分析

a) 5h  b) 10h  c) 20h  d) 25h

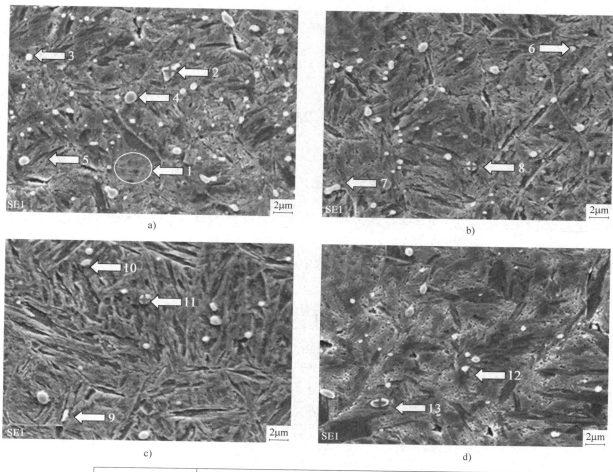

图 3-51 920℃下不同保温时间的 EDS 分析

a) 5h b) 10h c) 20h d) 25h

| 样品状态 | | 元素百分比(原子分数, %) | | | | | | | |
|---|---|---|---|---|---|---|---|---|---|
| | | Fe | Cr | C | Si | Mn | Mo | V | — |
| a | 1(基体) | 70.9 | 4.37 | 22.92 | 0.84 | 0.65 | 0.32 | | |
| | 2 | 30.52 | 22.04 | 44.41 | 0.5 | | 0.7 | 1.84 | |
| | 3 | 46.27 | 8.52 | 43.17 | 0.66 | | 0.33 | 0.62 | |
| | 4 | 26.05 | 25.02 | 45.52 | 0.58 | | 0.9 | 1.94 | |
| | 5 | 35.37 | 16.63 | 45.52 | 0.48 | | 0.54 | 1.46 | |
| b | 6 | 40.03 | 11.59 | 45.89 | 0.57 | | 0.46 | 1 | |
| | 7 | 34.5 | 16.39 | 47.64 | | | 0.47 | 1.2 | |
| | 8 | 28.1 | 23.59 | 45.16 | 0.46 | | 0.8 | 1.89 | |
| c | 9 | 45.46 | 9.56 | 42.47 | 0.67 | | 0.41 | 0.93 | |
| | 10 | 35.7 | 18.65 | 42.12 | 0.56 | | 0.51 | 1.8 | |
| | 11 | 39.57 | 15.31 | 42.24 | 0.51 | | 0.48 | 1.36 | |
| d | 12 | 36.34 | 14.22 | 46.86 | 0.65 | | 0.57 | 1.35 | |
| | 13 | 29.57 | 20.95 | 46.53 | 0.56 | | 0.54 | 1.84 | |

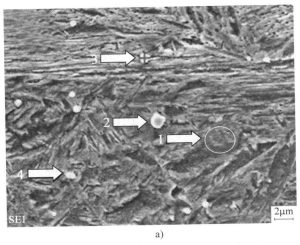
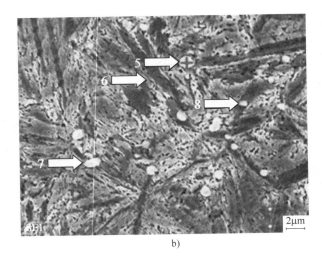

a)                           b)

| 样品状态 | | 元素百分比(原子分数, %) | | | | | | | |
|---|---|---|---|---|---|---|---|---|---|
| | | Fe | Cr | C | Si | Mn | Mo | V | — |
| a | 1(基体) | 72.53 | 4.94 | 19.29 | 1.41 | 0.84 | 0.49 | | |
| | 2 | 38.86 | 12.55 | 45.9 | 0.59 | 0.44 | 0.55 | 1.1 | |
| | 3 | 31.35 | 18.24 | 47.45 | 0.25 | 0.41 | 0.58 | 1.72 | |
| | 4 | 30.65 | 13.54 | 53.49 | 0.37 | 0.22 | 0.54 | 1.18 | |
| b | 5 | 27.9 | 23.28 | 45.71 | 0.4 | | 0.61 | 2.1 | |
| | 6 | 29.05 | 18.4 | 49.72 | 0.43 | | 0.65 | 1.75 | |
| | 7 | 40.71 | 11.4 | 45.95 | 0.48 | | 0.46 | 1 | |
| | 8 | 32.82 | 13.56 | 51.28 | 0.55 | | 0.52 | 1.27 | |

图 3-52    975℃下不同保温时间的 EDS 分析
a) 5h    b) 10h

　　为了确定碳化物的类型，需进一步通过透射电镜进行观察。经过预备热处理的试验料 TEM 形貌如图 3-53 所示，预处理试样组织为均匀的珠光体，其中碳化物主要分为两类：一类是片层状碳化物，这类碳化物长宽比很大，平行排布，视野内呈长针状；另一类是颗粒状碳化物，以不规则颗粒状存在，多分布于珠光体团簇界。通过测量可知，珠光体的片层之间距离为 200～300nm，颗粒状碳化物尺寸为 100～200nm。

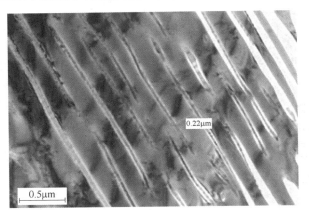
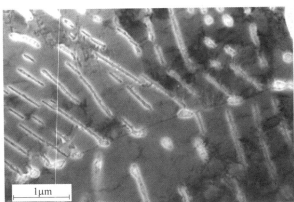

图 3-53    预备热处理试样的形貌（TEM）

对珠光体中的碳化物进行电子衍射标定，如图 3-54 所示，片层状碳化物为 $M_{23}C_6$，通过明暗场对比，片层状碳化物取向基本一致，可判断为同一种碳化物，颗粒状碳化物主要为 $M_7C_3$。这表明 Cr5 钢由于合金元素含量高，珠光体共析产物为合金碳化物 $M_{23}C_6$，而非低碳钢中的渗碳体，另外通过碳化物的能谱分析发现，碳化物均为含铬较高的碳化物，与衍射试验结果一致，$M_{23}C_6$ 与 $M_7C_3$ 相比 Cr 含量较少，而 Mo 含量较多，这也与 JMatPro® 软件的计算结果相一致。

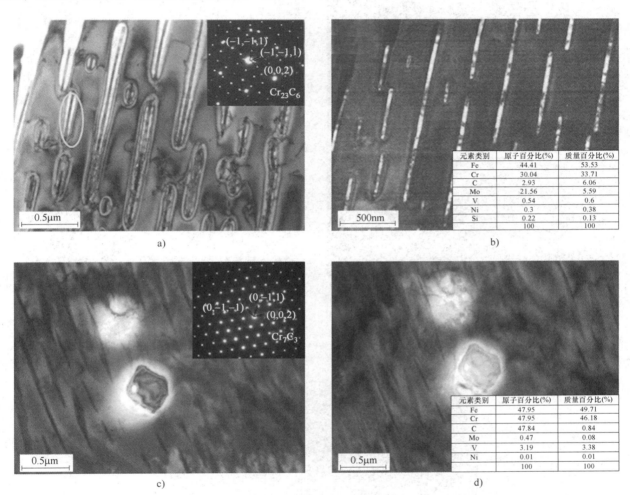

| 元素类别 | 原子百分比(%) | 质量百分比(%) |
| --- | --- | --- |
| Fe | 44.41 | 53.53 |
| Cr | 30.04 | 33.71 |
| C | 2.93 | 6.06 |
| Mo | 21.56 | 5.59 |
| V | 0.54 | 0.6 |
| Ni | 0.3 | 0.38 |
| Si | 0.22 | 0.13 |
| | 100 | 100 |

| 元素类别 | 原子百分比(%) | 质量百分比(%) |
| --- | --- | --- |
| Fe | 47.95 | 49.71 |
| Cr | 47.95 | 46.18 |
| C | 47.84 | 0.84 |
| Mo | 0.47 | 0.08 |
| V | 3.19 | 3.38 |
| Ni | 0.01 | 0.01 |
| | 100 | 100 |

a) b) c) d)

图 3-54 珠光体碳化物类型
a）长针状碳化物 b）长针状碳化物 c）颗粒状碳化物 d）颗粒状碳化物

试样经不同奥氏体化温度保温空冷后的 TEM 图像如图 3-55 所示，奥氏体化温度为 890℃时，碳化物形貌主要为颗粒状及少量的短杆状，在 920℃淬火后，碳化物均为颗粒状，尺寸为 300～500nm，通过对衍射斑点的标定，确定颗粒状及短杆状碳化物为 $M_7C_3$；而当淬火温度到达 975℃后，碳化物已完全溶解。在试验温度下均没有发现 $M_{23}C_6$，这说明 $M_{23}C_6$ 的溶解温度低于 890℃，这与 JMatPro 软件的计算结果也是一致的。保温时间的延长同样对碳化物的溶解有促进作用，未溶碳化物的类型与不同奥氏体化温度下观察的结果是相似的。

综上所述，热处理过程中形成的珠光体片层碳化物主要是 $M_{23}C_6$，同时有未溶颗粒状碳化物分布于珠光体团簇界上。在不同奥氏体温度下，碳化物随着温度的升高逐渐溶解，$M_{23}C_6$ 溶解温度远低于 $M_7C_3$ 的溶解温度。在 890℃以上，未溶碳化物主要为 $M_7C_3$，这与计算所得 $M_7C_3$ 溶解温度为 959℃，$M_{23}C_6$ 溶解温度为 867℃相吻合。

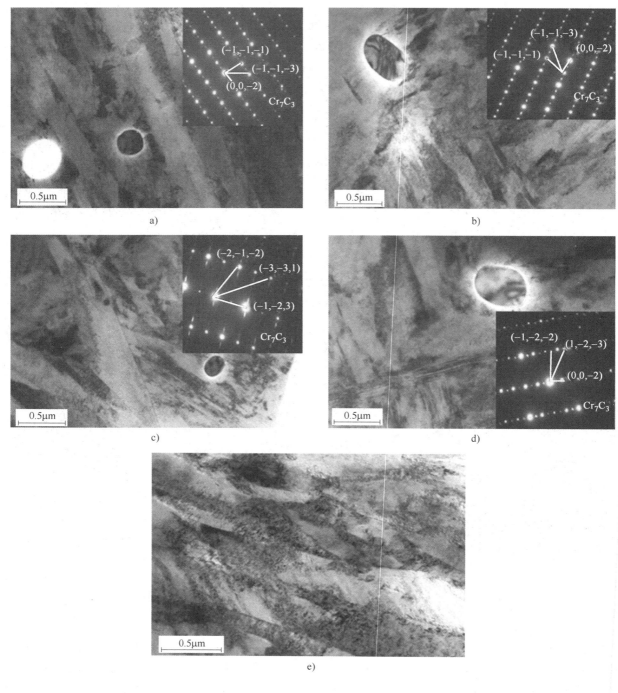

图 3-55　不同奥氏体化温度下未溶碳化物的类型

a) 890℃　b) 920℃　c) 920℃　d) 920℃　e) 975℃

**5. 珠光体奥氏体化过程中碳化物溶解动力学模型**

前期的试验研究表明，Cr5 钢的珠光体组织为合金碳化物型珠光体，且形貌通常为片层状 $M_{23}C_6$ 型珠光体和粒状 $M_7C_3$ 型珠光体。关于这一现象的理论解释，可以在 Shtansky 的研究[5,6]中找到一些线索。他观察到了 $M_7C_3$ 及 $M_{23}C_6$ 片层状珠光体中各相间的位向关系，并推导了其与奥氏体间的位向关系，结果表明，片层状正交结构的 $M_7C_3$ 与面心结构的奥氏体之间呈 Pitsch 位向关系（与渗碳体类似），这意味着

$M_7C_3$ 与奥氏体间是半共格关系，而同是面心结构的 $M_{23}C_6$ 与面心结构的奥氏体之间则是平行关系。由形核理论可知，形核过程自由能的变化由新相产生体积自由能的减小、界面自由能的增加以及新相与旧相晶格不匹配造成的错配应变能这三部分组成，所以可能与奥氏体为共格关系的领先相所要突破的能垒更小，更容易形核。那么按照这些理论来推测，如果某材料中在某温度下平衡相为单一的 $M_7C_3$ 或 $M_{23}C_6$，则在该温度下等温得到的珠光体中的片层碳化物就是该平衡相，若在某温度下平衡相既有 $M_7C_3$ 又有 $M_{23}C_6$，则在该温度下短时间等温得到的珠光体中的片层碳化物优先考虑 $M_{23}C_6$，若等温时间特别长，则得到平衡态的颗粒状 $M_7C_3$ 与 $M_{23}C_6$。这个推测在本章参考文献中[7]的 Fe-8.2Cr-0.96C 和 Fe-8.2Cr-0.2C 材料中得到了验证：Fe-8.2Cr-0.96C 材料的平衡相只有 $M_7C_3$，因此经过 1200℃ 奥氏体化 15min 后，在 740℃ 等温 70min，作者得到了片状的 $M_7C_3$ 珠光体；Fe-8.2Cr-0.2C 的平衡相既有 $M_7C_3$ 又有 $M_{23}C_6$，在经过 1200℃ 奥氏体化 15min 后，725℃ 等温 720s，得到了片状的 $M_{23}C_6$ 珠光体，而 700℃ 等温 240h 后得到了球状的 $M_7C_3$ 与 $M_{23}C_6$ 碳化物型珠光体。这个推测也可以用来部分解释 Cr5 钢珠光体中合金碳化物种类及形貌的形成原因，当然该推测还需要试验验证。

本小节针对 Cr5 钢中片层状珠光体的奥氏体化过程进行了试验观察，确定其奥氏体化过程中碳化物的形貌及结构演变，为碳化物溶解模型的建立提供依据。

（1）合金珠光体奥氏体化过程的试验观察

试验用料取自 Cr5 钢锻态材料，为了使材料均匀化，将原始材料在 980℃ 保温 4h 奥氏体化后随炉冷至 700℃ 保温 8h，得到片层状珠光体组织。

将原材料加工成 $\phi3mm \times 10mm$ 的试样，利用淬火相变仪，快速加热（50℃/s）至奥氏体化温度 920℃，分别保温 1s、10s、30s、50s、100s、500s、1000s，然后以 200℃/s 的速度快冷至室温，观察试样在热处理过程中的膨胀曲线。

经过相变膨胀试验的试样，采用 4%$HNO_3$ 乙醇溶液腐蚀后，在 Axiovert 200MAT 光学显微镜下观察金相组织，利用 QUANTA400 扫描电子显微镜下观察高倍组织形貌。

利用钼丝将不同奥氏体化时间经过相变膨胀试验的试样切割成厚度为 0.3mm、直径为 3mm 的薄片，用金相砂纸研磨至 40~60μm，在 MTP-1A 型磁力驱动双喷电解仪上减薄，电解液为 5% 的高氯酸乙醇溶液，电压为 50V，利用液氮降温至 -30~-20℃ 使用。所有样品均在 JEM-210F 电子显微镜上观察，加速电压为 200kV，分别对不同奥氏体化时间的试样进行碳化物的形貌观察，并采用选区电子衍射技术及高分辨分析对碳化物相结构进行鉴定，同时利用能谱仪确定碳化物各元素的相对含量。

经过预处理后，试样大部分为均匀的片状珠光体组织，如图 3-56 所示。

图 3-57 所示为淬火相变仪试验中不同奥氏体化时间试样（1s、10s、30s、50s、100s、500s、1000s）冷却过程中的膨胀曲线，虚线是重复试验曲线，随着奥氏体化保温时间的延长，马氏体转变温度下降的趋势十分明显，这是因为随着奥氏体化时间的延长，奥氏体中溶解了更多的碳化物，从而导致 $Ms$ 随之降低。

图 3-58 和图 3-59 所示为不同奥氏体化时间相变膨胀试验后的金相和扫描观察，从金相照片上可以看出，经不同奥氏体化时间后快冷的组织主要是马氏体，有少量珠光体。扫描照片可以更清楚地看到组织和碳化物的形貌，可见，奥氏体化 1s 的试样中残留的珠光体中还保留着片层状碳化物，随着奥氏体化时间的延长，珠光体中的片层逐渐溶断为短棒状、粒状，当奥氏体化时间为 50~500s 时，扫描照片中出现了大量细小的碳化物。

透射形貌观察如图 3-60 所示，可见，在 920℃ 奥氏体化 1s 快冷至室温的试样中，有些区域的碳化物由原来片状碳化物溶解为直径 100nm 左右的长粒状碳化物，且各颗粒仍按照原片层的方向排列，有些区域的碳化物仍保留原有片层状形貌，在二维图像中表现为长条状碳化物，长度在 500nm~2μm 之间；奥氏体化时间延长至 10s 时，视野中长条状碳化物区域减少，且碳化物长度减小，多为长度小于 500nm 的短杆状碳化物；奥氏体化时间为 50s 和 500s 时，视野中大部分碳化物呈直径 100nm 左右的多边形颗粒状分布在马氏体基体上，并发现马氏体条间有碳化物析出。

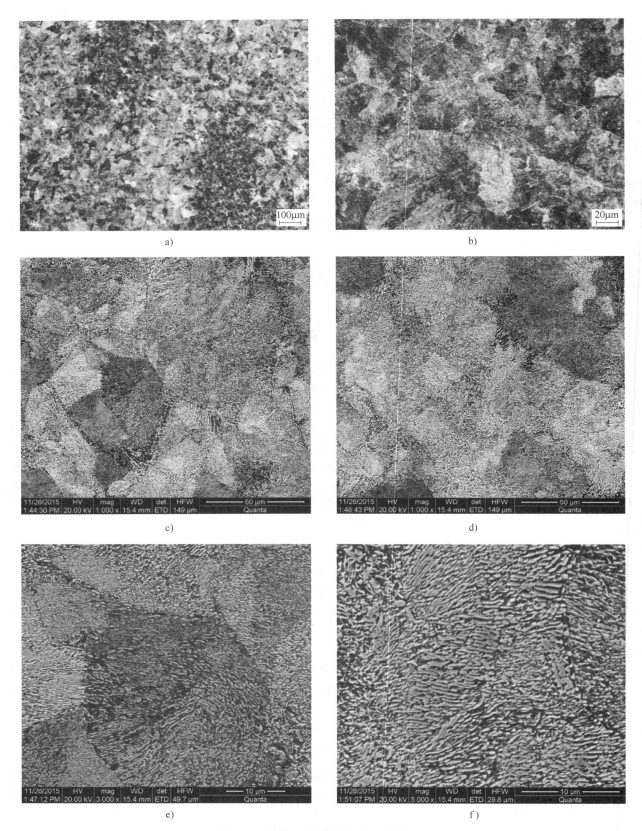

图 3-56　预处理后材料的金相及扫描照片

a) 100 倍金相照片　b) 500 倍金相照片　c)、d) 1000 倍扫描照片　e) 3000 倍扫描照片　f) 5000 倍扫描照片

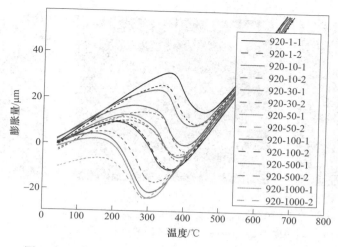

图 3-57 不同奥氏体化时间冷却过程中的相变膨胀曲线

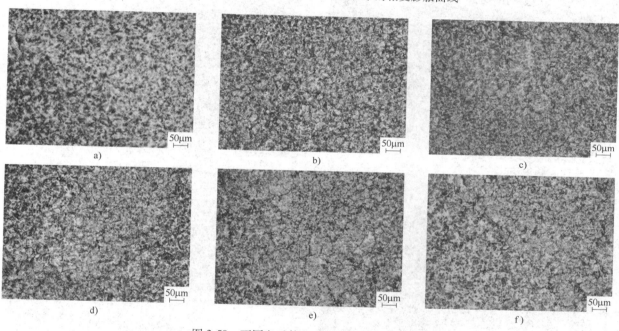

图 3-58 不同奥氏体化时间试样的金相分析

a）920℃保温 1s b）920℃保温 10s c）920℃保温 30s d）920℃保温 50s

e）920℃保温 100s f）920℃保温 500s

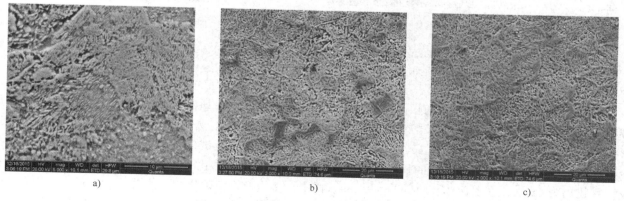

图 3-59 不同奥氏体化时间试样的扫描分析

a）920℃保温 1s b）920℃保温 10s c）920℃保温 30s

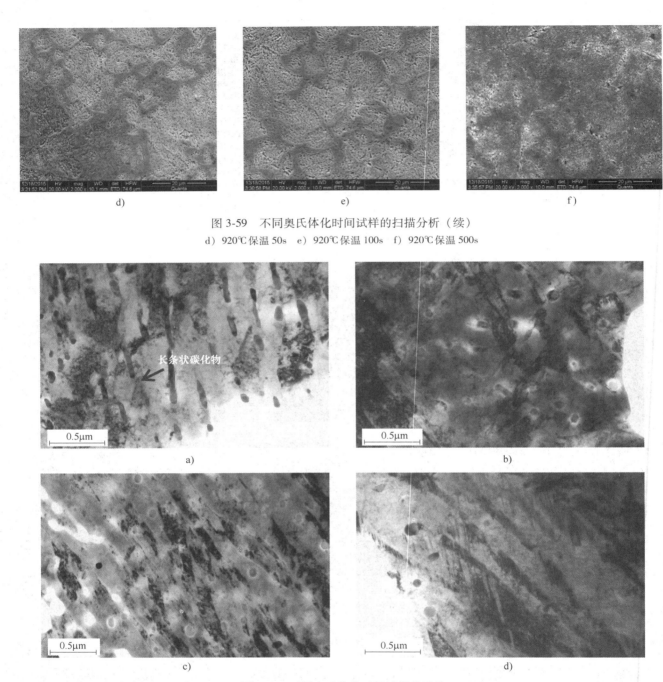

图 3-59 不同奥氏体化时间试样的扫描分析（续）

d）920℃保温 50s　e）920℃保温 100s　f）920℃保温 500s

图 3-60 不同奥氏体化时间试样的形貌

a）920℃奥氏体化 1s 后快冷至室温　b）920℃奥氏体化 10s 后快冷至室温　c）920℃
奥氏体化 50s 后快冷至室温　d）920℃奥氏体化 500s 后快冷至室温

对各碳化物进行衍射分析及物相标定，可得到如图 3-61～图 3-64 所示的结果。920℃奥氏体化 1s 的试样中，沿原片层排列方向分布的长粒状碳化物是 $Cr_{23}C_6$，长条状碳化物也为 $Cr_{23}C_6$（长约 300nm），多边形颗粒以及不规则形状碳化物为 $Cr_7C_3$。在奥氏体化时间为 10s 的试样中，发现圆颗粒状的碳化物为 $Cr_{23}C_6$，不规则形状以及正在溶断的长棒状碳化物为 $Cr_7C_3$；在奥氏体化时间为 50s 的试样中，多边形颗粒及圆颗粒均为 $Cr_7C_3$；在奥氏体化时间为 500s 的试样中，多边形颗粒碳化物（直径小于 100nm）为 $Cr_7C_3$，并发现有形状不规则的较大颗粒（直径 200nm）为 $Cr_{23}C_6$。

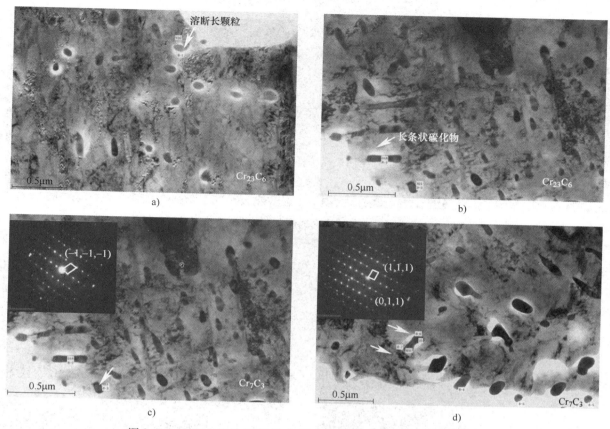

图 3-61 920℃奥氏体化 1s 快冷试样中典型碳化物形貌及衍射花样

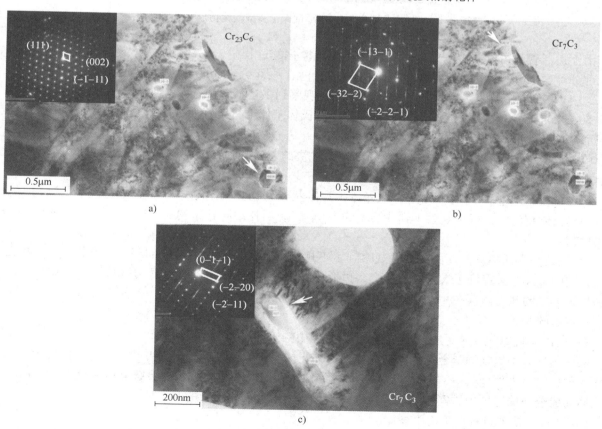

图 3-62 920℃奥氏体化 10s 快冷试样中典型碳化物形貌及衍射花样

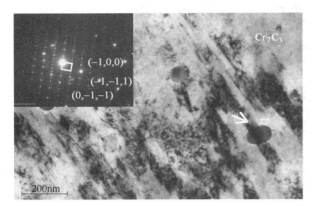

图 3-63　920℃奥氏体化 50s 快冷试样中典型碳化物形貌及衍射花样

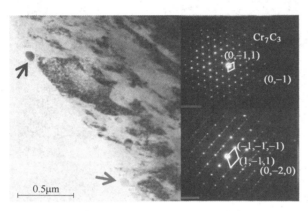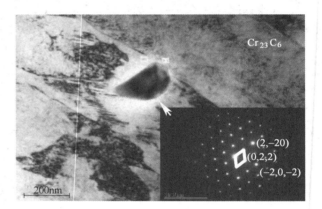

图 3-64　920℃奥氏体化 500s 快冷试样中典型碳化物形貌及衍射花样

由上述形貌及衍射分析可见，片层珠光体奥氏体化的过程中，大部分 $\alpha \rightarrow \gamma$ 转变在 1～10s 内迅速完成，部分片层状碳化物溶断成长粒状碳化物，但仍有一部分保持着原长片状的形貌，这些碳化物为 $Cr_{23}C_6$，同时在 1～10s 奥氏体化时间的试样中，也观察到多边形颗粒状的 $Cr_7C_3$ 碳化物；奥氏体化时间延长至 50～500s 后，基本观察不到长条状碳化物，马氏体基体上分布着大量的多边形长颗粒状的 $Cr_7C_3$，也发现了少量形状不规则的 $Cr_{23}C_6$ 碳化物。这表明：

1）整个片层状珠光体 $\alpha \rightarrow \gamma$ 的转变过程是非常快的，而碳化物的溶解却需要较长的时间，这与本试验中观察到的现象基本一致。

2）在奥氏体化时间小于 10s 时，珠光体中片层状碳化物为 $M_{23}C_6$，仍保留原有片状珠光体形貌；在更长的奥氏体化时间试样中观察不到片层状的 $M_{23}C_6$，说明片层状碳化物在 50s 奥氏体化时间内溶断成粒状碳化物。

3）在较短奥氏体化时间的试样中观察到了不规则形状的以及正在溶断的 $M_7C_3$ 碳化物，在更长奥氏体化时间的试样中观察到了大量具有一定多边形形状的颗粒状 $M_7C_3$ 分布在马氏体基体上，推测可能是由于初始试样中的珠光体存在一定含量的 $M_7C_3$，而且当奥氏体化时间较长时，又在原 $M_{23}C_6$ 溶解的区域析出了一定量的 $M_7C_3$。

4）奥氏体化 50s 后主要是 $M_7C_3$ 在奥氏体基体中的溶解过程。

根据本试验中提到的合金碳化物珠光体奥氏体化的机制以及试验结果，可知，在合金碳化物珠光体奥氏体化的过程中，大部分 $\alpha \rightarrow \gamma$ 转变总是在几秒内完成，在这段时间内碳化物溶解量可忽略不计，已转变的奥氏体的成分与珠光体中铁素体的成分接近，碳化物的溶解需要更长的时间。

（2）$Cr_7C_3$ 溶解过程的动力学模型

由前所述内容可知，在所研究的奥氏体化温度范围内，Cr5 钢中珠光体的奥氏体化的过程主要是

$M_7C_3$ 的溶解过程，其溶解时间成为制订大锻件奥氏体化工艺时间的关键。因此，本小节对球状的 $M_7C_3$ 的溶解动力学进行探索性研究。

1）试验观察。初始材料为支承辊心部珠光体材料，将其加工成小块，在热处理炉中分别自室温加热至 880℃、900℃、920℃、940℃并分别保温 0h 和 10h 后水淬，通过金相和扫描观察碳化物溶解情况。选择 920℃ 奥氏体化试样，应用面积法和数点计数法进行统计得到初始碳化物体积分数约为 7.2%，平均直径为 0.42μm，保温 10h 后体积分数约为 2.0%，结果如图 3-65 所示。

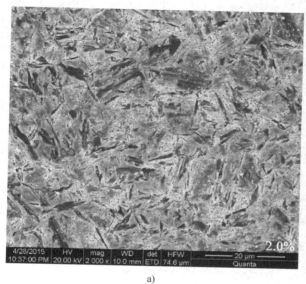
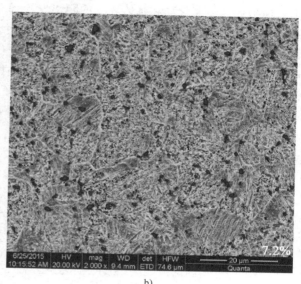

a)　　　　　　　　　　　　　　　　　　b)

图 3-65　920℃不同奥氏体化时间下的碳化物统计

a）920℃10h 水淬　b）920℃0h 水淬

2）模型的建立。基于上述碳化物溶解试验，对 Cr5 钢在 920℃ 等温奥氏体化过程 $M_7C_3$ 的溶解过程进行数学建模，计算该碳化物的溶解动力学，根据其溶解机理，在计算过程中做了如下假设：

① 将 Cr5 钢简化为 Fe-5Cr-0.5C 三元系合金。

② 假设奥氏体相变过程已经完成，只考虑碳化物溶解过程，且认为 $M_7C_3$ 直接溶解到奥氏体中，中间没有铁素体包层。

③ 由于 $M_{23}C_6$ 溶解较快，且前面章节中萃取试验表明原始取料的支承辊心部材料 75% 以上为 $M_7C_3$，因此假设试验中升至奥氏体化温度后立即水淬的试样中球状碳化物全部为 $M_7C_3$。

④ 奥氏体刚形核时，奥氏体成分及此时的碳化物成分由 Cr5 钢在 738℃（支承辊心部组织在差温时受到了相当于 738℃ 的退火处理）的平衡相图计算得出。

⑤ 基于试验结果，设置 $M_7C_3$ 初始体积分数为 7.2%，平均直径为 0.42μm。

⑥ 初始状态奥氏体直径由数点计算法计算

$$r_{mat} = r_{M_7C_3}/(vf_{M_7C_3})^{1/3} - r_{M_7C_3} = 0.29479\mu m$$

式中，$r_{mat}$ 为奥氏体基体的半径；$r_{M_7C_3}$ 为 $M_7C_3$ 碳化物的半径；$vf_{M_7C_3}$ 为 $M_7C_3$ 的初始体积分数；

⑦ 初始奥氏体成分及碳化物成分由 Cr5 钢在差温时心部温度为 738℃ 的平衡相图计算得出，见表 3-14，其中奥氏体成分可近似认为与珠光体中的铁素体（BCC）成分一致。

⑧ $M_7C_3$ 在奥氏体中的溶解动力学模型如图 3-66 所示，粒状 $M_7C_3$ 外包裹着奥氏体基体。

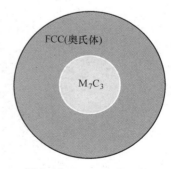

图 3-66　$M_7C_3$ 在奥氏体中的溶解动力学模型

表 3-14　738℃平衡相中的元素含量（质量分数,%）

| 平衡相 | C | Cr | Mn | Mo | Ni | Si | V |
|---|---|---|---|---|---|---|---|
| $M_7C_3$ | — | 56. 82 | 1. 706 | 1. 388 | 0. 0189 | 0 | 2. 603 |
| BCC | 0. 00448 | 18. 84 | 0. 514 | 0. 208 | 0. 467 | 0. 578 | 0. 02857 |

3）计算结果分析。$M_7C_3$ 溶解时间分别为 10s、100s、1000s、10000s 时 Cr 元素的扩散情况如图 3-67 所示，横坐标为距碳化物和基体界面的距离（单位为 m），纵坐标为 Cr 的浓度相关量。可以看出，$M_7C_3$ 的溶解导致 Cr 元素在 $M_7C_3$ 和奥氏体的边界处富集，这是因为在碳化物溶解的早期，溶解过程是由 C 扩散控制的，Cr 还未来得及扩散；随着时间的延长，Cr 开始成为控制碳化物溶解的主要因素，2.7h 后碳化物中扩散出的 Cr 元素在基体中达到均匀。本模型中未能考虑 $M_7C_3$ 内部的 Cr 扩散，因此计算结果中 $M_7C_3$ 中 Cr 含量没有发生变化。

溶解动力学的计算结果如图 3-68 所示。其中，图 3-68a 中横坐标为碳化物溶解时间，纵坐标为 $M_7C_3$ 的体积分数，图 3-68b 中横坐标为碳化物溶解时间，纵坐标为 $M_7C_3$ 碳化物的平均直径。由图可知，$M_7C_3$ 的初始体积分数为 7.2%，保温 2.7h 后，$M_7C_3$ 的体积分数达到平衡状态（为 2.5%），这与试验统计结果的 2.0% 比较接近，说明采用的模型是可靠的，可以作为 Cr5 钢奥氏体化工艺确定的理论依据。

不同奥氏体化温度下的 $M_7C_3$ 溶解动力学如图 3-69 所示，920℃保温 2.7h 后，$M_7C_3$ 的体积分数达到平衡状态，随着奥氏体化温度的提高或降低，碳化物达到平衡体积分数和直径的时间相应地缩短或延长，例如，在 890℃奥氏体化时，需要 9h 才能使碳化物达到该温度下的平衡状态，且其平衡状态下的碳化物体积分数也要高于 920℃时。

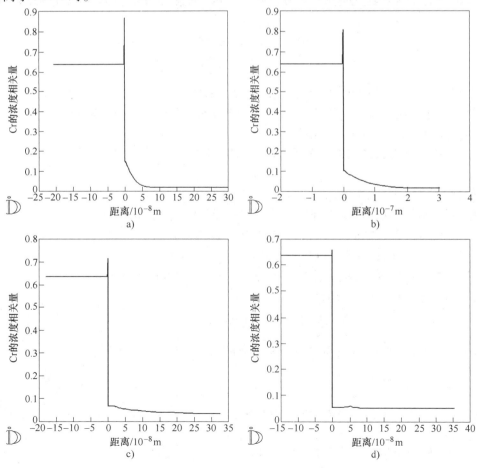

图 3-67　920℃等温条件下 $M_7C_3$ 溶解过程中 Cr 元素的扩散情况

a）10s　b）100s　c）1000s　d）10000s

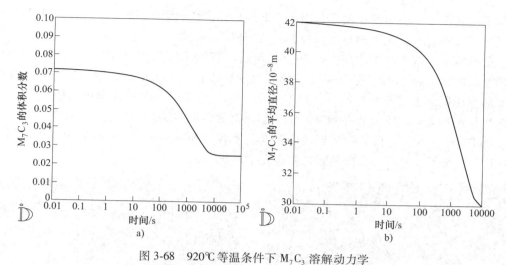

图 3-68　920℃等温条件下 $M_7C_3$ 溶解动力学
a）体积分数随保温时间的变化　b）碳化物平均直径随保温时间的变化

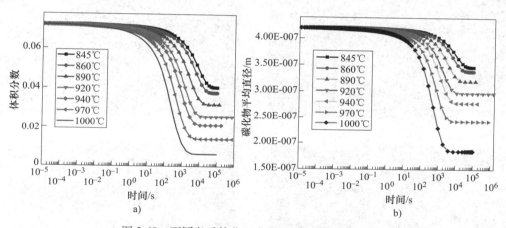

图 3-69　不同奥氏体化温度下的 $M_7C_3$ 溶解动力学
a）体积分数随时间的变化　b）碳化物平均直径随时间的变化

### 3.2.2　Cr5 钢马氏体回火过程碳化物析出规律

回火处理是一种重要的热处理工艺，目的在于消除内应力及析出强化，调节材料的综合性能。工具钢回火后往往存在较多的 MX、WC、$Mo_2C$、$M_7C_3$ 等高硬度碳化物，以提高其耐磨性，Cr5 钢作为一种高合金工具钢，其淬火马氏体在回火过程中析出碳化物的主要类型为 $M_3C$、$M_7C_3$、$M_{23}C_6$，各碳化物在回火过程中的转变规律，对于更好地控制碳化物的析出非常重要，因此有必要对 Cr5 钢回火过程碳化物的析出规律进行研究。

**1. 试验过程及方法**

试样取自 Cr5 钢锻造坯料，为了使钢中的碳化物完全溶解，选择 1100℃作为奥氏体化温度，淬火后得到均匀的马氏体组织。将淬火马氏体组织分别在不同的温度及时间下进行回火，回火温度分别为 250℃、350℃、460℃、500℃、530℃、600℃、700℃，回火时间分别为 2h、10h、30h，热处理结束后观察回火后的组织变化和碳化物析出情况。

**2. 回火过程中的组织转变规律**

淬火马氏体的回火转变是一种过饱和固溶体的碳脱溶、偏聚、碳化物析出和残留奥氏体分解的过程。在回火初期，碳原子首先发生偏聚，而在实际生产条件下，由于冷却速度的限制，获得的淬火马氏体已经有一部分碳原子从马氏体中脱溶发生偏聚，因此，差温加热后淬火组织的回火转变是以此为起点的。其回火过程包括了马氏体分解、碳化物的析出和长大、残留奥氏体的转变等过程。

本小节主要研究 Cr5 钢的马氏体基体中碳化物随回火温度和时间的析出规律，为了减少未溶碳化物对析出过程的影响，将试样在 1100℃保温 4h，使材料中的碳化物完全溶解后，随后进行油淬处理，获得马氏体组织，而后在不同的温度下进行回火，观察回火组织的变化。不同回火温度下组织的变化如图 3-70 所示。原始马氏体组织晶粒较大且板条清晰，低温回火时板条间有碳化物析出，且多数沿板条界分布；回火温度升高至 500℃以上时，马氏体中的板条形貌逐渐模糊，板条内部有颗粒状碳化物析出相，当回火温度达到 700℃时，板条不再清晰，析出的碳化物也发生球化。

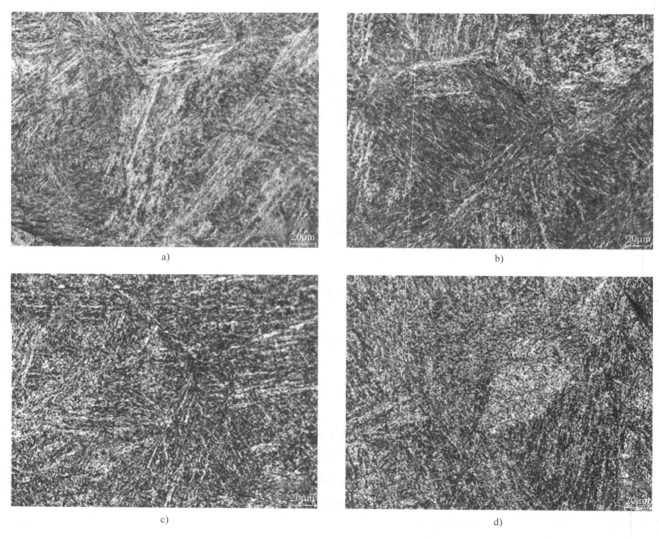

图 3-70 回火过程中的金相组织
a）淬火未回火 b）350℃ c）500℃ d）700℃

进一步通过 SEM 照片观察如图 3-71 所示，在低温回火时，有条状碳化物析出，多是沿板条界生长，随着回火温度的提高和时间的增加，碳化物数量增多、尺寸增大，当温度超过 500℃以后，先前析出的条形碳化物断裂或分解，碳化物的状态发生较明显的变化，板条内部颗粒状碳化物数量增多。继续提高回火温度到 700℃时，析出碳化物已经完全呈颗粒状，板条间的界限也不再明显。

综上所述，在 Cr5 钢马氏体组织的回火过程中，随着回火温度的升高，析出碳化物形貌不断变化，当温度在 500℃以上时，变化尤为明显。为了确定在回火过程中析出碳化物的种类，进行了透射试验，如图

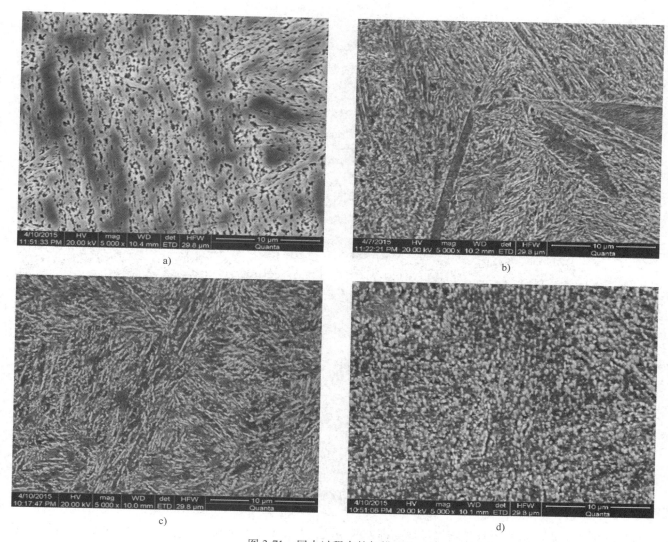

图 3-71　回火过程中的扫描照片
a）淬火试样　b）350℃　c）500℃　d）700℃

3-72 所示，在透射电镜下，淬火试样中未发现未溶碳化物，且马氏体板条粗大，马氏体形貌为板条状与镜片状。

（1）250℃回火

在 250℃下回火 2h 后，马氏体基体上会有短针状的碳化物析出，长约 200nm、宽约 30nm，呈规则平行排列，如图 3-73 所示。保温 30h 后，析出相有所长大，短针状的碳化物长大并连接在一起，使得部分析出碳化物达到 500nm 以上。回火初期，由于碳原子已偏聚于位错线、晶界等能量较高的位置，因此，碳化物优先在这些位置析出，由于时间短，碳化物多呈短针状，且与形核位置有一定位向关系。随着回火时间增加，板条界上碳化物持续长大，板条内部也开始有碳化物析出、长大。对这种长针状碳化物衍射斑点进行标定确定该碳化物为 $M_3C$，能谱分析表明，碳化物的主要成分为 Fe、C、Cr，且 Fe 与 C 原子比例接近 3∶1，元素比例与标定结果一致。在碳素钢中，回火转变的产物主要为渗碳体，而在合金钢中，合金元素的存在会使得 $M_3C$ 中的合金元素增多，从而使其受到合金元素的种类和回火温度的影响，但是在低温回火时，由于合金元素的扩散能力有限，导致其在 $M_3C$ 中的富集作用有限。

（2）350℃回火

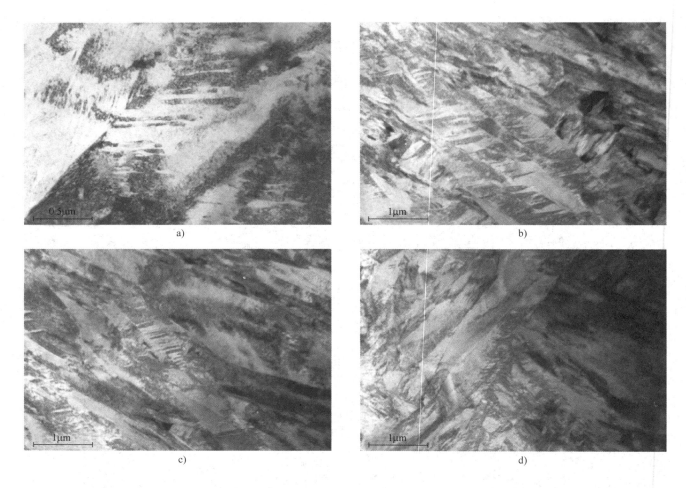

图 3-72　淬火试样 TEM 形貌

在350℃回火时，析出碳化物仍呈规则排列的条状，与250℃回火相比，数量增多，而且长成微米级长条状，特别是沿板条界分布的超长碳化物，如图 3-74 所示。回火 30h 后的透射照片如图 3-75 所示，可见，其马氏体基体上析出的碳化物进一步粗化，而明场与暗场相对比表明，碳化物仍是 $M_3C$。能谱分析显示，$M_3C$ 的化学组成与250℃时相似，除 Fe、C 外，Cr 元素的原子百分比在 5% 左右，Cr 依然没有在 $M_3C$ 中富集。

上述试验结果表明，在低温回火阶段，Cr5 马氏体回火析出相主要是 $M_3C$，这是因为在低温阶段，合金元素的扩散能力难以形成 Cr 富集的 $M_3C$，马氏体中碳化物的析出主要受碳原子的扩散影响，碳原子在位错或缺陷处易形成富碳区，在偏聚能量的作用下，当碳原子偏聚能量大于 $M_3C$ 的能量状态时，$M_3C$ 发生析出。同时，初期析出的部分 $M_3C$ 与基体保持着一定的位相关系：$[-2，-2，-1] M_3C // [-1，0，-1] \alpha$。

（3）460℃回火

当 Cr5 钢马氏体组织在 460℃回火时，回火初期析出大量微米级的长条碳化物和一些不规则颗粒状碳化物。图 3-76 中显示了马氏体中析出的沿板条界向马氏体内部平行生长的碳化物，通过对析出相的能谱和衍射分析可知析出相均为 $M_3C$。

回火 30h 后的透射照片如图 3-77 所示，长条状的碳化物继续长大，部分条形碳化物边界开始模糊，同时出现少量不规则颗粒状析出相，尺寸大小均在 100nm 以内。与之前析出碳化物不同的是，此类析出相在排列形式和位向上无明显的规律性。通过衍射及高分辨观察确定小颗粒状析出相为 $M_7C_3$，这说明经过一定的回火时间，合金元素发生了扩散富集，从而形成新的特殊合金碳化物。

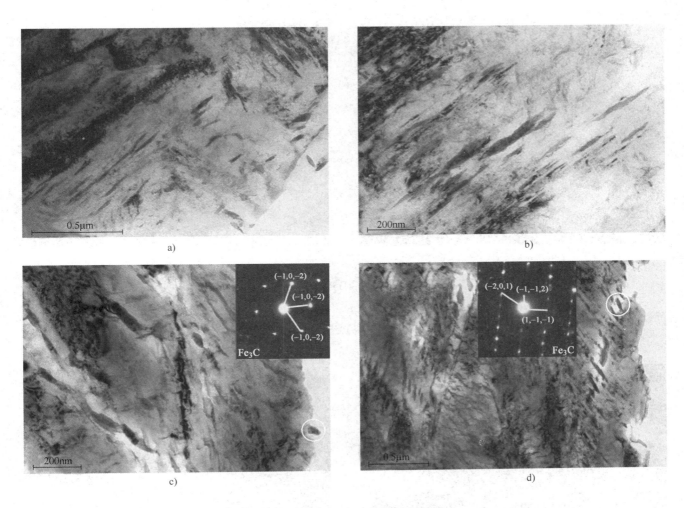

图 3-73 250℃回火碳化物析出情况
a)、b) 2h c)、d) 30h

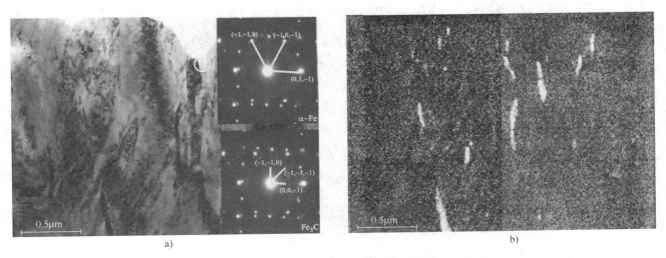

图 3-74 350℃回火 2h 碳化物析出情况

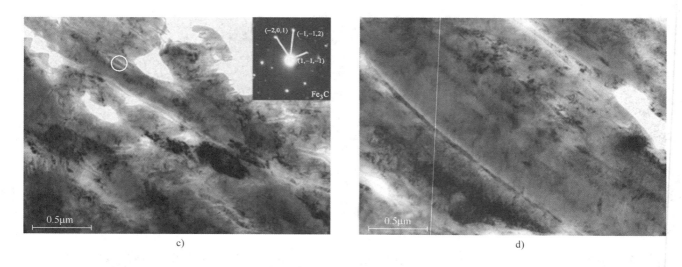

图 3-74　350℃回火 2h 碳化物析出情况（续）

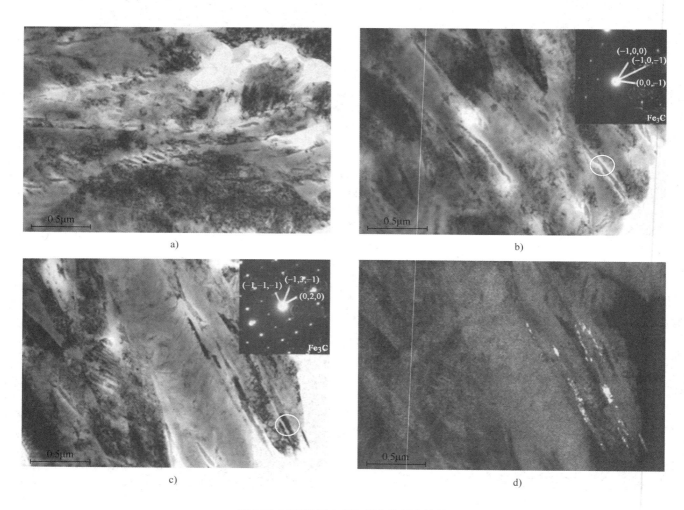

图 3-75　350℃回火 30h 碳化物析出情况

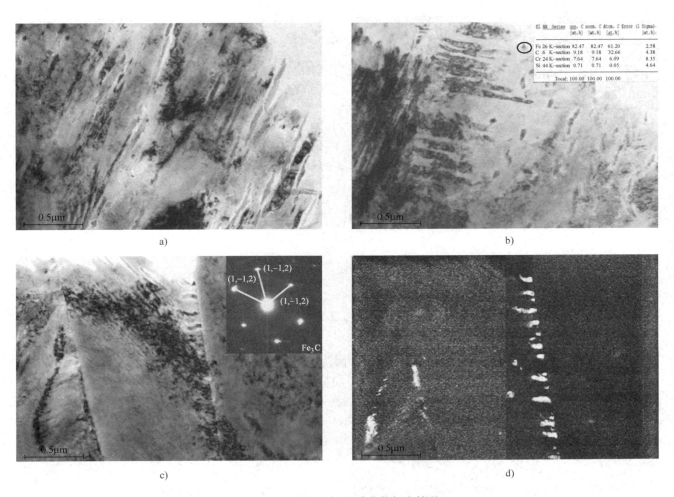

图 3-76　460℃回火 2h 碳化物析出情况

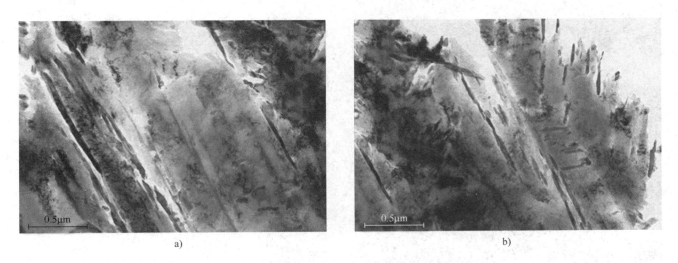

图 3-77　460℃回火 30h 碳化物析出情况

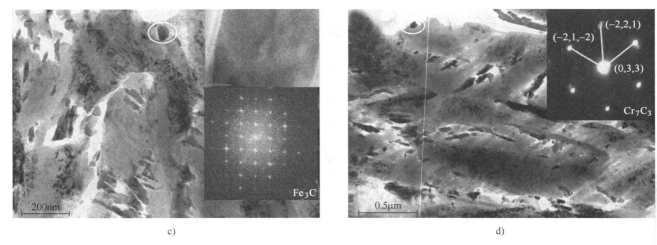

c)                                    d)

图 3-77　460℃回火 30h 碳化物析出情况（续）

（4）500℃回火

在 500℃回火时，马氏体中析出相形貌有了明显的变化，长条状碳化物在数量和尺寸上较更低温度回火时均有所减少，碳化物向着短小、细长的形状演变，且有溶解的迹象，同时细小弥散的小颗粒状碳化物数量明显增加，如图 3-78~图 3-80 所示。一方面，因为温度的升高使合金元素扩散能力进一步增强，合金元素在渗碳体和基体之间重新分配，促进了 $M_3C$ 的分解和合金特殊碳化物的析出；另一方面，强碳化

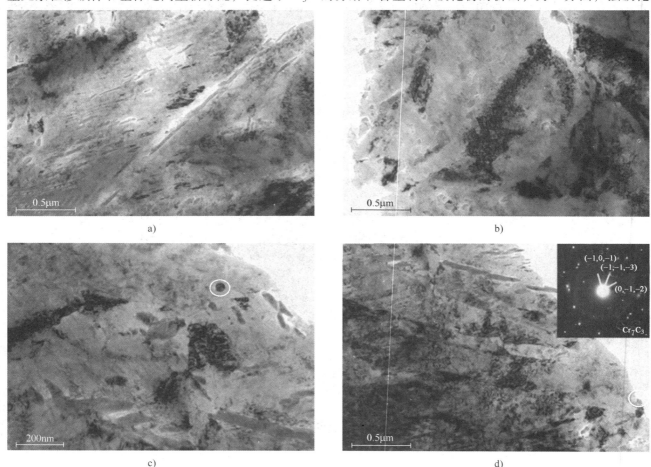

a)                                    b)

c)                                    d)

图 3-78　500℃回火 2h 碳化物析出情况

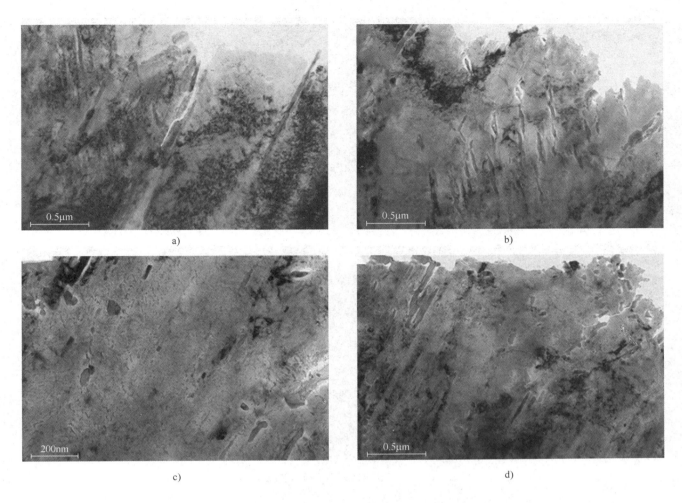

图 3-79 500℃回火 30h 碳化物析出情况

物形成元素会阻碍碳原子的扩散,对于碳化物的聚集、粗化起到阻碍作用,使析出碳化物弥散细小。

透射电镜观察的结果显示,回火 2h 时,一些细小弥散的 $M_7C_3$ 碳化物便开始析出,回火 30h 后,原有的长条状 $M_3C$ 明显分解,部分已形成断续的短条状,而在这些碳化物的周围有大量新碳化物小颗粒连接形成的条状碳化物出现。图 3-78c 显示在没有 $M_3C$ 的区域,500℃长时间回火也有颗粒状碳化物直接析出,再次析出的这些颗粒状碳化物主要是 $M_7C_3$。

(5) 530℃回火

从图 3-81 中可以看出,在 530℃回火时,短时间内 $M_3C$ 便大量分解,形成断续的短条状碳化物,

图 3-80 500℃回火 30h 时析出的颗粒状碳化物

尺寸在 200nm 左右,在发生分解的 $M_3C$ 周围析出了大量颗粒状碳化物,新析出的颗粒状碳化物连接在一起,呈一定取向,由于高温下 Cr 元素的扩散能力进一步加强,颗粒状碳化物的长大阻力减少,新析出的碳化物或以原有的取向长大,或长大为多边形颗粒。图 3-82 所示为析出的颗粒状碳化物的高分辨及衍射斑点,标定为 $Cr_7C_3$。

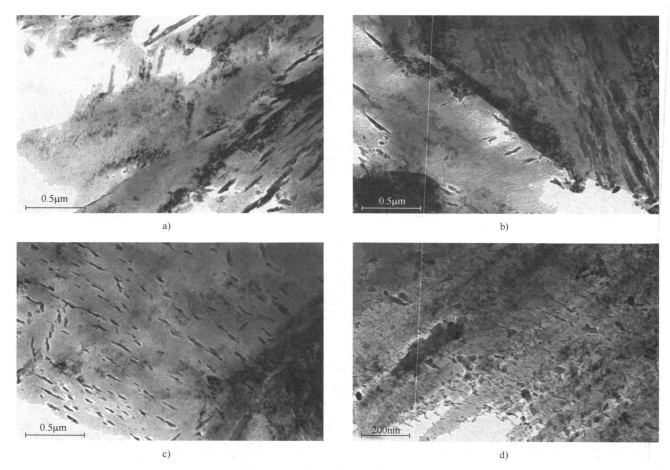

图 3-81　530℃回火 2h 时碳化物形貌

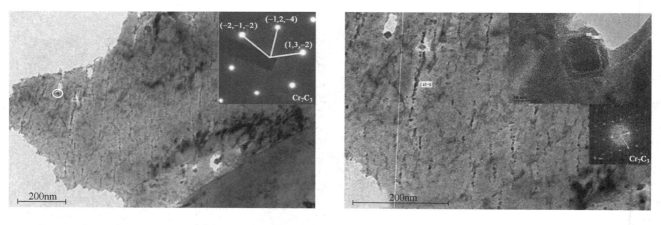

图 3-82　530℃回火 2h 时析出颗粒状碳化物标定

　　图 3-83 所示为 Cr5 钢马氏体组织在 530℃回火 30h 后的碳化物形貌，可见回火时间延长后，颗粒状碳化物明显长大，且保持原有取向，颗粒状碳化物为 $M_7C_3$。在图 3-84b 中，出现了颗粒连结的碳化物，这可能是因为 Cr 扩散能力的增强，向 $M_3C$ 中富集，发生 $M_3C$ 向 $M_7C_3$ 的转变，在回火过程中，随着回火温度的提高，前期析出的碳化物 $M_3C$ 发生分解和转变，形成 $M_7C_3$，而后期析出的 $M_7C_3$ 与 $M_3C$ 的溶解与合金元素扩散能力的增强有关。

　　（6）600℃回火

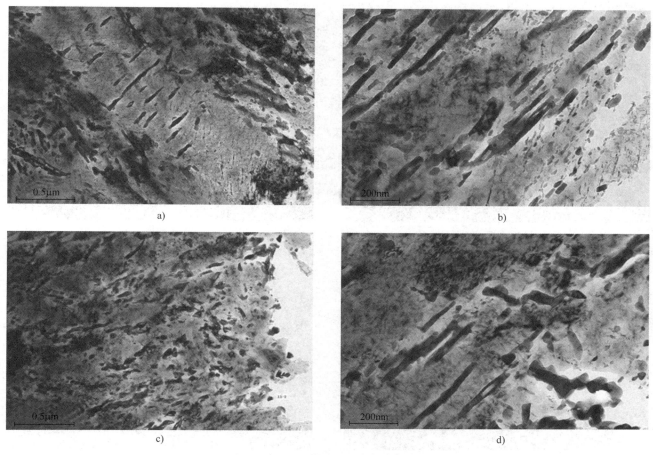

图 3-83　530℃回火 30h 时碳化物形貌

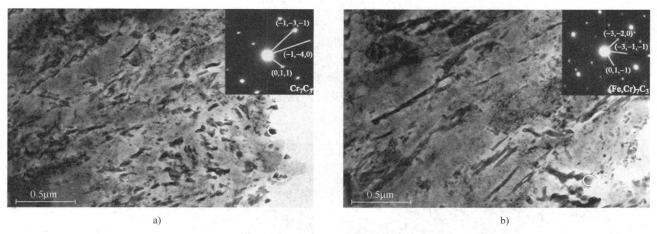

图 3-84　530℃回火 30h 时颗粒状碳化物标定

　　图 3-85 所示为 Cr5 钢马氏体组织在 600℃回火时的微观组织形貌，回火 2h 后，组织中的长条形 $M_3C$ 碳化物较 530℃回火时大量减少，且排列的取向性消失，析出碳化物主要为 $M_7C_3$；回火保温 30h 后，析出碳化物主要为颗粒状的 $M_7C_3$，且尺寸增大。

　　（7）700℃回火

　　回火温度进一步提高至 700℃时，长条状碳化物消失，说明 $M_3C$ 基本分解，如图 3-86 所示。回火初期，析出相以颗粒（$\phi$100nm）和短条（长约 200nm，宽约 30nm）状为主，形状也比较规则，且分布均

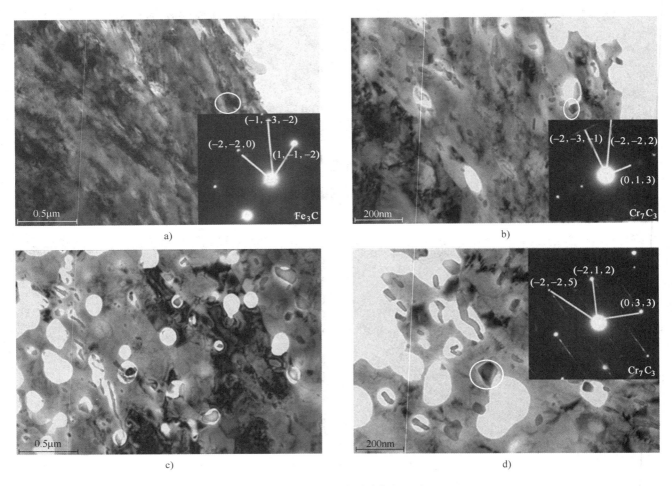

图 3-85　600℃回火时碳化物形貌

a)、b) 回火 2h　c)、d) 回火 30h

匀，经过衍射试验确定短条状和颗粒状碳化物均为 $M_7C_3$。另外，在 700℃ 时，存在圆颗粒状碳化物，如图 3-86b 所示，其形貌明显区别于其他析出相，经过衍射分析，仍为 $M_7C_3$；还有一种细条状的碳化物，尺寸在 30nm 左右，经能谱分析，此相中 V 的含量极高，判定为 VC。回火时间增加至 30h 后，碳化物的状态并未有明显的变化，如图 3-87 所示。

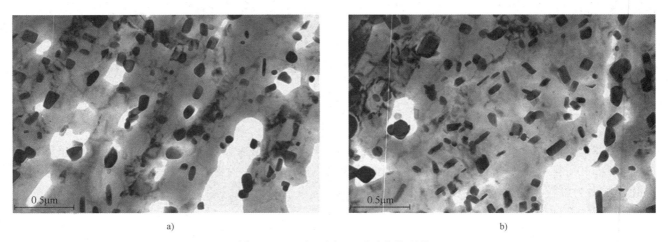

图 3-86　700℃回火 2h 时碳化物形貌

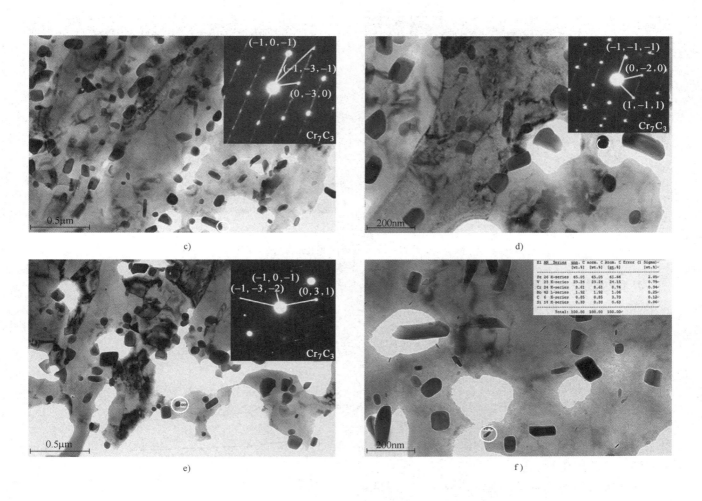

图 3-86　700℃回火 2h 时碳化物形貌（续）

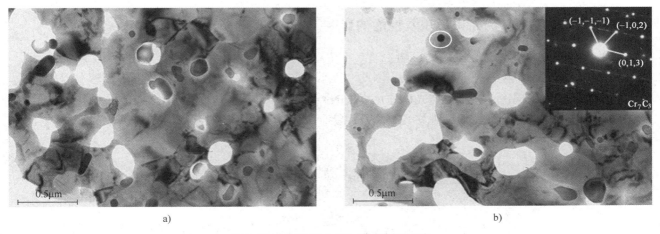

图 3-87　700℃回火 30h 时碳化物形貌

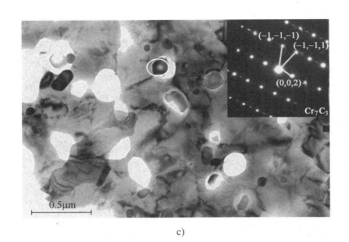
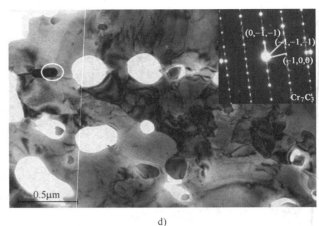

图 3-87　700℃回火 30h 时碳化物形貌（续）

### 3. 回火过程中的硬度变化规律

回火温度及时间对硬度的影响如图 3-88 所示，可见，总体而言，在各试验回火温度及时间中，Cr5 钢马氏体组织的硬度随着回火温度的升高及回火时间的延长而降低，且回火时间对于硬度的影响要远小于回火温度。值得注意的是，在 460℃ 回火时，硬度随着回火时间的增加不降反升，500℃回火 2h 较 460℃同期硬度略高，这表明 460~500℃ 是 Cr5 钢的二次硬化温度区间。回火二次硬化往往是由 $M_3C$ 的回溶及特殊碳化物的析出引起的，且多发生于特殊碳化物析出的初期阶段，在本研究中，该温度区间正好是 $M_7C_3$ 碳化物的开始析出温度区间，随着回火温度进一步升高至 500℃后，先析出的 $M_3C$ 开始大量溶解，而析出的 $M_7C_3$ 碳化物快速长大、粗化，二次硬化作用减弱，硬度也随之显著降低。

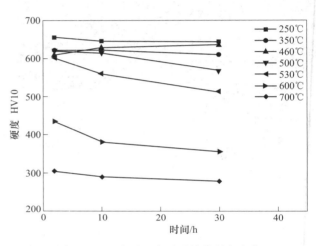

图 3-88　回火过程中马氏体的硬度变化

## 3.2.3　热处理工艺对珠光体形貌及性能的影响

### 1. 冷却速度对珠光体球化程度的影响

支承辊属于大型工模具，其尺寸较大，因此，支承辊在热处理过程中各个位置的冷却速度差别很大，因此有必要研究在不同冷却速度对珠光体球化程度的影响。本研究通过物理模拟试验，对 Cr5 钢及 Cr4 钢试样进行不同冷速的热处理，而后观察其组织及性能，具体热处理试验过程如图 3-89 所示。

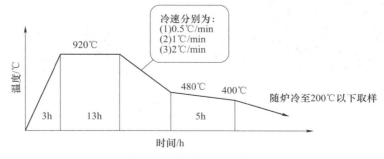

图 3-89　热处理试验过程

图 3-90 和图 3-91 所示为不同冷却速度下得到的珠光体组织的金相及扫描结果。可以看出，随着冷却速度的降低，珠光体球化程度逐渐提高，残留奥氏体含量逐渐减少，Cr5 钢在冷速为 0.5℃/min 时，碳化物已明显发生球化，球化的碳化物颗粒尺寸为 $\phi1 \sim \phi4\mu m$。相应地，随着冷却速度降低，Cr5 钢硬度显著降低，冲击吸收能量在冷速低于 1℃/min 时变化不大，在 2℃/min 时显著下降至 20J 左右。

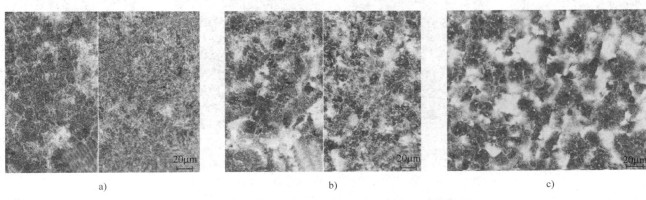

图 3-90　冷却速度对珠光体球化程度的影响（金相照片）
a）冷速为 0.5℃/min　b）冷速为 2℃/min　c）冷速为 1℃/min

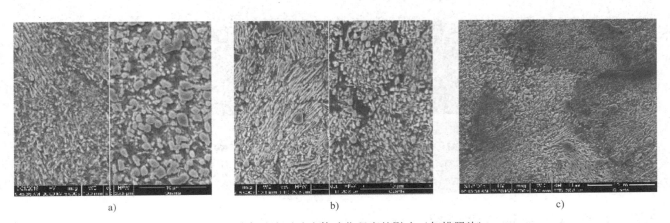

图 3-91　冷却速度对珠光体球化程度的影响（扫描照片）
a）冷速为 0.5℃/min　b）冷速为 2℃/min　c）冷速为 1℃/min

**2. 奥氏体化温度对珠光体球化程度的影响**

本研究通过物理模拟试验，对 Cr5 钢试样进行不同奥氏体化温度的热处理，而后观察其组织及性能，研究在确定的冷却速度下，不同奥氏体化温度对珠光体球化程度的影响。具体试验方案如图 3-92 所示。

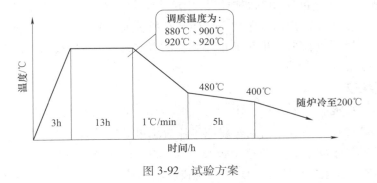

图 3-92　试验方案

淬火温度对珠光体球化程度影响的金相及扫描结果如图 3-93 和图 3-94 所示，可见，在冷速为 1℃/min

下，随着淬火温度的降低，珠光体团簇尺寸变小，珠光体球化程度显著提高，残留奥氏体含量降低；相同淬火温度下，Cr4 钢比 Cr5 钢球化程度相对较低，两种材料在 880℃时，均呈现明显的粒状珠光体组织。相应地，随着淬火温度降低，硬度显著降低，室温冲击吸收能量则由 920℃的 42J 升高至 880℃的 90J。

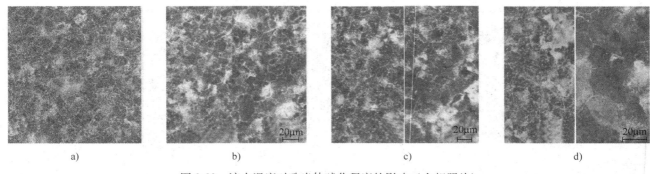

图 3-93　淬火温度对珠光体球化程度的影响（金相照片）
a）调质温度 880℃　b）调质温度 900℃　c）调质温度 920℃　d）调质温度 940℃

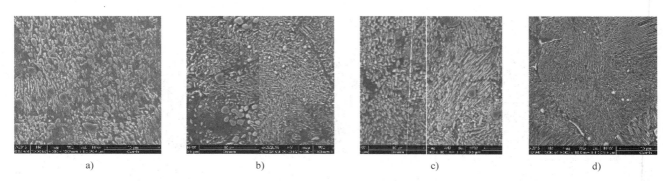

图 3-94　淬火温度对珠光体球化程度的影响（扫描照片）
a）调质温度 880℃　b）调质温度 900℃　c）调质温度 920℃　d）调质温度 940℃

## 3.3　Cr5 钢氢脆敏感性研究

### 3.3.1　氢在材料中的行为

**1. 材料中氢的来源**

材料中氢的来源一般分为内在和外来两类。内在的氢是在材料的生产过程（例如冶炼）、部件的制造过程（例如酸洗、电镀）及装配过程（例如焊接）中进入的氢，在部件的使用过程中，这种氢量或者减少，或者保持不变，但不会增加，并且分布状态可能会有所改变；外来的氢主要来自部件服役过程中持续进入部件中的氢。致氢环境可以分为液相和气相两类，前者主要是水溶液，后者主要是高温高压的氢气，如天然气和石油管道、采油等。

**2. 氢在材料中的存在方式**

氢在金属中存在形式可能有以下几种：H、$H^+$、$H^-$、$H_2$、金属氢化物、$CH_4$。一般认为，原子氢进入金属晶格后仍以原子形态存在。构成晶格的金属原子能放出最外层的自由电子构成导带，这是金属导电的本质，而金属本身就可看作正离子。仿照这个模型，认为氢原子进入金属后就分解为质子和电子，即 H 的 1s 电子全部进入导带，从而成为氢离子 $H^+$，这种模型称为质子模型。另一种观点认为，过渡金属（如 Fe、Ni、Pd 等）的 d 带没有填满，因而部分氢的 1s 电子将进入金属的 d 带，当金属 d 带填满后多余的 H 将以原子状态存在。当氢进入碱金属（Li、Na、K）或碱土金属（Mg、Ca）时，可能以 $H^-$ 的形式和它们形成离子化合物，如 NaH（类似 NaCl）。当金属内有孔洞或空腔，则 H 进入空腔后就会复合成 $H_2$ 占据整个空腔。因为 $H_2$ 是气体，必须存在一定空间的体积，才会发生反应，从而产生内压。若在高温，H 和 C 扩散进入空腔可形成 $CH_4$，也会产生内压。对 B 类金属（Ti、Zr、Hf、V、Nb、Ta、Pd 和稀土等），H 进入后以原子形式占据点阵位置形成氢化物，如 $TiH_2$。

按照氢在材料中的位置和形式，大致可以分为以下四类。

（1）固溶氢

研究结果表明，在固相钢中，氢可以 H（氢原子）或 $H^+$（氢的正离子）的形式溶于铁的晶格间隙成为固溶体，此时氢的活动能力最强，钢中氢的扩散主要是通过固溶氢的扩散来完成的。

（2）分子氢

当金属中的氢含量超过氢在固溶体中的溶解度的时候，它就有可能从过饱和固溶体中析出并相互结合形成氢分子，即 $H_2$（氢气）。氢分子存在于钢中的孔洞、疏松、微裂纹、晶界与夹杂物、边界等缺陷处。分子氢的聚集必然会对其周围的物质产生压力，随着氢气压力的增加，氢分子的生成逐渐减少，直到该处的氢气压力与固溶体中氢的浓度建立起符合 Sieverts 定律的平衡关系，氢分子的生成即完全停止。

在固体金属中，氢分子的活动能力很差，一般来说，不能参与扩散过程。在 400℃ 以下，即使在真空中加热，也难于将其自钢中排出；在 400℃ 以上，随着温度的升高，逐渐有较多的氢分子分解为氢原子并重新获得扩散能力。通常认为，只有通过真空熔化才能将分子氢自钢中全部排出。

（3）氢化物

氢在普通钢铁材料中不会生成氢化物。但是，在奥氏体不锈钢中，Ni 与 H 结合可生成具有六方晶格的氢化物。此外在多种铁合金中，如 V-Fe、Ti-Fe、Nb-Fe、Zr-Fe、Mn-Fe、Co-Fe、Ni-Fe 中，会形成这些合金元素的氢化物。所以，在炼钢时，随着这些铁合金的加入，会使钢液中的氢含量有所上升。

氢化物在金属中无任何扩散能力，但可导致金属材料严重脆化并生成显微裂纹，对于结构材料来说，这是不允许的。但在铁基合金中的这些氢化物的稳定性很差，只能在很低的温度下稳定存在，通过室温及较高温度的时效，即可使其分解并重新溶入金属基体。

（4）氢陷阱

存在于晶格间隙的氢原子会引起金属晶格的膨胀并在其周围形成一个应力场和应变场，导致系统自由能增加。此外，金属晶格中的其他结构缺陷，如空位、溶质原子、位错、亚晶界、晶界、析出相界面等的周围也存在着晶格畸变、应力场和应变场。如果处于间隙原子状态的氢与其他缺陷相互结合而成为复合缺陷，则将使由于这些缺陷的存在而导致系统自由能的增加量有所减少，所以存在于金属晶体中的各种缺陷有一种吸引氢原子至其周围并增加其捕获的能力，这种能捕获氢的缺陷就称为氢陷阱。

陷阱结合能 $E_b$ 是描述氢与氢陷阱结合能力的重要参量。如果陷阱结合能 $E_b$ 比较小，即使在室温，氢也能从陷阱中跑出进入间隙位置，这种陷阱称为可逆陷阱，如溶质原子、位错、小角度晶界、空位；如果陷阱结合能 $E_b$ 较大，在室温中难于从陷阱中跑出，这类陷阱成为不可逆氢陷阱，如 TiC、MnS、$Fe_3C$、大角度晶界、相界，它们的作用力很强，在室温下难以释放氢。由于氢脆和氢致裂纹在室温附近最为明显，而可逆陷阱中的氢在室温下就能参与氢的扩散及一切氢致开裂过程，故可逆陷阱对氢脆的作用更大，因而控制陷阱的本质、数量和分布是提高材料抗氢损伤及氢致开裂性能的重要途径之一。

**3. 氢在材料中的扩散**

（1）浓度梯度扩散

金属原子绕其点阵平衡位置做热振动，频率约为 $10^{12}$Hz。这种热振动的能量时涨时落，当某原子能量上涨时就有可能脱离原来占据的位置而跳到另一个平衡位置，这种原子的热运动就称为扩散。它显然没有一定的规律，故也称自扩散。如在晶体中存在氢的化学位梯度（如物质浓度梯度、应力梯度、温度梯度等），这时氢原子就会从化学位高的位置向化学位低的位置运动，从而导致氢的净运输，称为氢的扩散。

（2）应力诱导扩散和氢富集

氢的应力诱导扩散符合一般规律，即在应力梯度的作用下，通过应力诱导扩散，氢将向高应力区富

集，经过一定时间后，扩散达到稳定状态，球对称应变下的平衡氢浓度为

$$C_\sigma = C_0 \exp\left[(V_H \sigma_h)/(RT)\right] \tag{3-24}$$

式中，$C_\sigma$ 为应力作用下的氢浓度；$C_0$ 为无应力时的氢浓度；$V_H$ 为 H 在金属中的偏克分子体积；$\sigma_h$ 为静水应力；$R$ 为气体常数；$T$ 为热力学温度。

**4. 氢损伤与氢致开裂**

当材料中的氢浓度超过临界值，不论是否存在应力，都会引起各种氢损伤，如氢鼓泡或氢裂纹、高温高压氢蚀、氢化物、氢致马氏体等。一般来说，上述氢损伤是不可逆的，当把原子氢去除后，氢损伤仍存在。如果存在应力，则进入试样的原子氢通过扩散、富集使塑性下降，称氢致塑性损失，也称氢脆。在恒载荷或恒位移的条件下原子氢的扩散富集会引起氢致裂纹的形核和扩展，称为氢致滞后开裂或氢致滞后断裂。很多人把所有氢损伤，即氢致塑性损失和氢致滞后开裂统称为氢脆。

（1）氢压裂纹

当材料中的氢浓度过高，由于氢压引起的材料破坏，包括氢鼓泡、钢中白点、$H_2S$ 诱发裂纹、酸洗或电镀裂纹、焊接冷裂纹。

氢鼓泡是由于材料内部存在充满氢气的空腔（孔洞或裂纹），当气泡内的氢压足够大的时候，空腔周围就会发生塑性变形，当空腔处于试样近表面时，塑性变形使空腔鼓出表面，造成这种现象。这主要是由于氢降低了空位的形成能，故充氢能使局部空位浓度升高几个数量级，而材料从高温冷却至室温，过饱和空位就会聚集成孔洞，因此氢空位浓度大幅度升高就为氢鼓泡形成奠定了基础。

白点是钢中氢压引起的裂纹，常常在铸钢、大型锻件和厚板中被发现。当氢含量较高的马氏体钢、贝氏体钢以及珠光体钢以一般速度冷却到室温时就容易产生很多氢致小裂纹，在横截面上很细（$1 \sim 2\mu m$ 宽），像头发丝一样，故称之为发裂。如果沿这些裂纹把试样打断，断口上就会发现具有银白色光泽且比较平坦的圆形或椭圆形斑点，故称之为白点。白点的本质是氢压裂纹，因为 H 只有进入空腔才能复合成 $H_2$，故白点的核心就是未开裂的含 $H_2$ 空腔。通过氢致过饱和空位的聚集形成氢气泡则是完整晶体中白点的核心，带 $H_2$ 空腔中的氢压将随着 H 的进入而不断升高，达到临界值后，就会引起鼓泡壁开裂而形成白点。

管线钢在 $H_2S$ 水溶液中浸泡时，即使不存在外载荷，也会在管线表面产生氢鼓泡，因为水中 $H_2S$ 本身能阻碍 H 复合成 $H_2$，从而使进入试样的 H 比例增大，在 $H_2S$ 水溶液中浸泡时进入的氢浓度相当于大电流充氢时进入的值。随着浸泡时间的延长，进入鼓泡中的 $H_2$ 不断增多，氢压升高，从而引起氢压裂纹形核扩展，这种氢压裂纹也成为氢诱发裂纹。

酸洗过程中，酸与金属发生电化学作用，使得原子氢进入金属，整个过程相当于酸中浸泡充氢，酸洗后产生的裂纹是一种氢压裂纹。

焊接时，$H_2$ 很容易分解成原子氢，焊条及药皮中的氢以及湿空气中的氢都可能会进入金属，焊后若急冷，则可能在热影响区出现氢压裂纹，其本质和钢中白点相同，经过焊后热处理，则不会出现焊接冷裂纹。

（2）高温氢蚀

很多设备（如化学工业、石油炼制、石油化工以及煤化工厂中的临氢装置）在高温（$>200℃$）高压（$>3MPa$）含氢环境下服役。氢和钢中的碳（来源于 $Fe_3C$ 或其他碳化物）反应生成甲烷，它进入晶界或夹杂界面的缝隙就成为带有 $CH_4$ 压力的气泡。靠近表面的气泡形变而鼓出就成为甲烷鼓泡，随晶界气泡内甲烷压力的增大，气泡开裂形成微裂纹，它们长大、连接就会导致试样或构件开裂。即使不存在应力，上述过程也能发生。在高温高压 $H_2$ 环境中通过形成甲烷而引起的氢损伤称为高温氢蚀。

氢蚀由甲烷引起，故鼓泡或气泡中的气体应当是甲烷，这一点已为大量试验所证实。对表面出现的大鼓泡钻孔，取气体分析，除甲烷外，部分鼓泡内部含有 $H_2$。这是由于表面存在脱碳层，当扩散进入表层鼓泡的碳含量不足时，过量的 H 就会复合成 $H_2$。

（3）氢化物

氢溶解在 B 类金属（Ti、Zr、Hf、V、Nb、Ta、Pd 和稀土）中是放热反应，故随温度下降，金属中的总氢浓度升高，而在 A 类金属（Fe、Ni、Al、Mg、Cu 等）中是吸热反应，随温度下降，氢在晶格中的溶解度也下降，并不存在和氢化物相平衡的极限溶解度。从高温冷却下来时，析出的氢越多，氢化物也随之增多。大量研究证明在 BCC 的铁和钢中不会形成氢化物。

氢化物造成的氢损伤主要包括氢化物引起的晶格畸变，降低金属的弹性模量，此外由于氢化物是脆性相，它的存在必然降低塑性和韧性，并且随试样中氢浓度升高，塑性和韧性明显降低。

（4）氢致塑性损失

预先充氢试样在空气中慢拉伸，或未充氢试样在氢环境下慢拉伸，这时显示出来材料的塑性指标（伸长率、断面收缩率、断裂韧度）会有所下降，塑性的相对下降量称为氢致塑性损失，它导致材料变脆，故称氢脆。如果在拉伸过程中，氢来自试样的预先充氢，这时氢脆是由内部原子氢产生的，一般称之为"内氢脆"；如果原来不含氢的试样在 $H_2$ 环境中慢拉伸所引起的氢脆，一般称为"外氢脆"。试样在 200℃烘烤除氢后再在空气中慢拉伸，塑性可以回复，因此氢致塑性损失是原子氢引起的，是可逆的。

（5）氢致滞后开裂

含氢试样在恒载荷或恒位移下会通过应力诱导扩散而富集；当富集的氢浓度等于临界值后就会引起氢致裂纹形核、扩展，直至滞后断裂。一旦把原子氢除去，则氢致裂纹不再形核，正在扩展的裂纹将止裂。因此，氢致滞后开裂是原子氢引起的，也是可逆的。因为滞后开裂应力或应力强度因子低于抗拉强度或断裂韧度，故发生低应力脆断。

## 3.3.2 材料的选取及试验方法

本小节主要介绍试样的选取加工以及试验方法，分别从支承辊的表面、中间、心部套取试样进行试验。试验时通过电解的方法来对试样进行充氢，使用升温脱氢分析装置（TDS）来测定试样中的氢含量，通过慢应变速率拉伸试验来研究材料的氢致塑性损失，通过恒载荷延迟断裂试验来研究材料的氢致滞后断裂。

**1. 试验材料的选取**

本试验所用材料为 Cr5 钢，取不同组织的试样，加工出光滑拉伸试样、缺口拉伸试样、测氢试样和金相试样。光滑拉伸试样和缺口拉伸试样均用来进行慢应变速率拉伸试验，通过测试试样的强度和塑性来评价材料的氢脆敏感性，其中缺口拉伸试样与光滑拉伸试样相比，缺口拉伸试样对氢的作用更为敏感，相当于加快了试验速度。

在电解充氢过程中，拉伸试样和测氢试样同时以相同工艺进行充氢，理论上两种试样的氢含量相同，因此用测氢试样测定的氢含量代表拉伸试样中的氢含量。

金相试样用于检测每个圆棒的金相组织与硬度，确保每个圆棒的组织与性能一致，保证试验结果准确并且可以进行对比。

试验前，先将拉伸试样和测氢试样在 180℃下进行烘烤，保温 4h，而后空冷，以去除试样中的可扩散氢，使试样在充氢前氢含量保持一致。将烘烤后的试样，用细砂纸进行打磨，去除表面的氧化皮，并用乙醇溶液进行超声波清洗，清洗后用吹风机吹干，放于干燥皿中待用。

**2. 电解充氢试验**

在含盐、酸或碱的水溶液中电化学充氢是一种常用的充氢方法，其原理如图 3-95 所示，将惰性材料（即碳棒或铂丝）作为电解阳极，充氢试样作为电解阴极，在含盐、酸或碱的水溶液中通以恒定的电流，在电场的作用下，带有正电荷的氢离子向阴极（即试样）迁移，与电子结合，发生反应

$$H^+ + e^- \rightarrow [H]$$

其中，一部分［H］通过吸附作用进入金属，大部分［H］复合生成 $H_2$，以气体形式释放。带有负电荷的氢氧根离子向阳极迁移，失去电子，发生反应

$$2OH^- + 2e \rightarrow H_2O + [O]$$

[O] 复合生成 $O_2$，以气体形式释放出去。也就是说，在电解充氢过程中，阴极和阳极均有气泡冒出，阴极试样上放出氢气，阳极上放出氧气。

阴极充氢时，氢的吸附与进入试样的过程如下所述：

1）电解液中的水合氢离子从电解液向试样移动，并吸附于试样表面，其过程如下：

① 水合氢离子从电解溶液中通过迁移到达金属试样表面

$$(H^+ \cdot H_2O)_{电解液} \rightarrow (H^+ \cdot H_2O)_{金属表面}$$

② 水合氢离子获得电子而放电成为氢原子

$$H^+ \cdot H_2O + e^- \rightarrow H + H_2O$$

③ 生成的原子氢通过吸附作用吸附在金属试样表面

$$H + M \rightarrow (M \cdot H_{ads})$$

2）吸附在金属表面的原子氢一部分通过复合变成分子氢 $H_2$，再通过解吸附从试样表面以氢气泡形式逸出。其过程如下：

① 吸附的氧原子复合成分子氢，在试样表面吸附

$$(M \cdot H_{ads}) + H \rightarrow (M \cdot H_{2ads}) \text{ 或 } (M \cdot H_{ads}) + (M \cdot H_{ads}) \rightarrow (M \cdot H_{2ads})$$

② 复合生成的分子氢通过解吸附以氢气泡形式逸出。

3）另一部分吸附原子氢变成溶解型原子氢，通过解吸附溶解在金属中，再通过扩散过程进入金属材料内部。其过程如下：

① 吸附的原子氢转化成溶解型原子氢，吸附在金属表面

$$(M \cdot H_{ads}) \rightarrow (M \cdot H_{溶解})$$

② 溶解型原子氧通过解吸附成为金属中的间隙原子，继而扩散到金属内部

$$(M \cdot H_{溶解}) \rightarrow H + M$$

试验中所用阴极材料为铂丝，电解液为 0.1mol/L 的 NaOH 溶液，通过调节电流和充氢时间来控制材料中的氢含量。图 3-96 所示为实际的电解充氢装置。

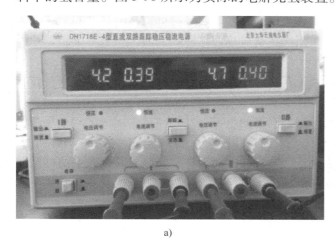

a)

b)

图 3-96 电解充氢装置

a）电解充氢直流电源 b）电解充氢电解池

**3. 升温脱氢分析试验**

升温脱氢分析装置（Thermal Desorption Spectroscopy，TDS）由日本 R-DEC 公司生产，主要由试验机主机（四极质谱仪、加热装置、试样导入装置）、计算机控制测定系统、试样冷却装置（空气压缩机、干

燥器）等三部分组成，附带专用软件完成试验数据的采集和分析计算等，如图3-97所示。

升温脱氢分析装置的主要原理是在真空石英管道中将试样在一定的加热速率下加热至目标温度，使试样中的氢在加热过程中逸出试样，并通过四级质谱仪采集加热过程氢的分压，代入试样质量进行计算后得到氢逸出速率随温度的变化曲线，即TDS分析曲线，并通过氢逸出速率的累积计算得到氢含量。升温脱氢分析装置具有较高的测量精度（$0.01 \times 10^{-6}$），并且还可以测试随温度变化氢的逸出曲线及钢中缺陷与氢之间的结合能，适用于评价材料的氢脆敏感性及氢脆机理等研究。

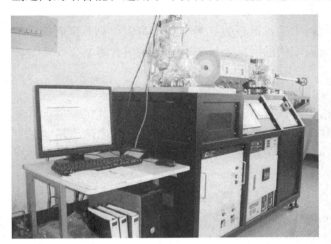

图3-97　升温脱氢分析装置

**4. 慢应变速率拉伸试验**

慢应变速率拉伸（Slow Stain Rate Tensile，SSRT）试验，使用拉伸试验机，适用于光滑试样、缺口试样以及裂纹试样。在拉伸过程中应变速率保持恒定，而且可以足够小，特别适合于通过拉伸试验来研究材料的氢脆敏感性。一般以断面收缩率或强度相对下降量作为衡量氢脆敏感性的指标。

$$氢脆指数 = \frac{未充氢钢的性能 - 充氢钢的性能}{未充氢钢的性能} \times 100\%$$

慢拉伸试验所采用的拉伸速率根据试验需要进行调节，通过试验获得相应的应力-位移曲线、屈服强度、抗拉强度、断后伸长率和断面收缩率等，断裂后的试样进行断口观察。

**5. 恒载荷延迟断裂试验**

恒载荷延迟断裂试验主要用来测试在恒载荷下氢致开裂的滞后断裂时间和门槛应力，适用于光滑拉伸试样和缺口拉伸试样，光滑拉伸试样在致氢环境中经过一定的孕育期后就会引起滞后断裂形核，它不断扩展能导致试样滞后断裂。滞后裂纹的形核时间以及试样断裂时间明显依赖于外加应力。随着时间增加，应力下降至小于临界值时，试样不再发生滞后断裂。因此可以通过此试验来测试在不同载荷下试样的滞后断裂时间。

**6. 氢扩散系数测试试验**

C. J. Carneiro Filho 等人通过圆柱试样室温放置时氢含量的下降规律研究了氢在钢中的扩散行为，氢在钢中的扩散方程为

$$C_t = C_\infty + 0.72(C_0 - C_\infty)\exp\left(-\frac{22.2Dt}{d^2}\right) \tag{3-25}$$

式中，$C_t$为$t$时刻钢中的氢含量；$C_\infty$为试验钢中$t=\infty$时刻的氢含量；$C_0$为试验钢中$t=0$时刻的氢含量；$d$为试样直径；$D$为氢在试验钢中的扩散系数。

式（3-25）由菲克第二定律（三维扩散，柱坐标系）推出，假设氢在轴向和周向分布均匀，氢仅沿径向扩散，所选测试的圆柱试样尺寸应满足长度远大于直径。

C. J. Carneiro Filho 等人测量了在室温下放置不同时间后中碳钢线材试样中的氢浓度，得到氢浓度随放置时间变化的拟合曲线，拟合公式如下：

$$C_t = P_1 + P_2 \exp(P_3 t) \tag{3-26}$$

理论推算式（3-25）与实际测试拟合式（3-26）等价，得到式（3-27），已知试样直径 $d$，即可得到氢的扩散系数 $D$。

$$P_3 = -\frac{22.2D}{d^2} \tag{3-27}$$

通过该试验一方面可计算出受氢陷阱影响的氢在材料中的扩散系数，另一方面可以得到不同时间下试样中氢含量的变化规律，因此可以通过将充氢后试样放置不同的时间来控制试样中的氢含量。

### 3.3.3 试验操作与检测设备的测试验证

本小节主要介绍了试验准备中的一些验证结果，由于所设计试验的环节较多，许多具体的试验操作对试验结果的影响并不十分清楚，例如电解充氢的稳定性，烘干操作去除残余氢的方法是否有效，液氮贮存后试样中氢含量的改变等，因此为了明确以上内容，使试验更为精准，人们进行了一系列的测试验证。

**1. 电解充氢稳定性的测试**

为了验证相同充氢条件下试样充氢含量的波动，设计了验证试验。试样尺寸为 $\phi10mm \times 30mm$，电解液为 0.1mol/L 的 NaOH 溶液，电流密度均为 $1mA/cm^2$，充氢时间为 72h，分别对 3 组试样进行充氢，如图 3-98 所示，试验结果表明，各组试样充氢效果较为接近，最大偏差为 $0.6 \times 10^{-6}$，满足试验精度要求。

**2. 液氮贮存对试样的影响**

由于在实际充氢过程中，需要同时对多个试样进行充氢，而升温脱氢分析装置测试时间约为 10h，因此不能保证所有试样即时检测，所以需要将试样进行贮存，一般将充氢试样放置于液氮罐中，但即使液氮罐的低温可以抑制

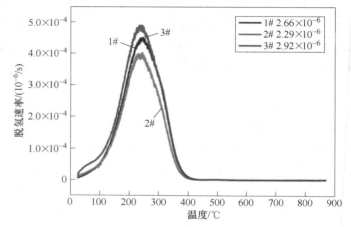

图 3-98　相同充氢条件下试样中的氢含量

氢的扩散，但仍可能有氢从试样中逸出，本试验验证了试样在液氮中贮存的可靠性。

表 3-15 为液氮贮存对试样氢含量影响的对比，可以看出，充氢试样在液氮中贮存 22h 后，氢含量几乎没有变化，证明了液氮贮存可以有效阻止试样中的氢逸出。

表 3-15　液氮贮存对试样氢含量影响的对比

| 试验批次 | 试样编号 | 处置方法 | 氢含量（$10^{-6}$） |
|---|---|---|---|
| 第一批 | 1# | 即时测氢 | 2.66 |
| | 1c# | 液氮贮藏 22h 后测氢 | 2.51 |
| 第二批 | 3# | 即时测氢 | 2.92 |
| | 3c# | 液氮贮藏 22h 后测氢 | 2.89 |

**3. 烘烤操作对试样的影响**

为了去除原始试样中的残余氢，在试验前需对试样在 180℃下进行烘烤 4h，为了检测烘烤操作对试样残余氢去除的效果和对力学性能的影响，本试验进行了相关验证。

试验选用 Cr5 钢回火马氏体材料、粒状珠光体为主的材料以及片状珠光体为主的材料，各组织类型的试样编号开头分别为 A、H 和 B，采用测氢试样测试烘烤操作对残余氢含量的影响，采用拉伸试样测试烘

烤操作对材料力学性能的影响。如图 3-99 所示，烘烤后材料的可逆氢陷阱氢的析出峰值已经接近为 0，而未烘烤的试样的可逆氢陷阱氢的析出峰值仍然很高，证明烘烤操作可以去除试样中残余氢。

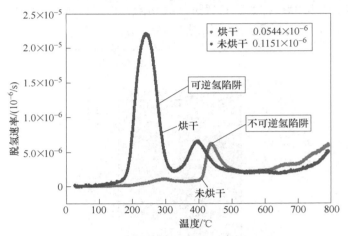

图 3-99　烘烤操作对试样中氢含量的影响

表 3-16 为烘烤操作对材料力学性能的影响，从表中可以看出，烘烤操作对 Cr5 钢中不同组织的残余氢含量均有影响，烘烤后试样中的氢含量均降低为 0，且对力学性能均无影响，烘烤前后材料的力学性能没有明显变化。因此，烘烤操作可以用于试样残余氢的去除，保证试样具备相同的初始氢含量。

表 3-16　烘烤操作对材料力学性能的影响

| 编号 | 处理条件 | 温度/℃ | 氢含量（$10^{-6}$） | 抗拉强度/MPa | 屈服强度/MPa | 断面收缩率（%） | 断后伸长率（%） |
| --- | --- | --- | --- | --- | --- | --- | --- |
| A6-1 | — | | 0.06 | 1812 | 1524 | 24.0 | 7.0 |
| A7-1 | — | | | 1853 | 1523 | 18.0 | 7.0 |
| A2-2 | 烘烤 | | | 1870 | 1536 | 18.0 | 7.5 |
| A6-2 | 烘烤 | | 0.00 | 1834 | 1510 | 19.0 | 6.5 |
| A7-2 | 烘烤 | | | 1823 | 1514 | 19.0 | 7.5 |
| H14 | — | | | 611 | 305 | 67.0 | 27.0 |
| H15 | — | | | 610 | 315 | 61.0 | 26.5 |
| H1 | 烘烤 | 室温 | | 626 | 315 | 65.0 | 24.0 |
| H16 | 烘烤 | | 0.00 | 615 | 311 | 63.0 | 24.5 |
| H17 | 烘烤 | | | 610 | 308 | 68.0 | 28.0 |
| B1 | — | | 0.54 | 692 | 338 | 56.0 | 19.5 |
| B31 | — | | | 694 | 330 | 57.0 | 21.5 |
| B3 | 烘烤 | | | 690 | 325 | 55.0 | 24.0 |
| B6 | 烘烤 | | 0.00 | 689 | 330 | 56.0 | 19.0 |
| B36 | 烘烤 | | | 689 | 329 | 57.0 | 19.0 |

**4. 平行试样氢含量的对比**

测氢试样与拉伸试样虽然在相同的充氢条件下充氢，但由于两者形状并不相同，氢的扩散过程存在不同，因此，测氢试样和拉伸试样的氢含量未必相同，本次试验将对相同条件充氢的测氢试样和拉伸试样进行对比，验证测氢试样的氢含量是否能够代表拉伸试样的氢含量。

在 Cr4 锻钢支承辊的珠光体区域取样，分别加工为三种不同尺寸的试样，1#试样为 $\phi$5mm×30mm 圆柱试样，2#试样为 $\phi$5mm×40mm 圆柱试样，3#试样为 M12×70mm 拉伸试样。1#试样用于分析测氢试样的氢含量，2#试样用于分析线切割过程中对试样氢含量造成的影响，3#试样用于分析拉伸试样平行段氢含量。三种试样在相同条件下充氢，电解液为 0.3mol/L 的 NaOH 溶液，电流密度为 20mA/cm²，充氢时间为 66h。充氢结束后，将 2#试样及 3#试样的平行段进行线切割，加工为 φ5mm×30mm 圆柱试样，并放入液氮罐中贮存。分别测试三种试样的氢含量，结果如图 3-100 所示。

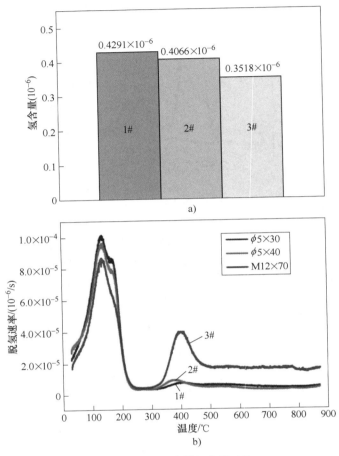

图 3-100　三种试样氢含量对比

a）三种试样氢含量（300℃以下）　b）三种试样 TDS 曲线

试验结果表明，1#测氢试样的氢含量约为 $0.43×10^{-6}$，2#、3#试样的切割过程可能对氢含量造成了一定的影响，与 1#试样分别相差 $0.02×10^{-6}$ 和 $0.07×10^{-6}$。从 TDS 曲线的对比来看，在 300℃以下的氢含量，三者相差得并不大，由于 300℃以上的氢在室温下很难进行扩散，对试样的力学性能几乎没有影响，所以其含量不予考虑。结合氢含量和 TDS 曲线来看，考虑到切割对试样的影响，1#测氢试样与 3#拉伸试样两者的氢含量差距并不十分明显，因此在相同的充氢条件下，可以认为两者的氢含量相等，即测氢试样的氢含量可以代表拉伸试样的氢含量。

### 3.3.4　Cr5 钢的氢脆敏感性评价

#### 1. 氢扩散系数的测定

取 Cr5 钢回火马氏体/贝氏体组织试料加工为光滑的圆柱试样，试样的尺寸为 φ10mm×30mm，首先在 180℃烘烤 4h，而后空冷，以去除原始试样中的氢。然后用电解充氢的方法，在相同的充氢条件下（0.1mol/L 的 NaOH 电解液，电流密度为 1mA/cm²，充氢 72h）向测试的圆柱试样中充氢，将充氢试样在室温下放置不同时间后，进行 TDS 测氢试验。表 3-17 为 Cr5 钢回火马氏体/贝氏体组织试样不同放置时间的氢含量。

表 3-17　Cr5 钢回火马氏体/贝氏体组织试样不同放置时间的氢含量

| 放置时间/h | 0 | 12 | 24 | 48 | 72 | 96 | 192 |
|---|---|---|---|---|---|---|---|
| 氢含量（$10^{-6}$） | 3.1 | 2.5 | 2.3 | 2.3 | 2.2 | 2.0 | 2.1 |

根据表 3-17 中的数据，得出氢含量随放置时间的变化曲线，根据式（3-26），进行曲线拟合，得到氢含量与时间的关系曲线，如图 3-101 所示；根据式（3-27）进行计算，可以得出 Cr5 钢回火马氏体/贝氏体组织中氢的扩散系数 $D = 2.19 \times 10^{-7} \mathrm{cm^2/s}$。

**2. Cr5 钢回火马氏体组织的氢脆敏感性评价**

试样的金相组织如图 3-102 所示，所取 9 组试样的组织状态一致，均为回火马氏体组织，硬度平均值约为 555HV10。

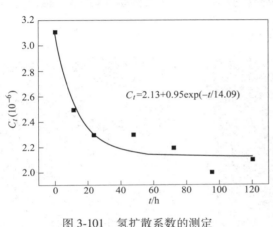

$C_t = 2.13 + 0.95\exp(-t/14.09)$

图 3-101　氢扩散系数的测定

图 3-102　Cr5 钢回火马氏体组织试样的金相组织

进行慢应变速率拉伸试验，试验拉伸速率为 0.05mm/min，试验结果见表 3-18，随着氢含量的升高，试样的抗拉强度逐渐下降，断面收缩率和断后伸长率几乎为 0，且在裂纹源处发现有夹杂物缺陷，试样的断裂时间逐渐减少。

表 3-18　Cr5 钢回火马氏体组织中氢对材料力学性能的影响

| 编号 | 试验温度/℃ | 氢含量（$10^{-6}$） | 抗拉强度/MPa | 屈服强度/MPa | 断面收缩率（%） | 断后伸长率（%） | 缺陷尺寸/μm | 缺陷类型 | 脆性指数（%） | 断裂时间/min |
|---|---|---|---|---|---|---|---|---|---|---|
| A7-2 | 室温 | 0.00 | 1823 | 1514 | 19 | 7 | — | 无 | — | 67 |
| A4-2 | | 1.23 | 1674 | 1545 | 2 | 1 | 46 | 夹杂 | 8.7 | 29 |
| A3-2 | | 1.38 | 1532 | — | 2 | 1 | 45 | 夹杂 | 16.4 | 25 |
| A3-1 | | 1.65 | 1460 | — | 2 | 0 | 35 | 夹杂 | 20.4 | 24 |
| A1-1 | | 2.03 | 1285 | — | 0 | 0 | 16 | 夹杂 | 29.9 | 21 |
| A2-1 | | 2.81 | 1264 | — | 0 | 0 | 35 | 夹杂 | 31.1 | 20 |
| A11-1 | | 2.95 | 1101 | — | 0 | 0 | 60 | 夹杂 | 39.9 | 18 |
| A13-1 | −25 | 2.95 | 1200 | — | 0 | 0 | 46 | 夹杂 | 36.5 | 10 |

由于 Cr5 钢回火马氏体组织的强度高、塑性低，并且充氢后试样的塑性几乎消失，因此不适于用断面收缩率或断后伸长率来计算材料的氢脆指数，此处使用抗拉强度的相对损失来进行计算，根据计算结果，

可以看出随试样中氢含量的提高，试样的氢脆指数逐渐升高，断口照片如图 3-103 所示。相同氢含量试样在低温下的氢脆指数与室温下的氢脆指数相当，但是断裂时间明显减少，可见低温对氢致断裂有促进作用。

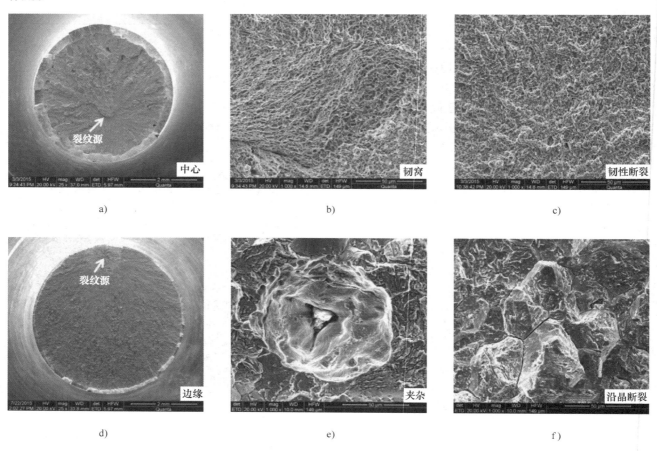

图 3-103　Cr5 钢回火马氏体组织试样拉伸试验断口照片
a）正常断裂试样宏观断口　b）正常断裂试样裂纹源　c）正常断裂试样断口
d）氢致断裂试样宏观断口　e）氢致断裂试样裂纹源　f）氢致断裂试样断口

图 3-104 所示为 Cr5 钢回火马氏体组织试样的应力-位移曲线和 TDS 测氢曲线，从图中可以看出材料均在试样拉伸的弹性阶段断裂，可见，氢对 Cr5 钢回火马氏体组织的塑性损伤非常严重。从 TDS 曲线中可以看出氢释放的峰值温度约为 200℃。

**3. Cr5 钢珠光体组织的氢脆敏感性评价**

所取试样的金相组织如图 3-105 所示，所取 9 组试样的组织状态一致，均为片状与粒状珠光体的混合，硬度平均值约为 202HV10。对试样进行慢应变速率拉伸试验，试验拉伸速率为 0.05mm/min，试验结果见表 3-19，随着氢含量的升高，试样的抗拉强度和屈服强度几乎不变，但是断面收缩率和断后伸长率均有所下降，并且与试样的缺陷类型和尺寸大小有很大的关系，断裂时间的变化与前者一致。根据试样断面收缩率的相对塑性损失计算材料的氢脆指数，可以看出，该材料的脆性指数除了与氢含量有关，而且与缺陷的尺寸和类型有密切关系，大致规律为，试样中的氢含量越高，缺陷尺寸越大，氢脆敏感性越大；存在缩松缺陷的氢脆敏感性大于夹杂缺陷，断口照片如图 3-106 所示。

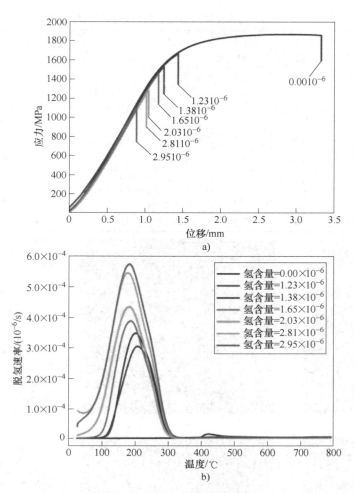

图 3-104　Cr5 钢回火马氏体组织试样的应力-
位移曲线与 TDS 测氢曲线

a) 应力-位移曲线　b) TDS 测氢曲线

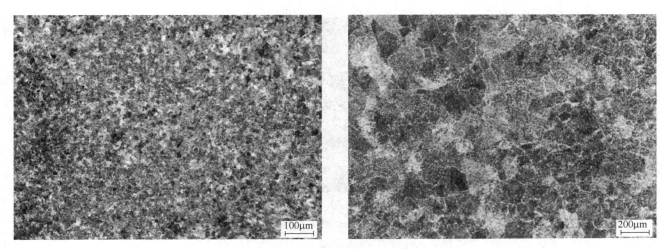

图 3-105　心部试样金相组织

表 3-19  Cr5 钢珠光体组织中氢对材料力学性能的影响

| 编号 | 试验温度 /℃ | 氢含量 （10⁻⁶） | 抗拉强度 /MPa | 屈服强度 /MPa | 断面收缩率（%） | 断后伸长率（%） | 缺陷尺寸 /μm | 缺陷类型 | 脆性指数（%） | 断裂时间 /min |
|---|---|---|---|---|---|---|---|---|---|---|
| B3 | | 0.00 | 690 | 325 | 55 | 24 | — | 无 | — | 139 |
| B19 | | 0.11 | 688 | 331 | 42 | 19 | 88 | 缩松 | 23.6 | 110 |
| B7 | | 0.19 | 691 | 360 | 31 | 17 | 167 | 缩松 | 43.6 | 105 |
| B12 | 室温 | 0.31 | 679 | 334 | 26 | 18 | 216 | 缩松 | 52.7 | 105 |
| B4 | | 0.25 | 684 | 325 | 23 | 16 | 237 | 缩松 | 58.2 | 96 |
| B5 | | 0.35 | 687 | 340 | 47 | 22 | — | 夹杂 | 14.5 | 130 |
| B25 | | 0.30 | 683 | 343 | 41 | 19 | — | 夹杂 | 25.5 | 118 |
| B32 | −25 | 0.30 | 728 | 352 | 23 | 15 | 75 | 缩松 | 58.2 | 84 |

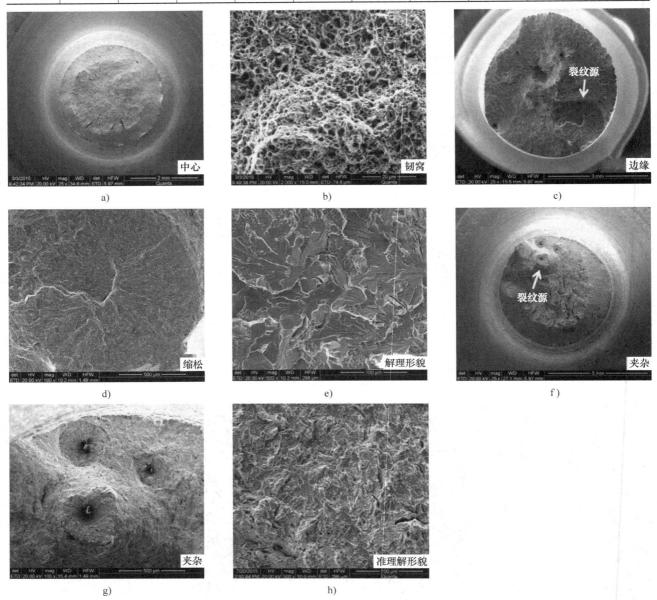

图 3-106  Cr5 钢珠光体组织试样拉伸试验断口照片

a）正常断裂试样宏观断口  b）正常断裂试样裂纹源  c）缩松试样宏观断口  d）缩松试样裂纹源  e）缩松试样断口  f）夹杂试样宏观断口  g）夹杂试样裂纹源  h）夹杂试样断口

## 3.4 数值模拟在大型支承辊热处理工艺制订中的作用

随着计算机技术的发展，数值模拟技术在热加工工艺设计过程中起到了越来越重要的作用，人们广泛研究了建模方法[8]、边界条件、材料参数等[9]方面对模拟结果准确性的影响，以期使数值模拟的结果能够更好地指导工程实践。本节讨论了大型支承辊热处理模拟的准确性以及模拟方法在大型支承辊热处理工艺制订中的应用。

### 3.4.1 大型支承辊热处理数值模拟的准确性验证[10]

支承辊是轧机的重要部件，通常会在热处理过程中引入高残余应力。支承辊内部的应力分布对评价支承辊淬裂倾向、服役性能有重要的意义。随着计算机技术及材料计算科学的发展，工件热处理过程基于有限元方法的模拟计算得到了进一步的研究和验证，成为预测热处理残余应力的重要方法。

目前，小尺寸圆柱件的热处理模拟已得到了较为深入的研究。Liu 等[11]建立了温度-组织-应力三场耦合的数学模型，对直径 60mm 的 40CrNiMo 淬透型圆棒的淬火应力进行了模拟及验证，证明了三场耦合模拟模型的可靠性。Prime 等[12]应用 DANTE 软件针对直径为 57mm 圆环开展了部分硬化淬火残余应力模拟与应力测量研究，并将结果进行了对比，认为合理的换热系数及材料相变参数是保证残余应力模拟结果准确性的重要因素。Liu 等[13]用修正的 AVRAMI 方程来简化回火过程的相变动力学，考虑相变塑性及蠕变进行了直径 95~200mm 圆棒淬回火过程的数值模拟并通过了试验验证，说明考虑蠕变的回火过程数值模拟可以得到与实测结果吻合较好的残余应力分布。

支承辊尺寸较大，具有与小尺寸工件不同的应力分布特征，其材料及热处理方式的特殊性也使得支承辊热处理残余应力的模拟涉及复杂的热、相变、力学等诸多因素的耦合影响，另外，材料参数往往由于测量方式、测量人员等条件的不同而显示出较大的差异性。因此，有必要针对支承辊热处理模拟准确性进行系统的研究。

本小节以两个直径为 600mm 的 45Cr4NiMoV 钢轴类锻件为研究对象，模拟支承辊热处理工艺实施淬火、回火工艺，测量其在热处理过程中的温度变化，通过解剖得到热处理后横截面组织分布，并利用 Sachs 法获得试件内部残余应力分布。同时，对上述过程开展热处理建模及模拟，与试验结果进行对比，证明模型及边界条件的准确性，并利用该模型讨论不透烧热处理工艺导致的残余应力分布及其演变规律。

**1. 试验过程与方法**

将一个 45Cr4NiMoV 钢支承辊改锻成两个锻钢圆柱件，试件进行正火和退火处理后加工成直径 600mm、长度 2000mm 的圆柱试件。45Cr4NiMoV 钢的化学成分见表 3-20。

表 3-20　45Cr4NiMoV 钢的化学成分（质量分数,%）

| C | Mn | Si | Cr | Ni | Mo | V | Fe |
|---|---|---|---|---|---|---|---|
| 0.40~0.50 | 0.60~0.80 | 0.40~0.70 | 3.50~4.50 | 0.40~0.80 | 0.40~0.70 | 0.05~0.15 | 余量 |

从锻件内部取料，对试料进行热处理，通过快速冷却和等温相变分别得到马氏体和贝氏体组织，并在 500℃ 回火热处理 24h 得到贝氏体和马氏体回火组织，以进行马氏体、贝氏体及相应回火组织的性能检测。

采用 DIL801 热膨胀仪测量材料的等温膨胀曲线，测量条件为 940℃ 下奥氏体化 20min，冷却至等温温度（775℃ 到 325℃，每 100℃ 取一个等温温度）保温至转变结束；采用热膨胀仪 L78 RITA，将试样在 940℃ 下奥氏体化 20min，然后以 10~60℃/min 不等的速率冷却至室温并记录膨胀数据；以 1℃/min 的升温速率对马氏体和贝氏体试样进行加热，利用 DIL801 热膨胀仪检测马氏体和贝氏体在回火过程中的体积变化；利用 MTS 810 电液伺服万能试验机，得到各组织随温度变化的应力-应变曲线。

**2. 验证试验**

在一个 $\phi600mm×2000mm$ 试件中部（轴向）位置进行钻孔敷偶，偶深度分别为距表面 15mm（近表面）、150mm（$R/2$）和 300mm（心部）。将两个试件加热到 950℃保温至中心温度达到 782℃（$Ac_1$），然后出炉在油中淬火，当中心偶温降至 300℃时，将试件从油池中取出并在 500℃下回火。热处理后，从未敷偶的试件上切下厚度约 200mm 的圆盘，进行宏观金相检测，余下的 $\phi600mm×1800mm$ 圆柱试件用于测量残余应力。

宏观金相检测前用 20%过硫酸铵溶液对试料表面进行腐蚀，采用里氏硬度计检查沿半径方向的硬度分布。

采用 Sachs 剥层法进行残余应力的测量。首先，在未破坏的试件中心钻一个直径为 25mm 的通孔，然后，沿着试件的两条母线，在外表面上粘贴三对角度分别为 0°、45°和 90°的应变花，通过钎焊将东华 DH3816N 静态应变测试系统连接到应变花，应用镗床、深孔设备由内孔开始进行逐层剥层，每次从孔内部去除径向厚度为 10mm 的材料，静置 12h 待应力重新分布后，读取应变数并记录。重复剥层工作，直到外径与内径之比减小到 1.2（$r=230mm$）为止。残余应力可以通过以下公式计算

$$\sigma_a = \frac{E}{1-\nu^2}\Big[(f_b-f)\frac{d\Lambda}{df} - \Lambda\Big] \tag{3-28}$$

$$\sigma_h = \frac{E}{1-\nu^2}\Big[(f_b-f)\frac{d\theta}{df} - \frac{f_b+f}{2f}\theta\Big] \tag{3-29}$$

$$\sigma_r = \frac{E}{1-\nu^2}\frac{f_b-f}{2f}\theta \tag{3-30}$$

其中

$$\Lambda = \varepsilon_a + \nu\varepsilon_h \tag{3-31}$$

$$\theta = \varepsilon_h + \nu\varepsilon_a \tag{3-32}$$

$$f = \pi r^2, f_b = \pi b^2 \tag{3-33}$$

式中，$\sigma_a$、$\sigma_h$、$\sigma_r$ 分别为轴向应力、环向应力和径向应力；$E$ 为材料的弹性模量；$\nu$ 为泊松比；$\varepsilon_a$ 和 $\varepsilon_h$ 分别是应变花在轴向和环向检测到的应变；$r$ 为钻孔的半径；$b$ 是剥层前原始锻件的半径。

**3. 数值模型**

采用温度-组织-应力三场耦合模型来模拟试件热处理过程中的温度、组织和应力的演变。通过试验结合 JMatPro® 软件计算得到不同组织状态的 45Cr4NiMoV 钢的热物理性能，通过线性混合规则描述混合组织的材料特性。通过辐射和对流来模拟加热过程的热边界条件，其中热辐射系数为 0.6，通过反算法从测得的温度曲线获得油冷的换热系数。

（1）相变模型

通过 JMAK 方程对扩散型相变进行定量描述：

$$X_{(t)} = 1 - \exp(-bt^n) \tag{3-34}$$

式中，$b$ 和 $n$ 是经验参数；$X$ 是新相体积分数；$t$ 是时间。通过测得的珠光体和贝氏体等温转变膨胀曲线可得到方程中的动力学参数。

采用 K-M 方程来预测钢中的马氏体转变动力学：

$$X_{(t)} = 1 - \exp[-\alpha(Ms-T)] \tag{3-35}$$

式中，$X_{(t)}$ 是马氏体的体积分数；$T$ 是当前温度；$\alpha$ 是材料常数，根据本章参考文献[14]及实测值进行修正，取 $\alpha=0.0101$；$Ms$ 为马氏体转变开始温度，$Ms=351℃$。

将回火过程中复杂的碳化物析出演变过程简化为马氏体/贝氏体向回火马氏体的转变，根据 JMatPro® 软件计算碳化物析出情况，利用式（3-34）拟合马氏体回火相变的动力学方程为

$$X_{(t)} = 1 - \exp(-2.47^{-8}t^{1.84}) \tag{3-36}$$

（2）材料特性

利用 JMatPro® 软件计算珠光体的热导率及比热容，并与试验结果进行了对比，由表 3-21 可知，计算结果与试验结果基本一致。

表 3-21 45Cr4NiMoV 钢珠光体的热导率及比热容的计算值及实测值

| 温度/℃ | 热导率/[W/(m·K)] | | 比热容/[J/(g·K)] | |
|---|---|---|---|---|
| | 计算值 | 测量值 | 计算值 | 测量值 |
| 25 | 32.8 | 31.12 | 0.497 | 0.45 |
| 100 | 34.5 | 32.22 | 0.48 | 0.45 |
| 200 | 35.9 | 32.53 | 0.48 | 0.48 |
| 300 | 36.2 | 31.76 | 0.505 | 0.52 |
| 400 | 35.5 | 29.30 | 0.555 | 0.555 |
| 500 | 34.1 | 28.08 | 0.602 | 0.57 |
| 600 | 32.4 | 26.19 | 0.673 | 0.62 |
| 700 | 30.2 | 28.22 | 0.773 | 0.69 |
| 800 | 26.3 | — | 0.98 | 1.00 |
| | | | 1.324 | 1.50 |

45Cr4NiMoV 钢的珠光体、回火马氏体、回火贝氏体的测量的线膨胀系数为（14~15）×10⁻⁶/℃，奥氏体的热膨胀系数为 21×10⁻⁶/℃，贝氏体、马氏体的热膨胀系数采用计算值分别为 13×10⁻⁶/℃ 和 11×10⁻⁶/℃。各组织状态的屈服强度、弹性模量及塑性模量如图 3-107 所示，其中奥氏体（A）、珠光体（P）、回火马氏体（T-M）和回火贝氏体（T-B）的力学性能为测量结果，马氏体（M）和贝氏体（B）的力学性能采用计算值。

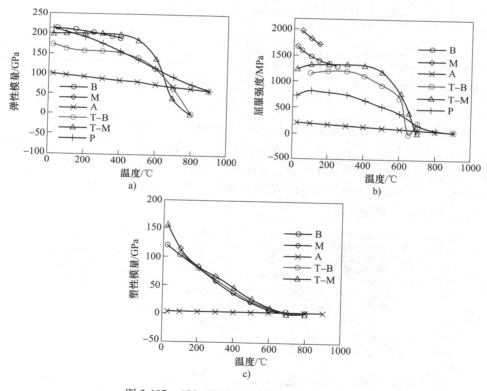

图 3-107 45Cr4NiMoV 钢各组织的力学性能
a）弹性模量 b）屈服强度 c）塑性模量

根据 Lee[15] 的研究，珠光体和贝氏体的潜热通常相差较小，因此，在本研究中，假定珠光体到奥氏体和贝氏体，回火马氏体/贝氏体到奥氏体的潜热相同，皆为 41.17J/g，从珠光体、贝氏体、回火贝氏体/

马氏体向奥氏体转变的潜热假定为该值的负值。

奥氏体分解及回火过程的组织变化会产生体积变化,马氏体在温度 $T$ 下的长度变化百分数可以描述如下

$$\beta_M^T = \beta_M^0 + (\alpha_M - \alpha_A)T \tag{3-37}$$

式中,$\beta_M^T$、$\beta_M^0$ 分别为在温度 $T$ 和 0℃时马氏体的膨胀系数。

其他组织转变的体积变化与式(3-37)类似。

根据不同冷却速率下的膨胀曲线可计算奥氏体分解相变的相变膨胀量,根据马氏体、贝氏体慢速升温过程的膨胀曲线可计算出其回火过程中的体积收缩量,回火过程中贝氏体的体积分数变化不大,假设为零,未列于表,马氏体的体积分数变化较大,结果列于表 3-22,马氏体相变塑性系数为(7.13~7.30)× $10^{-5}$[16]。

表 3-22 相变体积变化

| 温度/℃ | A→P | A→B | A→M | M→T-M |
|---|---|---|---|---|
| 900 | 0.00167 | — | — | — |
| 800 | 0.00234 | — | — | — |
| 700 | 0.00301 | 0.00070 | — | −0.00062 |
| 600 | 0.00369 | 0.00171 | — | −0.00065 |
| 500 | 0.00436 | 0.00272 | 0.00001 | −0.00073 |
| 400 | 0.00503 | 0.00373 | 0.00180 | 0.00055 |
| 300 | 0.00570 | 0.00474 | 0.00359 | 0.00028 |
| 200 | 0.00637 | 0.00575 | 0.00538 | 0 |
| 100 | 0.00705 | 0.00676 | 0.00717 | 0 |
| 25 | 0.00755 | 0.00752 | 0.00851 | 0 |

**4. 数值模拟准确性的验证**

(1)温度场与组织场验证

试件中间横截面上距离中心位置分别为 0(心部)、150mm（$R/2$ 处）和 285mm（近表面）处的计算及测量温度-时间曲线如图 3-108 所示,可见,在试件的 $R/2$ 处和心部,计算与测量的冷却曲线显示出一定的温度差异,这可能是由于试件在实际加热时温度分布不对称引起的。但是,加热过程各位置的计算与测量温度-时间曲线,及冷却过程近表面处的计算与测量温度-时间曲线吻合得较好,这表明本文中使用的加热和油冷却的传热系数是合理的。

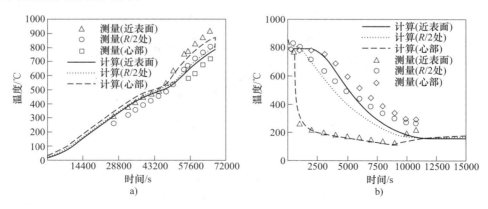

图 3-108 45Cr4NiMoV 钢轴类件不同位置处的计算及测量温度-时间的演变曲线
a)加热过程 b)冷却过程

横截面的宏观金相及沿径向的硬度检测结果如图3-109a所示，结果表明，试件经过模拟热处理后存在硬化层（深色区域），硬化层层深约100mm，硬度范围为675~700HL，主要为经回火的马氏体和贝氏体组织；距离表面100~200mm的区域为过渡区，硬度值从700HL急剧下降到475HL，主要为回火马氏体、回火贝氏体与珠光体的混合组织；距心部100mm内硬度比较均匀，约470HL，主要为珠光体组织，但组织分布稍微偏离中心，原因主要是炉内角度系数引起的试件各位置加热不均匀[17]。

有限元计算得到的马氏体及贝氏体回火组织分布如图3-109b所示，马氏体的体积分数在距离心部150mm处开始明显增加，在200mm处达到一个平台，在260mm处再次增加，与试验绘制的硬度曲线符合得较好。

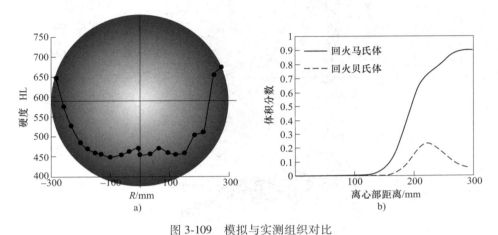

图3-109 模拟与实测组织对比

a）实测宏观金相与硬度分布 b）计算回火马氏体、回火贝氏体体积分数分布

（2）残余应力验证

根据式（3-31）~式（3-33），计算$\Lambda$、$\theta$与$f$的微分值，进而得到试件横截面上的残余应力分布。以$f$为$X$轴，$\Lambda$和$\theta$为$Y$轴，不同测量点的关系曲线如图3-110所示，标号为$n-1$（$n=3$，4，5）、$n-2$（$n=3$，4，5）的曲线分别为两条母线上三个应变花得到的$\Lambda$和$\theta$值。结果显示，在距离心部170~190mm之间$\Lambda$和$\theta$值有一个平台，该平台对应着表层淬硬组织与心部珠光体的过渡区，在进行数据拟合时，为了保留这一特征，进行分段多项式拟合。

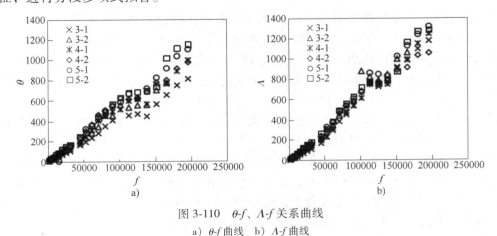

图3-110 $\theta$-$f$、$\Lambda$-$f$关系曲线

a）$\theta$-$f$曲线 b）$\Lambda$-$f$曲线

得到测量轴向、周向和径向残余应力的分布，将其与模拟值进行对比，如图3-111所示。径向应力从心部到表面逐渐减小，在测量范围内均为拉应力值，范围为200MPa到40MPa。轴向和周向残余应力在中心为拉应力，在表面为压应力，在淬硬层附近出现应力波动。从不同位置的应变花计算得到的应力分布整

体趋势近似，但应力值有一定的差别，尤其在心部应力值的差别较大，除去测量及数据拟合误差的因素，该结果说明应力在各位置处分布并不均匀。通过计算应力与实测应力结果对比可知，计算应力和实测应力显示出相似的趋势，计算应力值处于合理区间内，但是计算值在淬硬层附近的应力波动范围较大，这是由模拟温度场与实测结果的差异造成的。

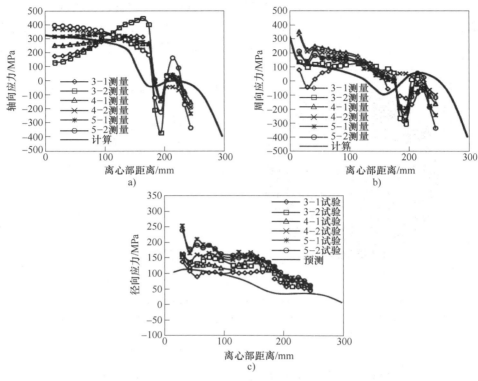

图 3-111　残余应力实测值与模拟值对比
a）轴向应力　b）周向应力　c）径向应力

## 3.4.2　数值模拟在支承辊热处理工艺优化中的应用

大型工件在热处理过程中的温度-组织-应力场的数值模拟工作已经在一定范围内得到了应用，上述研究表明，虽然受目前研究水平的限制，三场耦合的热处理模拟仍然存在一些未突破的难题，但是，通过合适的方法，仍然可以得到较为准确的温度场、合理的组织分布场和应力场。数值模拟可以在大型工件的热处理工艺优化工作中发挥相当重要的作用，例如，预测大型工件是否可以热透，怎样的冷速条件可以保证足够的淬硬层，加热和冷却条件对残余应力的影响如何等问题。

支承辊是轧机的重要部件，属于一种大型工模具，由于其尺寸较大，通常会在热处理过程中引入高残余应力，因此支承辊心部材料需要具有较高的强韧性。支承辊服役时，表面与工作辊长时间滚动接触摩擦，承受高接触应力和切应力，产生磨损和形变硬化，易产生磨损和剥落失效，因此，支承辊的表面材料需具有良好的抗接触疲劳强度和抗剥落性能，足够的硬度和耐磨性，足够的硬化层深度和良好的冶金质量。支承辊的热处理过程分为调质热处理和差温热处理，调质热处理决定了支承辊心部材料的组织和性能，而差温热处理工艺是决定支承辊工作层组织、硬度分布、应力分布和使用性能的关键工序。通过数值模拟方法结合试验得到的材料特征，可对支承辊调质和差温热处理进行工艺优化，以提高支承辊综合性能。

**1. 支承辊热处理过程的数值模拟研究**

本小节对 Cr5 钢支承辊热处理过程进行了数值模拟，由于支承辊的形状及热处理过程中的边界条件都是轴对称的，选用轴对称模型，采用四边形网格，网格尺寸为 15mm，表面网格细化为 0.5mm，使其符合支承辊热处理温度、组织、应力三场模拟的精度要求，数学模型见 3.4.1 节，具体参数依据 Cr5 钢与 Cr4 钢的不同进行了调整[16]。回火过程的数值模拟，并没有普遍应用的成熟模型，利用 JMatPro® 软件计算的 PTT 来模拟回火过程中组织的变化，根据回火过程的测量膨胀曲线来模拟回火过程中的体积收缩，忽略回火过程中的蠕变对应力松弛的影响。一般情况下，钢铁材料在其熔点温度的 30% 以上温度，蠕变的影响是不可忽略的，对于支承辊材料来说是 420~450℃，所以模型上的这种假设对调质及差温回火过程应力的模拟准确性会有一定的影响。

（1）支承辊在调质过程中的温度-组织-应力场演变

回火结束后将支承辊空冷至室温，支承辊的组织分布如图 3-112 所示。支承辊辊身表面为回火马氏体，次表面为回火贝氏体，内部主要为珠光体。残余应力分布如图 3-113 所示，其径向及周向应力较小，轴向应力的分布为表面压应力，心部拉应力在心部附近存在一个拉应力峰值。

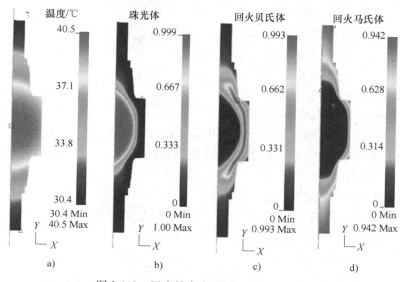

图 3-112 回火结束支承辊中各变量云图
a）温度场 b）珠光体体积分数 c）回火贝氏体体积分数 d）回火马氏体体积分数

调质加热过程的应力演变规律如图 3-114 所示，其中 X 轴是辊身中心横截面上距辊身表面的距离，Y 轴为时间，Z 轴为轴向应力。升温时，支承辊外部受热膨胀，而内部温度依然很低，内部材料阻止外部材料膨胀，使得此时支承辊外部材料受压应力作用，内部材料受拉应力作用，且随着内外温差的增大，应力值增大，图中 AB、CD、EF 部分就是升温造成的应力值的升高；保温过程中，支承辊内部温度逐渐均匀，应力也会有所降低，如果到达材料发生塑性变形的温度，应力会进一步降低，如图中 BC、DE 部分所示；随着加热的温度继续升高，支承辊外部材料发生奥氏体转变，体积收缩，内部材料限制其收缩，就会对外部材料产生拉应力，叠加在之前温度变化造成的压应力上表现为压应力绝对值减小，内部材料处产生压应力，叠加在之前温度变化造成的拉应力上

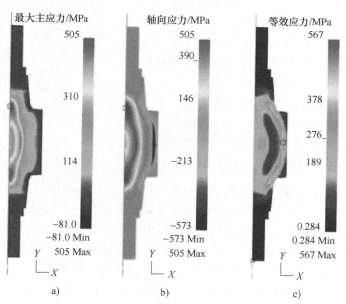

图 3-113 回火结束时支承辊应力状态
a）最大主应力 b）轴向应力 c）等效应力

表现为拉应力降低，如图 3-114 中的 G 点所示；随着奥氏体化向支承辊内部的推进，拉应力峰值也向内部移动，直到支承辊内部材料全部奥氏体化，形成"内拉外压"的应力分布状态，而且由于奥氏体化及高温下材料较大的塑性变形，整个支承辊内应力值非常小。

冷却时，一方面，表面材料剧烈收缩，心部材料阻止其收缩，引起表面拉应力、心部压应力的应力分布状态，随着冷却的进行，拉应力区域向支承辊内部移动，外部已经冷却的材料处应力发生反向，变为压应力；另一方面，表面材料由于剧烈冷却会发生马氏体和贝氏体相变，产生体积膨胀，形成压应力区域（如图 3-115 中 A 点处），并且随着相

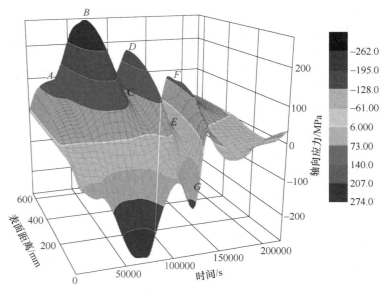

图 3-114　支承辊调质加热过程中辊身中心横截面上的应力演变规律

变的进行，该区域向支承辊内部发展，外层已经发生相变的区域应力发生"反向作用"（此处的反向并不是明确的指拉应力与压应力的反向，而是降低或升高的趋势的反向，如图 3-115 中 B 点处），压应力绝对值有所提高；同时在距表面大于 40mm 处由于长时间处于珠光体温度转变区域而发生珠光体相变，珠光体相变的相变膨胀量较马氏体、贝氏体相较小，但仍会产生压应力区域，叠加在原拉应力区域上，表现为降低此区域的拉应力值，同样地在该区域的外层已经发生转变的部分会发生应力的反向，即此处的拉应力值升高。这三个方面共同作用影响着支承辊在冷却时的应力变化，一直到外部材料的马氏体和贝氏体相变全部完成，内部材料的珠光体相变全部完成，支承辊内外温度均匀时，形成表面压应力、内部拉应力，且在距心部 200mm 左右的位置处存在拉应力峰值的应力分布。

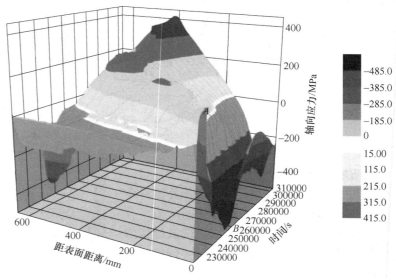

图 3-115　支承辊调质冷却过程中辊身中心横截面上的应力演变规律

（2）支承辊在差温过程中的温度-组织-应力场演变

差温热处理过程是决定支承辊使用性能的重要过程，包括预热、差温加热、喷淬和回火。差温热处理结束后，支承辊心部为珠光体组织，辊身表面为回火马氏体组织。最大主应力和轴向应力在辊身中心截面上存在着两个拉应力峰值，一个位于心部附近，另一个峰值位于淬硬层附近。差温加热及冷却过程中支承辊内部的残余应力变化规律与调质过程是类似的，但差温冷却过程的特殊性在于，差温热处理过程产生的应力是叠加在调质残余应力之上的。

支承辊进行差温加热未发生奥氏体相变前，辊身表面材料发生膨胀，在表面产生"压应力"的叠加，心部产生拉应力的叠加，所以心部拉应力峰值增大；当表面材料发生奥氏体相变时，表面材料收缩，在表面产生拉应力的叠加，心部产生压应力的叠加，结果导致支承辊心部拉应力值下降，表面应力状态由压应

力变为拉应力。

冷却过程中，首先是表面材料收缩，造成表面拉应力不断上升，直到表面的奥氏体开始发生马氏体相变，表面的应力值急剧下降，并且随着相变向辊身内部推进，表面的应力由"拉"变"压"，且数值不断降低；近表面处存在一个拉应力峰值，且拉应力峰值的位置总是大致处于奥氏体含量为1%（体积分数）处；冷却时间继续延长，支承辊心部温度也开始下降时，调质过程在支承辊心部形成的拉应力峰值重新出现；当冷却基本结束时，在次表面原奥氏体含量为1%（体积分数）处存在一个拉应力峰值，在心部附近存在一个调质处理时造成的拉应力峰值，表面附近存在一个压应力波峰，该波峰的位置与贝氏体含量峰值一致，说明该峰是由贝氏体相变造成的。回火过程中马氏体及贝氏体材料性能的变化以及回火析出造成的体积收缩起到了应力松弛的作用，支承辊内整体应力水平下降。

可见，影响轴类大型工件热处理过程中应力分布的因素主要有热应力和组织应力。加热过程中，热应力首先在表面形成应力波谷，组织应力首先在表面形成应力波峰；冷却过程中，热应力首先在表面形成应力波峰，组织应力首先在表面形成应力波谷；应力演变的规律主要是应力波由外向内的传播以及相互叠加，应力波峰或应力波谷的位置始终在温差最大以及组织转变最快的位置上。以热应力为基础，组织应力产生的时机、组织转变发生的位置与转变量决定了工件在热处理过程中复杂的应力变化。

**2. 支承辊调质热处理工艺优化**

试验结果表明，对于Cr5钢，奥氏体化温度偏高是导致心部组织冲击韧性变差的原因，因此可通过降低调质温度来优化支承辊心部组织性能。本小节利用数值模拟方法，确定优化工艺，并对优化工艺下的支承辊温度、组织、应力场进行预测。

支承辊的热处理过程主要包括调质热处理和差温热处理，调质热处理主要目的是实现辊颈的硬度要求，并使辊身心部满足韧性要求。在进行工艺优化时，可通过数值模拟确定加热温度及加热时间。

针对不同尺寸支承辊进行调质热处理过程的三场耦合模拟，奥氏体化温度为920℃，以辊身和辊颈交界处心部温度达到炉温±5℃作为加热结束的标准，各尺寸支承辊辊身中心截面上心部和表面温度见表3-23。支承辊辊身表面温度约为920℃，辊身心部温度均为880℃左右，以辊颈热透为加热时间制订标准的优化工艺下不同尺寸支承辊在调质热处理高温保温结束后心部温度基本一致，并且温度较低，有利于提高材料韧性。

表3-23 辊颈热透时辊身中心截面上表面及心部的温度

| 支承辊辊身直径/mm | 1200 | | 1400 | | 1500 | | 1700 | |
|---|---|---|---|---|---|---|---|---|
| 保温时间/h | 15.04 | | 20.58 | | 25.03 | | 29.51 | |
| 位置 | 表面 | 心部 | 表面 | 心部 | 表面 | 心部 | 表面 | 心部 |
| 温度/℃ | 920 | 879 | 921 | 876 | 921 | 873 | 922 | 873 |

在优化方案中，保温时间与辊身直径呈很好的线性关系，如图3-116所示，拟合式（3-38）所示，按优化工艺执行时，在燃气炉中单支辊加热的条件下，不同尺寸的支承辊均温工艺时间 $t$ 可按式（3-38）确定。

$$t = -16.66184 + 0.027D, 1200mm < D < 1700mm \qquad (3-38)$$

按照优化方案进行调质热处理后，各尺寸支承辊的残余应力场如图3-117所示，按照目前工艺规范进行调质热处理后的残余应力场如图3-118所示，可见，调质结束时支承辊内的残余应力最大值并不在辊身中心横截面上，而是位于辊身和辊颈连接横截面或辊颈的心部，另外，与原工艺相比，优化方案不会引起支承辊残余应力的大幅度变化，随着支承辊尺寸的不同，最大主应力值或略有增大或略有减小。

通过数值模拟可知，该优化工艺可在保证支承辊残余应力水平没有明显增加的情况下，降低辊身心部温度，根据前文中所述的试验结果可判断，心部奥氏体化温度降低有利于提高辊身心部材料粒状珠光体的比例，从而提高辊身心部韧性。

**3. 支承辊差温热处理工艺优化**

试验研究表明，适当提高差温加热温度或延长差温时间，可使碳化物溶解得更充分，提高支承辊表面硬度和耐磨性，但这是否会造成其他的影响还未见公开报道，这包括：①差温温度/时间对淬硬层厚度的影响；②差温温度/时间对支承辊残余应力的影响；③差温温度/时间对珠光体球化过程的影响。

本小节将针对以上三个方面，对 4 支不同规格支承辊差温过程的温度场、组织场及应力场进

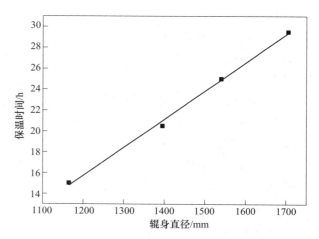

图 3-116 均温与保温时间与辊身直径的关系

行研究，探讨差温温度对以上各因素的影响，从而为差温热处理工艺的制订提供理论依据。试验方案见表 3-24 和表 3-25。需要说明的是，由于模型的限制，目前还没有考虑奥氏体化温度、奥氏体化时间及冷却速率对 $Ms$ 的影响，所以本小节中对于支承辊的马氏体组织的模拟结果会有一定的误差。

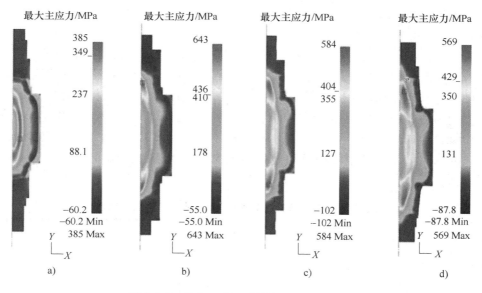

图 3-117 优化工艺调质结束后最大主应力

a）$D=1200mm$ b）$D=1400mm$ c）$D=1500mm$ d）$D=1700mm$

表 3-24 不同差温高温保温温度的试验方案

| 编号 | 高温保温温度/℃ | 高温保温时间/min |
|---|---|---|
| 1 | 970 | |
| 2 | 1000 | |
| 3 | 1030 | 150 |
| 4 | 1060 | |
| 5 | 1090 | |

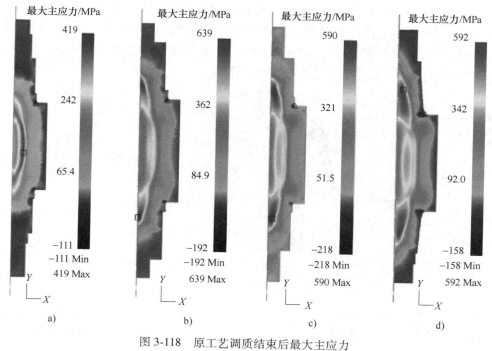

图 3-118　原工艺调质结束后最大主应力

a）$D=1200mm$　　b）$D=1400mm$　　c）$D=1500mm$　　d）$D=1700mm$

表 3-25　不同差温高温保温时间的试验方案

| 编号 | 变化时间（基准时间为150min）/min | 高温保温温度/℃ |
|---|---|---|
| 1 | −50 | |
| 2 | −30 | |
| 3 | −10 | |
| 4 | 0 | 1030 |
| 5 | +10 | |
| 6 | +30 | |
| 7 | +50 | |

（1）差温温度对支承辊温度场、组织场和应力场的影响

以直径 1200mm 的支承辊为例，采用数值模拟的方法研究差温热处理过程中的奥氏体化温度（后文中统一简称"差温温度"）和时间对支承辊内温度、组织及残余应力的影响。结果表明，淬硬层内的温度梯度会引起淬硬层内的奥氏体化及碳化物溶解程度有所不同，一般情况下人们关注的是表面下厚度大约100mm 的淬硬层，因此在模拟结果中取辊身中心截面表面下 0mm、25mm、50mm、75mm、100mm 处的 $P_1$ ~$P_5$ 点在差温加热过程中的温度变化曲线，如图 3-119 所示。可知，$P_1$ 点在奥氏体化结束时温度约为 950℃，$P_5$ 点的温度约为 825℃，在 $Ac_3$ 附近，根据扫描电镜观察，在此差温温度下存在大量的未溶碳化物。

不同差温温度保温相同时间后，差温温度越高，辊身从表面至心部的温度梯度越大。支承辊表面以下 100mm 处的温度分布基本呈线性分布，约每 1mm，温度下降 1.28℃。差温温度越高，高温保温结束时辊身表面及心部温度越高，并且随差温温度的变化呈线性规律，如图 3-120 所示。差温温度每升高 10℃，保温结束后辊身表面升高 10℃，心部升高 1℃。

图 3-121 所示为差温加热结束后奥氏体沿辊身中心截面的分布，可知，辊身表面至一定深度处发生奥氏体转变，且随着差温温度的升高，奥氏体层厚度增加。图 3-122 所示为差温加热结束后奥氏体层厚度随

差温温度的变化，由图可知，随差温温度的升高，0.01%奥氏体层、50%奥氏体层和99.99%奥氏体层的厚度明显增加，而$Ac_1$至$Ac_3$的温度区域厚度只是略有增加。差温温度每升高10℃，0.01%的奥氏体层厚度增加6.6mm，50%奥氏体层的厚度增加5.5mm，99.99%奥氏体层厚度增加5.0mm，$Ac_1$至$Ac_3$（0.01%奥氏体层与99.99%奥氏体层）过渡区域的厚度增加1.6mm。

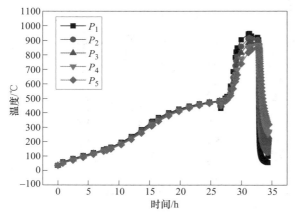

图3-119　差温加热及淬火过程中淬硬层5个点的温度变化曲线

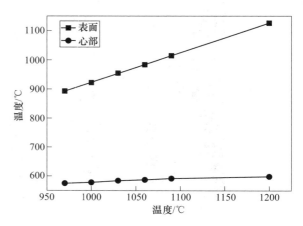

图3-120　不同差温温度下保温结束后辊身表面及心部的温度

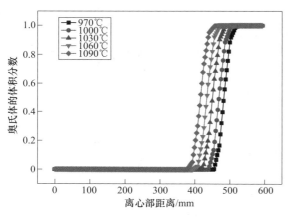

图3-121　差温加热结束后奥氏体组织沿辊身中心截面的分布

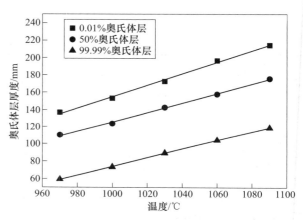

图3-122　差温加热结束后奥氏体层厚度随差温温度的变化

图3-123所示为差温回火后轴向残余应力沿辊身中心截面的分布，可见，随着差温温度的升高，辊身表面压应力降低，心部拉应力升高；拉应力峰一个位置基本不变，另一个向内部移动，且值随之增大，这主要是由奥氏体层厚度增加造成的。

（2）差温时间对支承辊温度场、组织场和应力场的影响

以直径1200mm的支承辊为例，差温热处理时不同奥氏体化时间（后文中统一简称"差温时间"）对辊身中心截面温度分布的影响如图3-124所示。从图中可见，差温时间越长，辊身温度越高，辊身内部温度梯度越小。差温温度为1030℃时，差温时间每延长

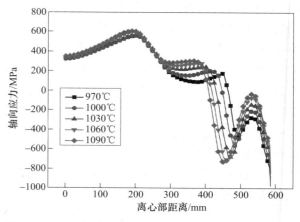

图3-123　差温结束后残余应力沿辊身中间横截面的分布

10min，奥氏体化结束后辊身表面温度升高约 4℃，心部升高约 9℃。不同差温时间对辊身表面及心部温度的影响如图 3-125 所示。可见，差温时间对表面温度的影响较小，对心部影响较大。

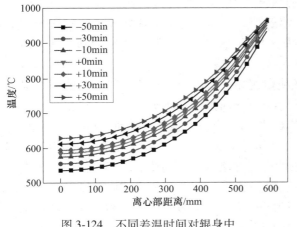

图 3-124　不同差温时间对辊身中
心横截面的温度分布的影响

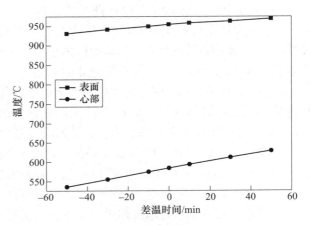

图 3-125　不同差温时间对辊身
表面及心部温度的影响

图 3-126 所示为差温加热结束后奥氏体组织沿辊身中心截面的分布，辊身表面下一定深度处发生奥氏体转变，且随着高温保温时间的延长，奥氏体层厚度增加。图 3-127 所示为差温加热结束后奥氏体层厚度随差温时间的变化，随着差温时间的延长，0.01%奥氏体层、50%奥氏体层和 99.99%奥氏体层的厚度明显增加：高温保温时间每延长 10min，差温保温结束后 0.01%奥氏体层厚度增加 8.3mm，50%奥氏体层的厚度增加 7.4mm，99.99%奥氏体层厚度增加 5.7mm。

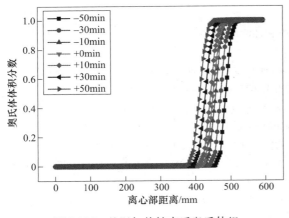

图 3-126　差温加热结束后奥氏体组
织沿辊身中心横截面分布

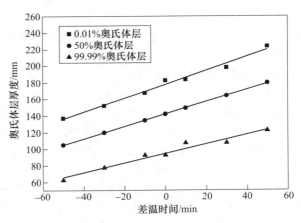

图 3-127　差温加热结束后奥氏体
层厚度随差温时间的变化

由于差温时间和差温温度均是通过影响淬硬层厚度影响支承辊的残余应力分布的，因此差温时间对残余应力的影响与差温温度相同，即随着差温时间的延长，表面压应力降低，心部拉应力升高；拉应力峰一个位置基本不变，另一个向内部移动，拉应力区域内移，淬硬层内部为压应力，有利于提高淬硬层的耐磨性。

## 3.5　结论

本章针对大型工具钢用材料 Cr5 钢进行了系统的研究，得到如下结论：

1）Cr5 钢的大型工具钢产品中主要涉及珠光体、贝氏体和马氏体几种组织，本章研究了各种组织的特征及力学性能，并阐述了珠光体中的碳化物形貌对其力学性能造成的影响，指出 $M_7C_3$ 碳化物以类球状或棒状均匀分布的球化珠光体组织韧性最佳。

2）为了制订合适的淬火热处理工艺，以获得综合性能更好的球化珠光体组织，本章进一步研究了 Cr5 钢的奥氏体化过程及 $M_7C_3$ 溶解规律，得到了 $Cr_7C_3$ 溶解动力学，并讨论了热处理工艺对珠光体形貌及性能的影响，结果表明适当降低奥氏体化温度，可以减少 $M_7C_3$ 的溶解量，从而增加冷却后珠光体组织中粒状珠光体的比例，大幅提高珠光体的韧性。

3）本章研究了 Cr5 钢马氏体组织回火过程碳化物的析出规律，从而为回火热处理工艺的制订提供了理论依据：在低温回火阶段，析出相主要是沿马氏体板条界分布的长条状 $M_3C$；当回火温度的升高到 460℃以上时，$M_3C$ 逐渐分解，颗粒状特殊合金碳化物 $M_7C_3$ 析出；当回火温度升高到 700℃时，$M_3C$ 完全分解，碳化物主要为颗粒状 $M_7C_3$；Cr5 钢的二次硬化温度区间为 460~500℃，但二次硬化现象并不明显。

4）支承辊为一种典型的大型工模具，本章考察了数值模拟方法对支承辊热处理模拟温度、组织、应力场准确性的影响，并建立了材料模型，通过试件温度-组织-应力三场耦合数值模拟以及试验测量结果的对比，明确了支承辊热处理过程中三场耦合数值模拟的准确度：温度场与实测基本一致，组织场模拟的误差小于 10%，应力分布趋势预测准确，但应力值与实测相比有 50~100MPa 的误差。通过对 Cr5 钢支承辊热处理过程三场耦合的数值模拟，得到了支承辊热处理过程中应力演变的基本规律和残余应力分布规律，在支承辊内，调质和差温热处理结束后，径向及周向残余应力较小，轴向残余应力的分布为表面压应力、心部拉应力，在整个截面内存在两个拉应力峰值，一个是在淬硬层附近，另一个是在心部附近。应用数值模拟方法对支承辊调质及差温热处理过程进行模拟，可以为工艺优化提供理论支持，如提供保温时间与支承辊尺寸的关系、奥氏体化温度或时间与淬硬层厚度的关系、奥氏体化温度与残余应力的关系等。

# 参 考 文 献

[1] 岳慎伟，袁海伦，王文焱，等. 调质工艺对 Cr5 钢支承辊组织和性能的影响 [J]. 金属热处理，2014，39（7）：135-139.

[2] SONG X Y, ZHANG X J, FU L C, et al. Evaluation of microstructure and mechanical properties of 50Cr5NiMoV steel for forged backup roll [J]. Materials Science and Engineering：A, 2016, 677（20）：465-473.

[3] RÜSSEL M, KRÜGER L, MARTIN S, et al. Microstructural and fracture toughness characterisation of a high-strength FeCrMoVC alloy manufactured by rapid solidification [J]. Engineering Fracture Mechanics, 2013, 99：278-294.

[4] 张雪姣，白兴红，杨康，等. 数值模拟技术在支承辊热处理中的应用 [J]. 一重技术，2018（2）：23-29.

[5] SHTANSKY D V, INDEN G, Phase transformation in Fe-Mo-C and Fe-W-C steels：I. The structural evolution during tempering at 700℃ [J]. Acta Material, 1997, 45（7）：2861-2878.

[6] SHTANSKY D V, INDEN G. Phase transformation in Fe-Mo-C and Fe-W-C steels：II. Eutectoid reaction of $M_{23}C_6$ carbide decomposition during austenitization [J]. Acta Material, 1997, 45（7）：2879-2895.

[7] SHTANSKY D V, NAKAI K, OHMORI Y. Formation of austenite and dissolution of carbides in Fe-8.2Cr-C alloys [J], Zeitschrift für. Metallkunde, 1999, 90（1）：25-37.

[8] 杨康，张雪姣，李萌蘖. 建模方法对锻件热处理有限元模拟结果的影响 [J]. 一重技术，2015（4）：69-72.

[9] 刘庄. 热处理过程的数值模拟 [M]. 北京：科学出版社，1996.

[10] 张雪姣，杨康，李萌蘖，等. 部分硬化 45Cr4NiMoV 钢轴类件淬回火过程中残余应力的仿真及验证 [J]. 材料热处理学报，2021，42（5）：170-177.

[11] LIU Y, QIN S W, ZUO X W, et al. Finite element simulation and experimental verification of quenching stress in fully through-hardened cylinder [J]. Acta Metallurgica Sinica, 2017, 53（6）：733-742.

[12] PRIME M B, PRANTIL V C, RANGASWAMY P, et al. Residual stress measurement and prediction in a hardened steel ring [J]. Materials Science Forum, 2000, 347-349：223-228.

[13] LIU C C, XU X J, LIU Z. A FEM modeling of quenching and tempering and its application in industrial engineering [J]. Finite Elements in Analysis and Design, 2003, 39（11）：1053-1070.

［14］范洪涛 . Cr5 钢应力影响马氏体相变的实验研究与建模［D］. 北京：清华大学，2006.

［15］LEE S J，LEE Y K. Finite element simulation of quench distortion in a low-alloy steel incorporating transformation kinetics［J］. Acta Materialia，2008，56（7）：1482-1490.

［16］王葛，王亚杰，李磊，等 . Cr5 钢马氏体的相变塑性和应力对其相变动力学的影响［J］. 材料研究学报，2018，32（7）：481-486.

［17］肖志霞，郭建政，张雪姣，等 . 视角系数计算对工件加热过程温度场的影响［J］. 材料热处理学报，2014，35（10）：218-224.

［18］ZHANG X J，SONG X Y，LI M N，et al. Modelling and application of austenite decomposition kinetics of 50Cr5NiMoV steel［J］. Transactions of Materials and Heat Treatment，2019，40（6）：177-184.

# 第4章 大型工模具钢先进制造技术

## 4.1 大型热作模具钢增材制坯技术

### 4.1.1 增材制坯技术方向

大型金属锻件是电力、冶金、石化、造船、航空航天、军工等装备的基础部件，其制造能力不仅关系到国计民生与国家安全，同时，也是国力的重要体现。目前，大型锻件主要采用传统制造方式进行加工，该方式包括冶炼、铸锭、开坯、自由锻、热处理等工序。繁杂的制造工序及诸多不可预见的影响因素，严重影响了大锻件的质量。大锻件典型的质量缺陷包括偏析、缩松缩孔、有害相、夹杂等形式，实践证明，这些缺陷在后续工艺中不易得到改善或去除[1-4]。

对于大型压铸、热锻等用途的大型热作模具钢，由于产品规格尺寸大、材质合金含量高，若产品在制造环节中不进行电渣重熔冶炼处理，大型钢锭内部往往会因存在较严重的偏析、缩松缩孔等质量缺陷，影响产品的使用寿命；若大型钢锭经电渣重熔冶炼处理，受冶炼凝固特性的影响，在大型电渣锭中仍会出现一定的偏析。因此，研究人员根据前期对复合技术的研究[5,6]，提出了增材制坯技术，主要从"固-固"复合与"液-固"复合两个方向开展相关基础研究，为后续大直径模具钢圆坯及大厚度模具钢模块的高质量制造提供可行性思路。

**1. "固-固"复合**

图4-1所示为"固-固"复合试料。采用多块体积较小的金属坯料作为初始坯料经堆垛后真空封焊，制成大尺寸金属复合坯的增材制造方法，之后复合坯在辅具作用下经热力耦合而复合成一体化复合坯，从而替代大型铸锭，以实现用较小的铸坯、锻坯或轧坯等金属坯料制造大型金属锻件的目的[7]。

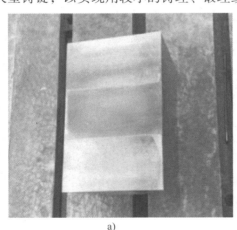 

图4-1 "固-固"复合试料

a) 焊接前组合在一起的试料 b) 复合后正在空冷中的试料

**2. "液-固"复合**

图4-2所示为"液-固"真空复合试料。在一定尺度的固态芯棒上利用电渣重熔（ESR）增径或真空浇注等方式进行液固复合[8]，实现产品的尺寸增径，并减少因增径产生的偏析、夹杂、缩松缩孔等质量

问题，从而获得大规格高质量锻件用钢锭坯料。

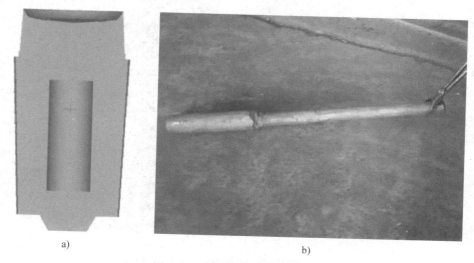

图 4-2 "液-固"真空复合试料
a）焊接前组合在一起的试料 b）复合后正在空冷中的试料

## 4.1.2 增材制坯技术基础研究

### 1. "固-固"复合技术基础研究

（1）"固-固"复合热物理模拟

本研究拟利用 Gleeble 试验机开展铬钼钢材料的"固-固"复合的热物理模拟，从而获得材料的物性参数，同时模拟复合效果，并对利用热压缩研究锻压复合物理模拟研究的可行性进行论证。通过热压缩模拟复合，对压下量、压下速率、压下温度、高温保持等对界面氧化物、微观组织结构的影响进行研究分析。参考相关文献，结合 Gleeble 试验机对试样要求的限制，选定 $\phi 8mm \times 12mm$ 的圆柱形试样对接压缩模拟同材质料块复合。试样的夹持方式如图 4-3 所示。

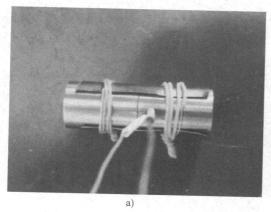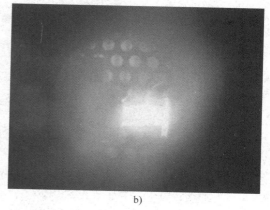

图 4-3 Gleeble 热压缩复合模拟试验
a）试样对接 b）Gleeble 热压缩加热过程

1）热压缩模拟复合可行性分析。图 4-4 所示为试样热压缩复合后试样界面氧化情况。从图中可以看出，复合试样边部有一定程度的氧化，这是边部在夹紧力下接触不紧和真空室中残余氧气反应的结果，是不可避免的。试样中部几乎看不到氧化，热压缩试验的氧化水平可以得到有效控制。在以后的分析中，主要分析内部氧化情况，保证分析结果的稳定性和可靠性。

图 4-5 所示为试样变形前后界面处微观组织。从图中可以看出，试样经高温压缩变形时出现不同程度

图 4-4　试样热压缩复合后试样界面氧化情况

a）试样边部　b）试样中部

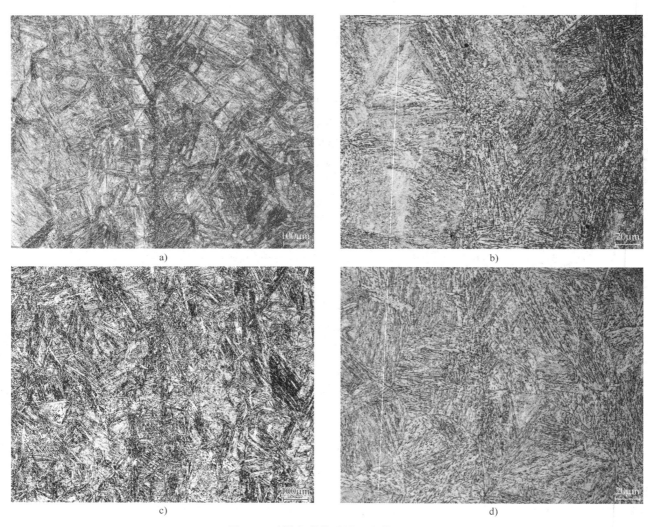

图 4-5　试样变形前后界面处微观组织

a）未变形　b）未变形的界面组织放大图　c）变形后　d）变形后界面组织放大图

的再结晶现象，组织进一步细化；同时，变形后材料结合界面附近组织更加均匀。

通过以上试样的同材质复合热压缩试验结果分析，利用Gleeble试验机开展锻压复合热物理模拟工作，研究界面组织的变化具有可行性。

固-固复合和常规锻压中的镦粗模型相同，差异主要是复合坯料有多个结合界面存在。在复合坯厚度较大处，可以忽略复合界面上的剪切力分量，在锻压复合变形区内提取一个能表征复合界面周围高温变形特征的圆柱形微元体，利用微元体所处温度、应变、应变速率等状态参数相似性，建立锻压复合物理模拟模型；试验结果显示，Gleeble热模拟试验机可以保证热压缩试验在一定的真空度下进行，界面氧化可以得到较好的控制；试验过程中，压缩力平稳，试样接触表面未发现相对移动错位；试验结果显示，压缩后界面组织和界面氧化物的形貌都有较大的差异，可以研究变形对界面组织和氧化的影响。

因此，针对采用Gleeble热模拟进行模拟复合试验的研究，建议试样打磨的过程中注意不要将试件的结合平面磨歪，以免影响各个试件接触表面的平面度；要使用不同粒度（由大到小）的砂纸进行打磨，打磨过程中注意蘸水（或用水浸湿砂纸），防止打磨时表面的氧化；清洗时，先用清水清洗表面污垢，后用乙醇溶液去除油污，最后用丙酮彻底清洗。同时，虽然热模拟试验机可以保证热压缩试验在一定的真空度下进行，低合金钢界面氧化控制得很好，但高合金钢存在氧化，因而需要注意试样的保护。例如，增加外隔离层放置热压缩时的氧化；进行压缩试验时，先对试验舱进行一次抽真空，随后通入保护气体，待保护气体充满试验舱时，再次进行抽真空的操作，由此可以基本保证试验在真空环境下进行。另外，在以后的分析中，主要分析内部氧化情况，保证分析结果的稳定性和可靠性。对于热压缩试验的加热保温问题，锻压复合本身是材料在热、力综合作用下高温扩散结合的过程。热模拟过程中，加热保温的时间很短，因而加热保温过程中界面的初步结合并不影响研究温度、压下量对界面组织和氧化物的影响。对于热压缩试验的温降问题，若进一步研究压缩速率影响不大时，可以考虑加大压下速率。

2）热压缩模拟复合试验结果与分析。

① 相同压下量、不同变形温度下的界面组织形貌。图4-6～图4-13所示分别给出了10%、30%、50%、80%等不同压下量、不同变形温度下的界面微观组织形貌，从图中可以看出，随着压下量的增加以及变形温度的升高，结合界面氧化物破碎程度增加，且明显发生界面组织与基体组织一体化现象。

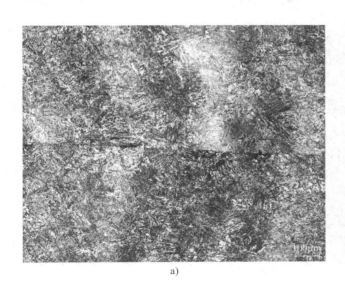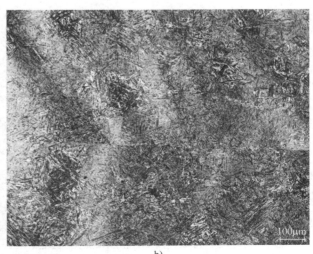

a)                              b)

图 4-6    10%压下量时界面低倍微观组织形貌
a）1000℃  b）1100℃

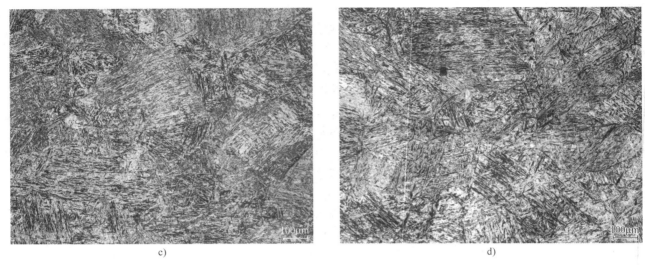

c)

d)

图 4-6    10%压下量时界面低倍微观组织形貌（续）
c）1200℃    d）1300℃

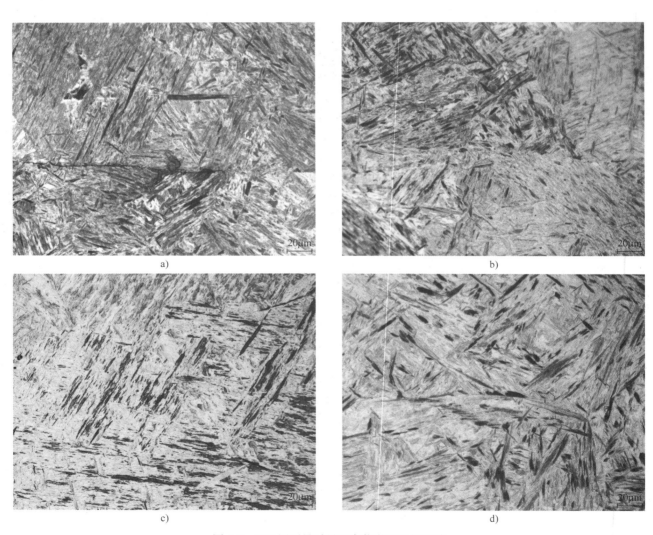

a)

b)

c)

d)

图 4-7    10%压下量时界面高倍微观组织形貌
a）1000℃    b）1100℃    c）1200℃    d）1300℃

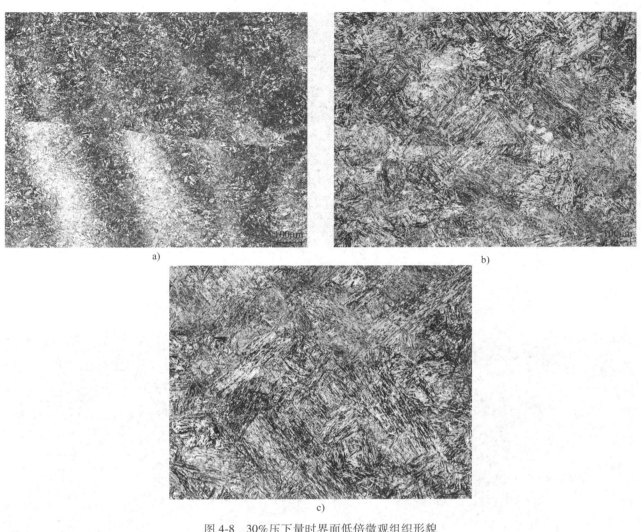

图 4-8　30%压下量时界面低倍微观组织形貌

a) 1000℃　b) 1200℃　c) 1300℃

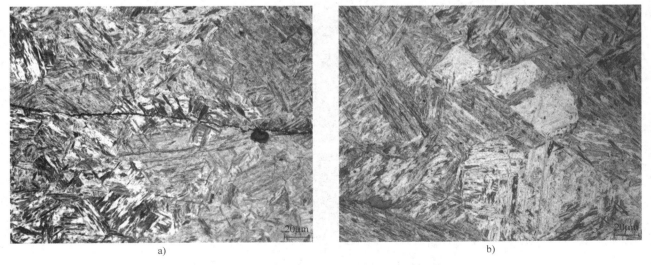

图 4-9　30%压下量时界面高倍微观组织形貌

a) 1000℃　b) 1200℃

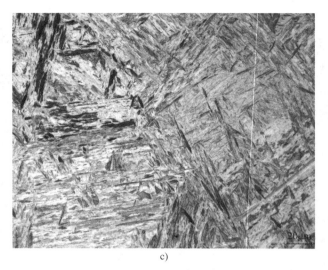

c)

图 4-9    30%压下量时界面高倍微观组织形貌（续）

c）1300℃

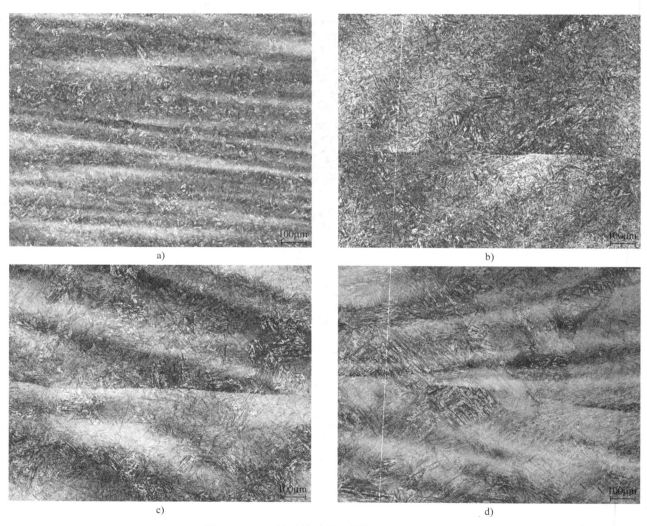

图 4-10    50%压下量时界面低倍微观组织形貌

a）1000℃    b）1100℃    c）1200℃    d）1300℃

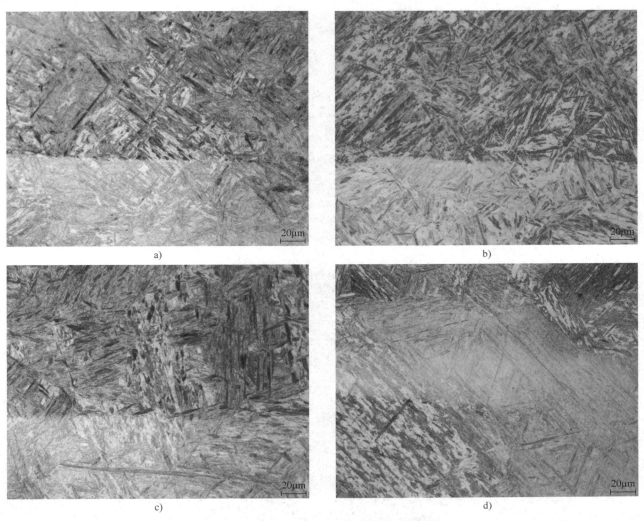

图 4-11 50%压下量时界面高倍微观组织形貌
a）1000℃ b）1100℃ c）1200℃ d）1300℃

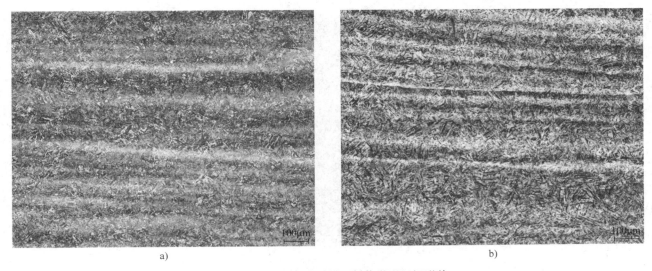

图 4-12 80%压下量时界面低倍微观组织形貌
a）1000℃ b）1100℃

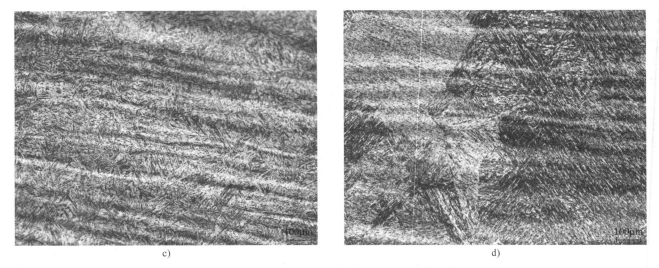

c)　　　　　　　　　　　　　　　　　　　d)

图 4-12　80%压下量时界面低倍微观组织形貌（续）

c）1200℃　　d）1300℃

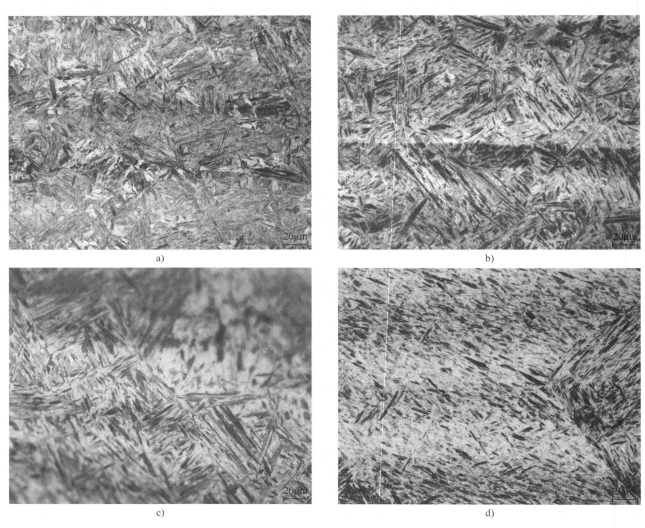

a)　　　　　　　　　　　　　　　　　　　b)

c)　　　　　　　　　　　　　　　　　　　d)

图 4-13　80%压下量时界面高倍微观组织形貌

a）1000℃　　b）1100℃　　c）1200℃　　d）1300℃

② 相同变形温度、不同压下量下的界面组织形貌。图 4-14～图 4-21 所示为相同变形温度、不同压下量下的界面组织形貌，从图中可以看出，在相同变形温度时，随着变形量的增加，有利于界面复合。

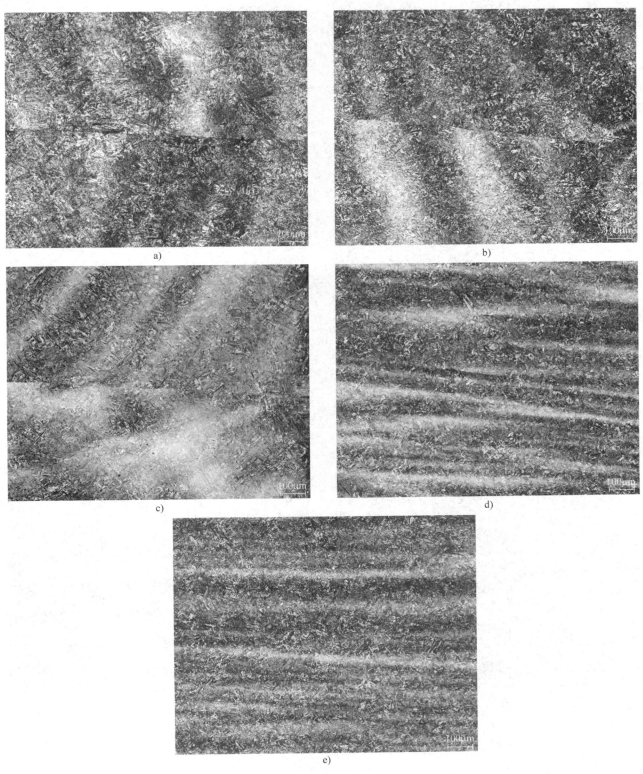

a)　　　　　　　　　　　　　　　　b)

c)　　　　　　　　　　　　　　　　d)

e)

图 4-14　1000℃时不同变形量下的界面低倍微观组织形貌
a) 10%　b) 30%　c) 50%边部　d) 50%中部　e) 80%中部

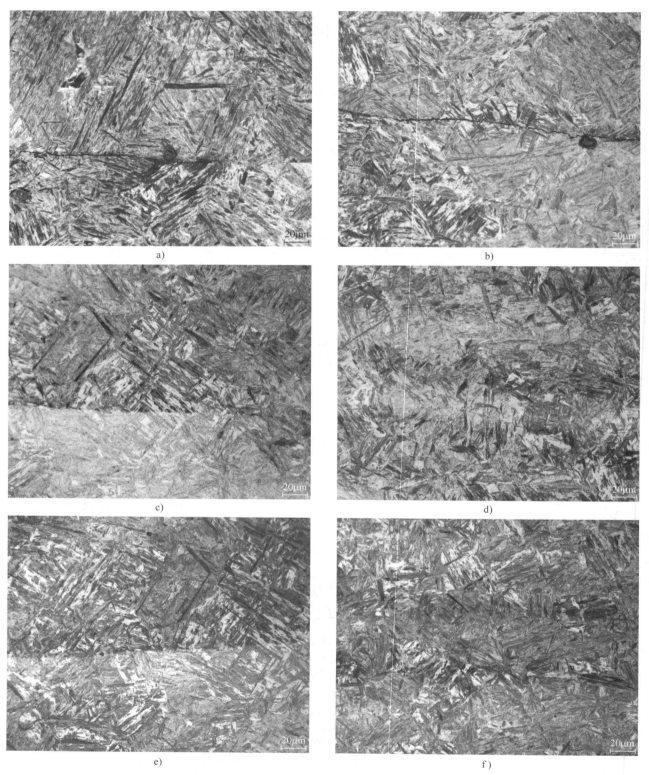

图 4-15 1000℃时不同变形量下的界面高倍微观组织形貌

a) 10% b) 30% c) 50%边部 d) 50%中部 e) 80%边 f) 80%中部

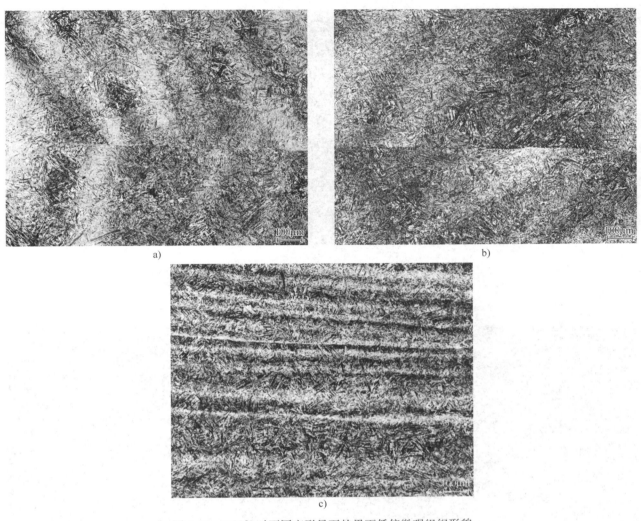

图 4-16　1100℃时不同变形量下的界面低倍微观组织形貌

a）10%　b）50%　c）80%

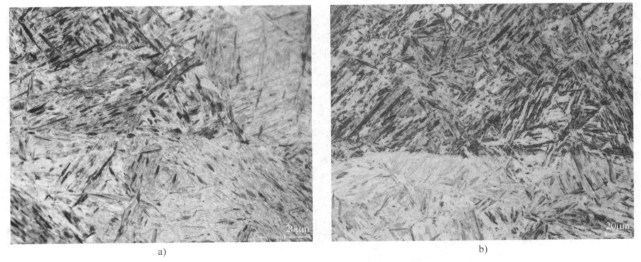

图 4-17　1100℃时不同变形量下的界面高倍微观组织形貌

a）10%　b）50%

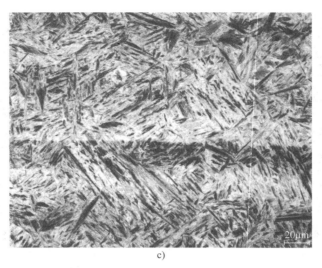

c)

图 4-17  1100℃时不同变形量下的界面高倍微观组织形貌（续）

c) 80%

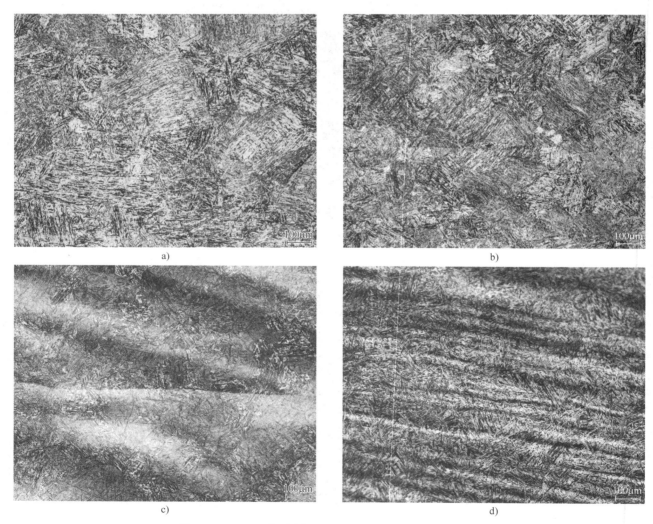

图 4-18  1200℃时不同变形量下的界面低倍微观组织形貌

a) 10%  b) 30%  c) 50%  d) 80%

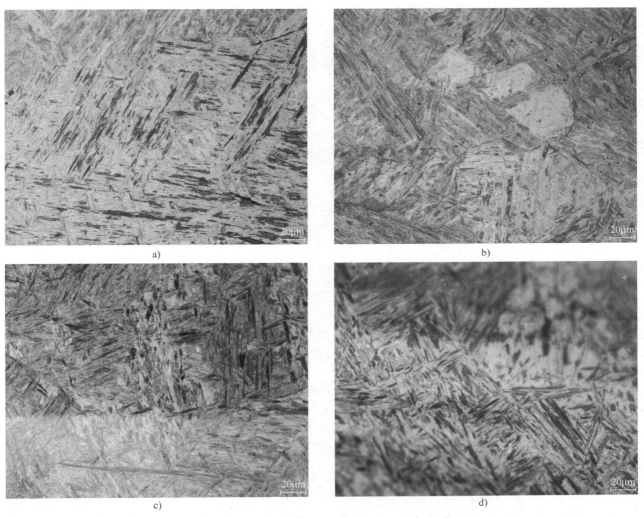

图 4-19　1200℃时不同变形量下的界面高倍微观组织形貌

a) 10%　b) 30%　c) 50%　d) 80%

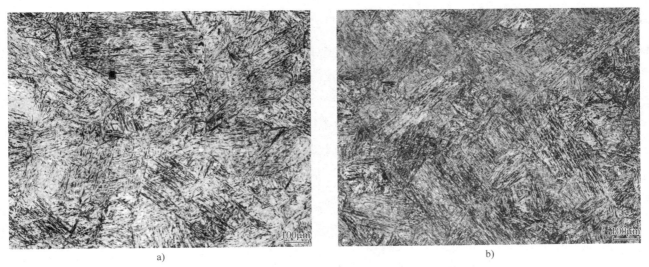

图 4-20　1300℃时不同变形量下的界面低倍微观组织形貌

a) 10%　b) 30%

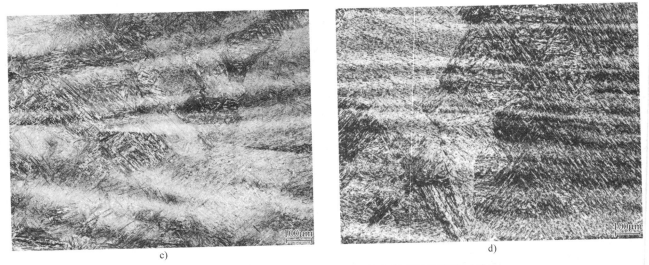

c) d)

图 4-20　1300℃时不同变形量下的界面低倍微观组织形貌（续）

c）50%　d）80%

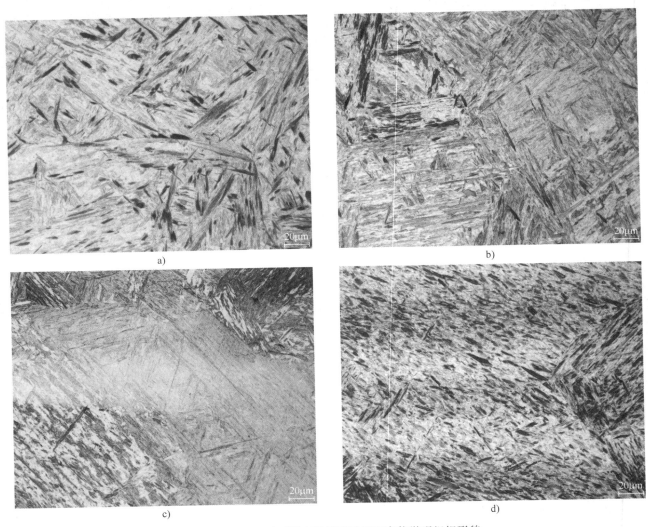

a) b)

c) d)

图 4-21　1300℃时不同变形量下的界面高倍微观组织形貌

a）10%　b）30%　c）50%　d）80%

③ 相同压下量与变形温度、不同变形速率下的界面组织形貌。图 4-22～图 4-25 所示为相同压下量、变形温度时，不同变形速率时的界面组织形貌，从图中可以看出，适当降低变形速率，有利于界面复合。

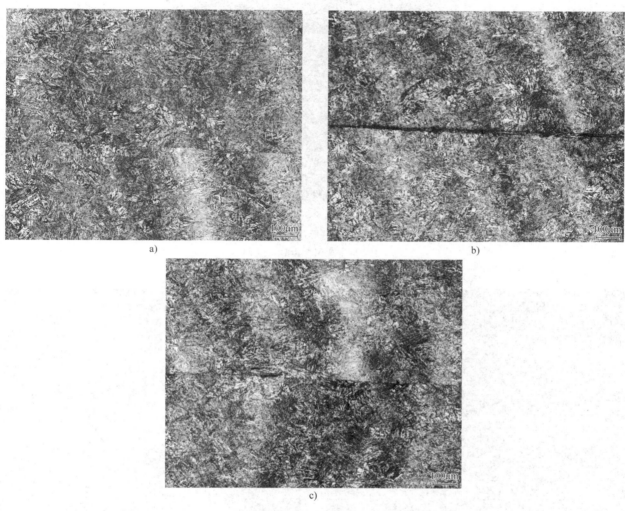

图 4-22　1000℃、10%压下量、不同变形速率下的界面低倍微观组织形貌
a) 0.1/s 边部　b) 0.1/s 中部　c) 0.01/s 边部

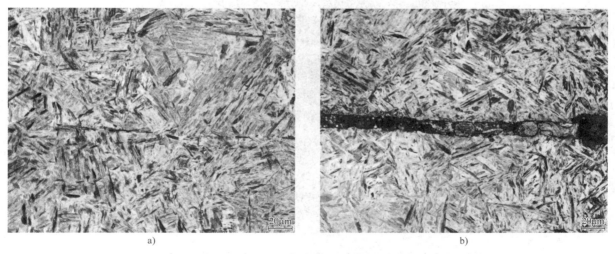

图 4-23　1000℃、10%压下量、不同变形速率下的界面高倍微观组织形貌
a) 0.1/s 边部　b) 0.1/s 中部

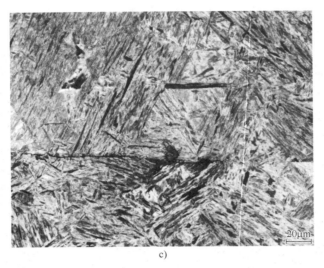

c)

图 4-23　1000℃、10%压下量、不同变形速率下的界面高倍微观组织形貌（续）

c）0.01/s 边部

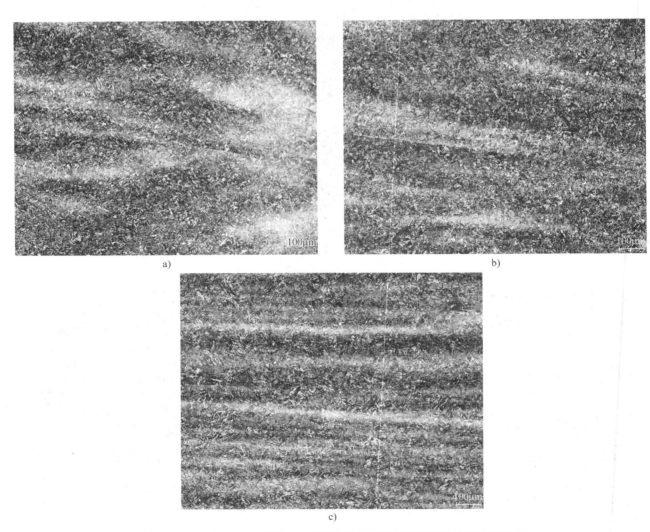

图 4-24　1000℃、80%压下量、不同变形速率下的界面低倍微观组织形貌

a）0.1/s 边部　b）0.1/s 中部　c）0.01/s 边部

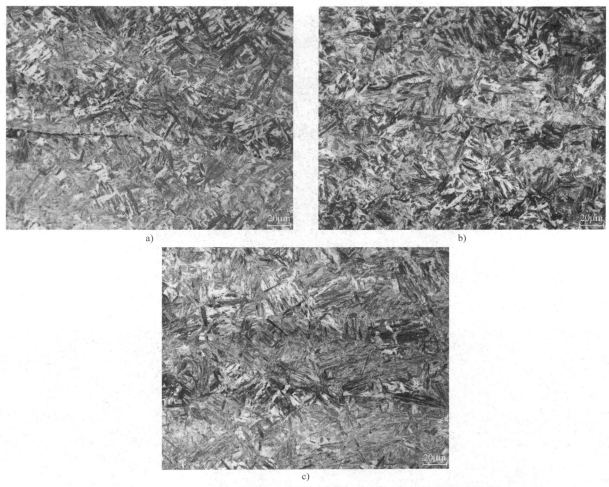

图 4-25 1000℃、80%压下量、不同变形速率下的界面高倍微观组织形貌
a) 0.1/s 边部 b) 0.1/s 中部 c) 0.01/s 边部

同时，以上各图中还展示了相同变形温度与变形速率、不同变形量下的组织形貌差异。

④ 压缩后保持一定的压力对界面组织的影响。图 4-26 和图 4-27 所示为压缩复合后保持一定的压力对界面复合形貌的影响，从图中可以看出，适当保持压力与高温，有利于界面复合。

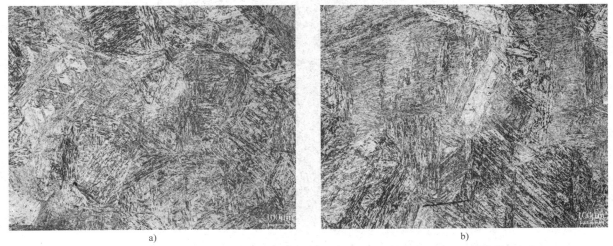

图 4-26 1200℃、10%压下量、30kgf（294.2N）压力下保持不同时间的界面低倍微观组织
a) 2min b) 8min

c)

图 4-26　1200℃、10%压下量、30kgf(294.2N) 压力下保持不同时间的界面低倍微观组织（续）

c）0min

图 4-27　1200℃、10%压下量、30kgf(294.2N) 压力下保持不同时间的界面高倍微观组织

a）2min　b）8min　c）0min

以上关于界面微观形貌的相关研究结果见表4-1。

表 4-1　热压缩复合试验结果总结

| 试　验　条　件 | | 界面裂纹 | 界面组织分界 | 其他现象 |
|---|---|---|---|---|
| 1000℃ | 10% | 有 | 明显 | 组织不均匀 |
| | 10%，0.1/s | 有明显裂纹 | 明显 | 组织不均匀 |
| | 30% | 有 | 明显 | 组织不均匀 |
| | 50% | 无 | 不明显（高倍） | 组织不均匀，纤维状 |
| | 80% | 无 | 不明显（高倍） | 组织不均匀，纤维状 |
| | 80%，0.1/s | 无 | 可观察到（高倍） | 组织不均匀，纤维状 |
| 1100℃ | 10% | 无 | 明显 | 组织不均匀 |
| | 30% | — | — | — |
| | 50% | 无 | 明显 | 组织不均匀 |
| | 80% | 无 | 不明显（高倍） | 组织不均匀，纤维状 |
| 1200℃ | 10% | 无 | 不明显 | 组织均匀 |
| | 10%，30kgf（294.2N）保持2min | 无 | 不明显 | 组织均匀，界面氧化物较多 |
| | 10%，30kgf（294.2N）保持8min | 无 | 不明显 | 组织均匀，界面氧化物较多 |
| | 30% | 无 | 不明显 | 组织不均匀 |
| | 50% | 无 | 明显 | 组织不均匀 |
| | 80% | 无 | 不明显（高倍） | 组织不均匀，纤维状 |
| 1300℃ | 10% | 无 | 不明显 | 组织均匀 |
| | 30% | 无 | 不明显 | 组织均匀 |
| | 50% | 无 | 明显 | 组织不均匀 |
| | 80% | 无 | 不明显（高倍） | 组织不均匀，纤维状 |

通过以上试验发现，Gleeble试验机真空能力约在30Pa左右，与实际真空组坯的真空度（$10^{-2}$Pa级）是不同的，但是可以利用其生成的氧化物，来研究不同热压缩参数对氧化物及界面微观组织的影响。通过试验，可以发现，较高温度下快速变形对界面结合及氧化物的碎化有一定的益处。

（2）"固-固"复合仿真模拟

增材制坯固-固复合的方式一般为自由镦粗，自由镦粗会存在难变形区[9]，此对界面的结合效果影响较大，而在制坯过程中希望各部位能够有效结合，界面处的变形量与结合效果直接相关，可通过模具及成形工艺参数的设计降低难变形区的大小[10]。而镦粗成形时坯料温度、压下量、压下速率和压下道次等参数也关系到难变形区的分布及成形力的大小，这同样也是实际生产中关注的，此影响到设备能力是否符合要求，因此，在实际生产前采用经济高效的数值模拟的方式来评估各个因素的影响、预测其变形规律，并最终指导实际生产。

1）镦粗过程。镦粗过程主要关注点包括转运过程中的温降、成形力的大小、难变形区的大小。为便于比较分析，以坯料的中心纵剖面及其上的板材界面为分析对象，分析温度、力、应变，纵剖面上设置10个点追踪板材界面的变形，每层界面5个点（图4-28），随着变形的进行，点的位置也发生变化。根据燕山大学许秀梅等的研究[11]，保守估计变形量大于30%时界面可以完全结合，换算为真应变约为0.35，则以应变0.35为临界进行分析，定义应变小于0.35的区域为难变形区，将应变0.35的等值线距离上端面的最远距离定义为难变形区的大小（图4-29），比较不同变形条件下成形力的大小、难变形区的大小以及难变形区与板坯界面的相对位置。

<table>
<tr><td>图 4-28　坯料及结合面</td><td>图 4-29　难变形区大小示意图</td></tr>
</table>

2）出炉温度的影响。当出炉温度为1150℃时，转运后表面降至约1010℃；出炉温度为1200℃时，转运后表面降至约1050℃；出炉温度为1250℃时，转运后表面降至约1090℃。出炉温度越高，转运后表面温度下降的绝对值越大（图4-30）。相对应地，出炉温度越高，成形力越小，当出炉温度为1250℃时，压下率为50%时，成形力约为794t。因出炉温度升高，心部与端部的温度越大，变形协调性越差，则难变形区越大，但总体影响不大，难变形区大小为63~70mm，并且均包含在上部板材内，见图4-31和表4-2。

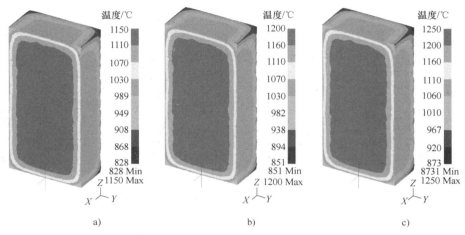

图4-30　不同温度出炉转运2min后的温度场云图
a）1150℃　b）1200℃　c）1250℃

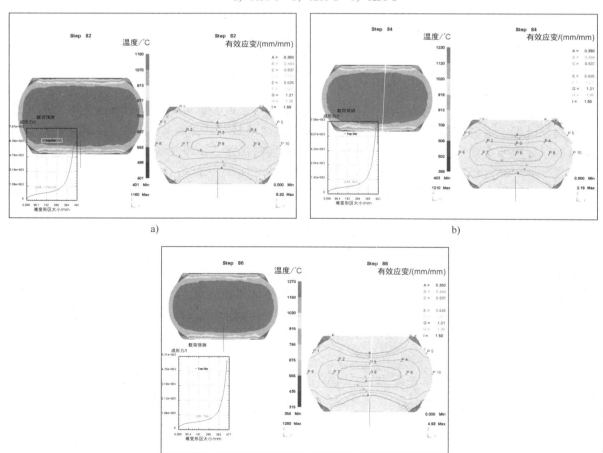

图4-31　压下速率为20mm/s、压下量为50%时不同压下温度下的温度及应变场
a）1150℃　b）1200℃　c）1250℃

表 4-2　压下速率为 20mm/s、压下量为 50% 时不同压下温度下的变形结果

| 出炉温度/℃ | 成形力/t | 难变形区大小/mm | 是否进入板坯界面 |
|---|---|---|---|
| 1150 | 1230 | 63.59 | 否 |
| 1200 | 962 | 67.39 | 否 |
| 1250 | 794 | 70.19 | 否 |

3）压下速率的影响。压下速率越高，成形力越大，且因金属流动不及时，中心区域的应变量越低，端面的应变量越大，难变形区越小，但总体影响不明显。板材界面应变均大于 0.35，可以实现有效结合，见图 4-32 和表 4-3。

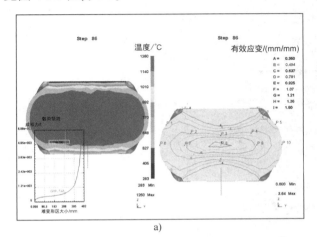
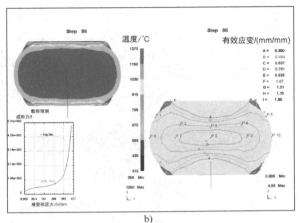
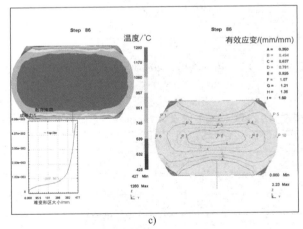

图 4-32　压下温度为 1250℃、压下量为 50% 时不同压下速率下的温度及应变场

a）10mm/s　b）20mm/s　c）30mm/s

表 4-3　压下温度为 1250℃、压下量为 50% 时不同压下速率下的变形结果

| 压下速率/(mm/s) | 成形力/t | 难变形区大小/mm | 是否进入板坯界面 |
|---|---|---|---|
| 10 | 722 | 71.39 | 否 |
| 20 | 794 | 70.19 | 否 |
| 30 | 967 | 66.02 | 否 |

4）压下量的影响。压下量越大，成形力越大，压下变形量为 75% 时压力为 45.5MN。压下量对难变形区的影响明显，压下量越大，难变形区越小；当压下量为 75% 时，难变形区距离表面的最大距离约为 33mm，但都包含在上部板材内，见图 4-33 和表 4-4。

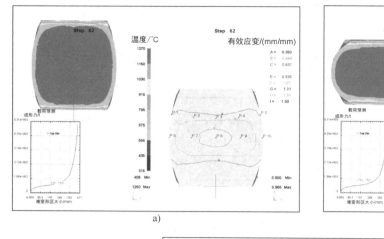
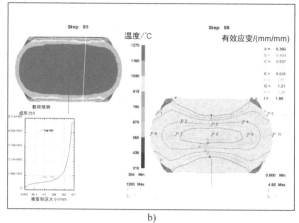
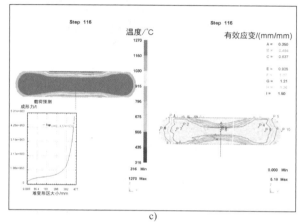

图 4-33　压下温度为 1250℃、压下速率为 20mm/s、不同压下量下的温度及应变场
a) 30%　b) 50%　c) 75%

**表 4-4　压下温度为 1250℃、压下速率为 20mm/s、不同压下量下的变形结果**

| 压下量/% | 成形力/t | 难变形区大小/mm | 是否进入板坯界面 |
| --- | --- | --- | --- |
| 30 | 558 | 111.826 | 否 |
| 50 | 794 | 70.19 | 否 |
| 75 | 4550 | 33.16 | 否 |

5) 火次的影响。计算时进行了简化，回炉及出炉过程没有计算，一火次压完直接将工件温度均设置为 1250℃，并进行第二次下压。结果表明，二火次下压，最大镦粗力比一火次小，增加火次对难变形区的改善明显，二火次时难变形区大小为 64mm，一火次为 70mm，见图 4-34 和表 4-5。

**表 4-5　压下温度为 1250℃、压下速率为 20mm/s、压下量为 50%时的变形结果**

| 火次 | 成形力/t | 难变形区大小/mm | 是否进入板坯界面 |
| --- | --- | --- | --- |
| 一 | 794 | 70.19 | 否 |
| 二 | 637 | 64.12 | 否 |

综合以上影响因素可知，成形温度、压下速率、压下量和火次对成形力的影响很大，即影响实际生产中设备的选择，而对难变形区大小的影响不明显，并且成形温度和火次对成形力为反向影响，其他因素为正向影响，成形温度对难变形区大小为正向影响，其他因素为反向影响（见表 4-6），并且在以上条件下成形后，板坯界面的应变皆大于 0.35，表明界面可以实现有效结合。

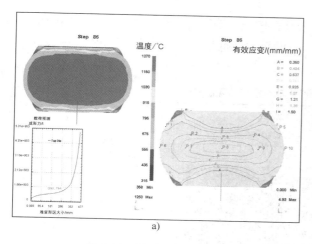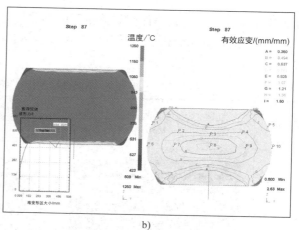

图 4-34 压下温度为 1250℃、压下速率为 20mm/s、压下量为 50%时的温度及应变场
a) 一火次 b) 二火次

表 4-6 成形参数对成形力和难变形区、板坯界面结合的影响趋势

| 项目 | 成形力变化趋势 | 难变形区大小变化趋势 | 是否进入板坯界面 |
|---|---|---|---|
| 成形温度 | ↓↓ | ↑ | — |
| 压下速率 | ↑↑ | ↓ | — |
| 压下量 | ↑↑ | ↓ | — |
| 火次 | ↓↓ | ↓ | — |

通过以上模拟，可以得出：

① 转运 2min 后坯料表面温度降低 140~160℃，出炉温度越高，转运后表面温度下降的绝对值越大，内外温差越大。

② 温度、应变速率、应变量、火次对镦粗力的影响明显，对难变形区大小的影响较小。

③ 文中的成形条件下，板材界面的应变量大于 0.35，表明界面可以有效结合。

（3）"固-固"复合试验结果及分析

图 4-35 所示为坯料"固-固"复合试验现场图。在本研究中，着重对坯料表面在常温与高温下氧化膜结构、表面加工效果、真空度、变形温度、变形量、变形速率、变形方式、有无模具、热处理工艺等因素对界面结合的效果进行了综合研究，利用 OM（光学显微镜）、SEM（扫描电子显微镜）、EDS（能量色散 X 射线谱）、TEM（透射电子显微镜）、EBSD（电子背散射衍射）等众多手段着重分析了界面处氧化物、界面处微观组织，并利用界面定位手段，合理加工拉伸、冲击、持久、疲劳等试样，开展定位界面的结合性能评价，从而获得了一系列重要研究结果。本文仅将部分重要成果予以展示。

1）"固-固"复合后界面宏观组织。依据 GBT 226—2015《钢的低倍组织及缺陷酸蚀检验法》，利用电解方法（体积分数为 10%的盐酸，直流电源 5V、10A）进行腐蚀，宏观组织如图 4-36 所示。可以观察

图 4-35 坯料"固-固"复合试验现场图

图 4-36 坯料宏观形貌

到金属变形流线，边缘处仍保留焊接留下的凸起，对于复合界面位置没有观察到其他宏观缺陷的出现。

2）界面微观组织分析。不同变形温度、变形量下的界面微观低倍组织及高倍组织分别见表 4-7 和表 4-8。

表 4-7　不同变形温度、变形量下的界面微观低倍组织

| 变形量 | 温度/℃ | | |
|---|---|---|---|
| | 1050 | 1150 | 1250 |
| 15% | | | — |
| 30% | | | |
| 50% | — | | |

表 4-8 不同变形温度、变形量下的界面微观高倍组织

| 变形量 | 温度/℃ | | |
|---|---|---|---|
| | 1050 | 1150 | 1250 |
| 15% | | | — |
| 30% | | | |
| 50% | — | | |

界面氧化物宏观形貌见表 4-9。

表 4-9　界面氧化物宏观形貌

| 变形量 | 温度/℃ | | |
|---|---|---|---|
| | 1050 | 1150 | 1250 |
| 15% | | | — |
| 30% | | | |
| 50% | — | | |

界面氧化物的 SEM 形貌和 EDS 分别见表 4-10 和表 4-11。

表 4-10 界面氧化物 SEM 形貌

| 变形量 | 温度/℃ | | |
| --- | --- | --- | --- |
| | 1050 | 1150 | 1250 |
| 15% | 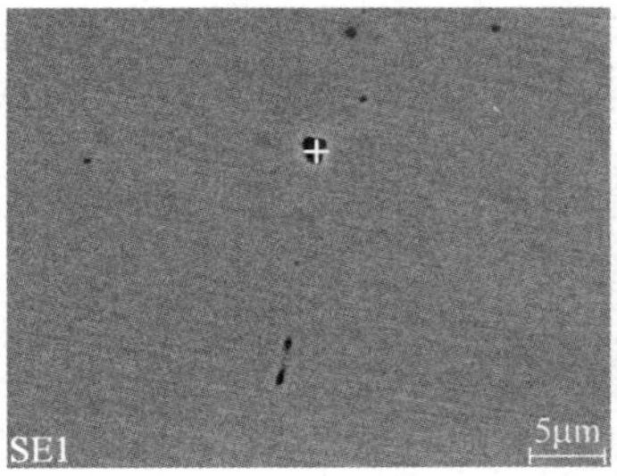 | 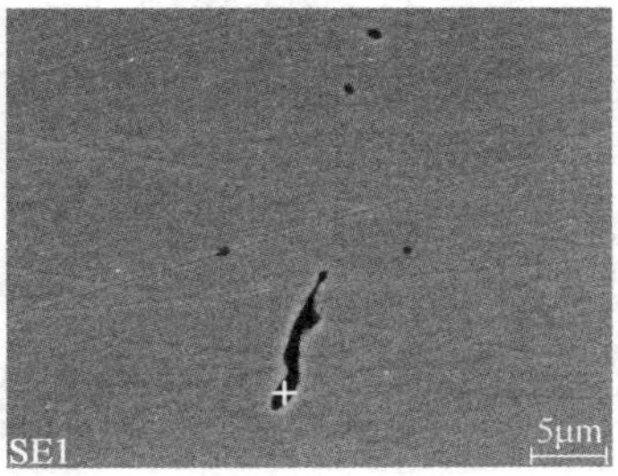 | — |
| 30% | 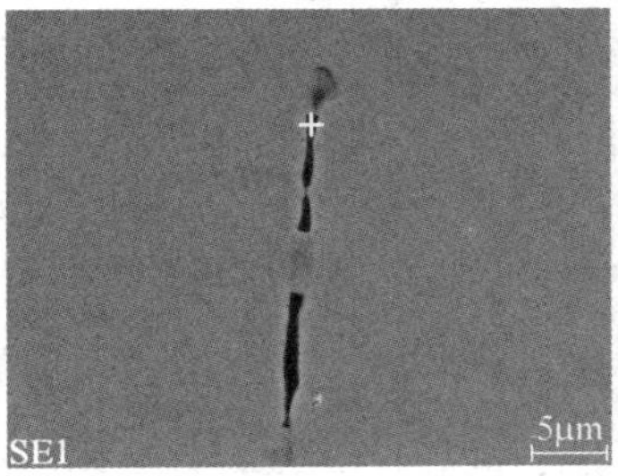 | 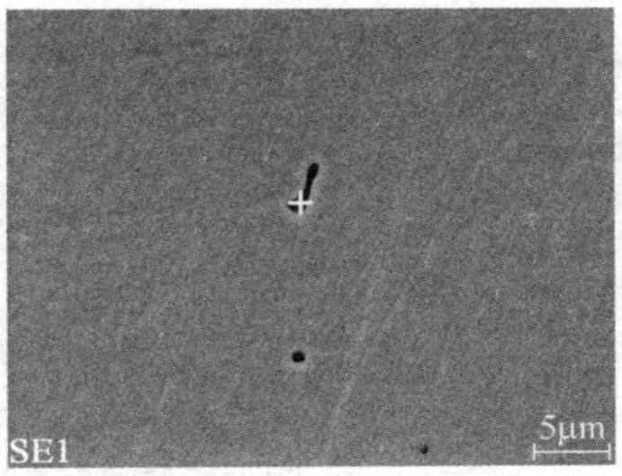 | 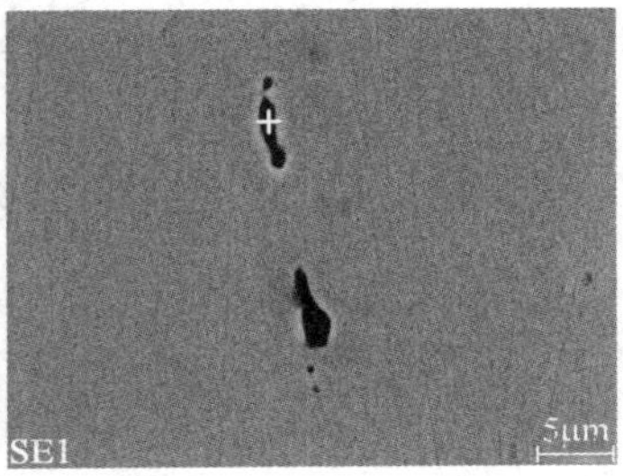 |
| 50% | — | 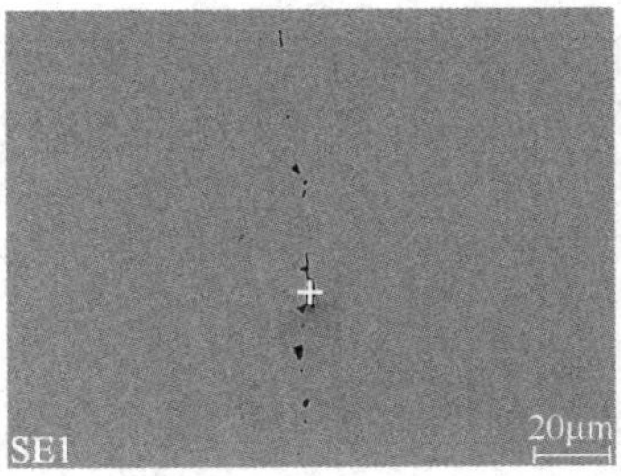 | 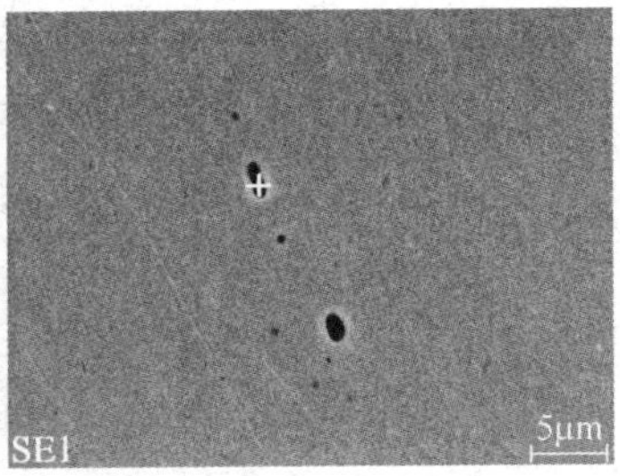 |

表 4-11 界面氧化物 EDS

| 变形量 | 温度/℃ | | |
| --- | --- | --- | --- |
| | 1050 | 1150 | 1250 |
| 15% | 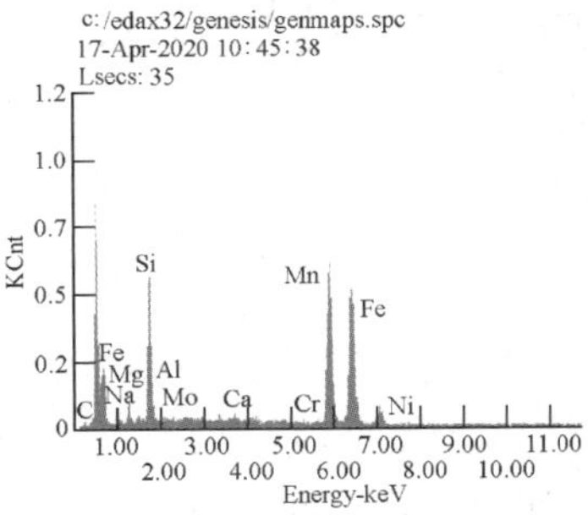 | 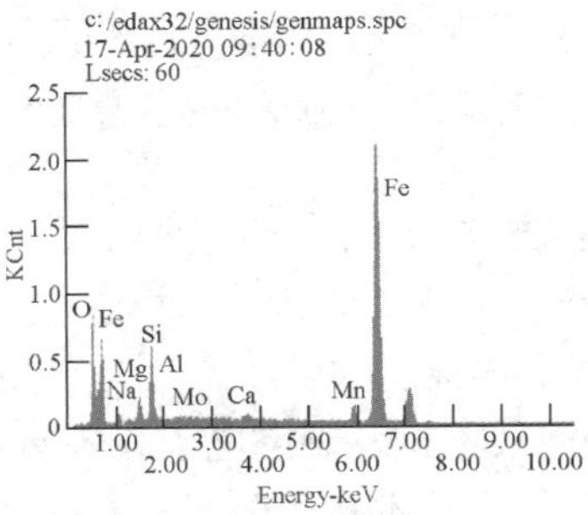 | — |

（续）

| 变形量 | 温度/℃ | | |
|---|---|---|---|
| | 1050 | 1150 | 1250 |
| 30% | 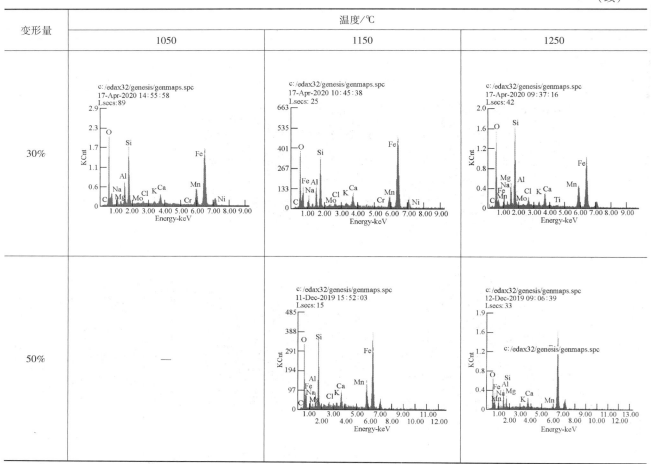 | | |
| 50% | — | | |

对界面氧化物实际占界面的比例进行统计分析如图 4-37 所示，分析结果如图 4-38 和图 4-39 所示。

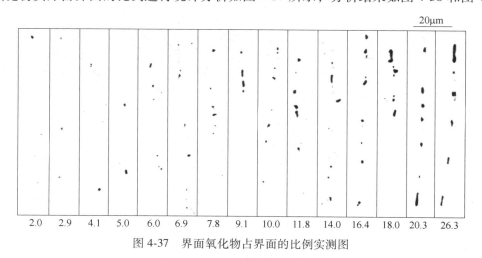

图 4-37　界面氧化物占界面的比例实测图

其中，各试料表面处理和焊接方式如下：

1#：手工砂纸打磨，干布擦拭，大气下焊接。

3#-2、4#-2：表面磨削，大气下焊接。

2#-8#：表面砂轮打磨，乙醇溶液擦拭，真空电子束焊接。

图 4-40 给出了采用"固-固"复合技术在实验室制备的复合后坯料，经界面定位后取样所获得的结合

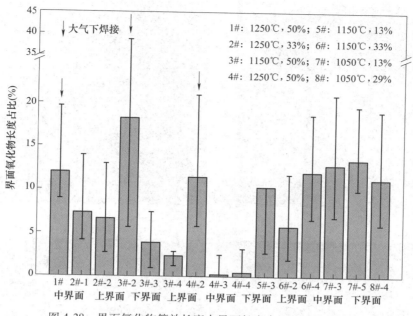

图 4-38　界面氧化物等效长度占界面长度占比（%）分布图

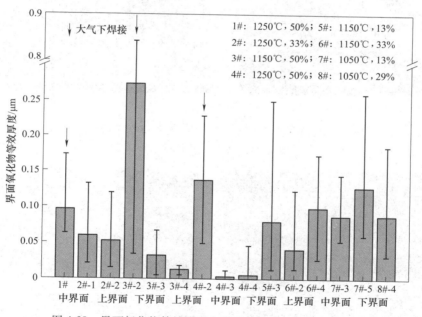

图 4-39　界面氧化物等效厚度占界面长度占比（%）分布图

界面处微观表面形貌、氧化物 EDS、EBSD 图谱。从图 4-40a、b 中可以看出，界面氧化物由于经历多道次高温、高压的影响，其尺寸已达到微米级甚至纳米级。需要说明的是，本试验在整个过程采用了多种手段对界面位置进行了定位，从而保障后续界面评定的真实性。图 4-40c、d 是利用 EBSD 采集的结合界面处晶粒分布情况，可以看出，结合界面与本体晶粒基本相同，说明已呈现正常的再结晶。

　　在以上大量试验中，可以通过控制试料表面加工水平及控制真空电子束焊接工艺，并通过后续热力耦合作用，使结合界面达到良好的复合效果，结合界面氧化物可以达到微米级，结合界面可以达到十分洁净的状态。

　　3）界面结合性能定位评价与分析。图 4-41 所示为拉伸试样结合界面位置示意图。

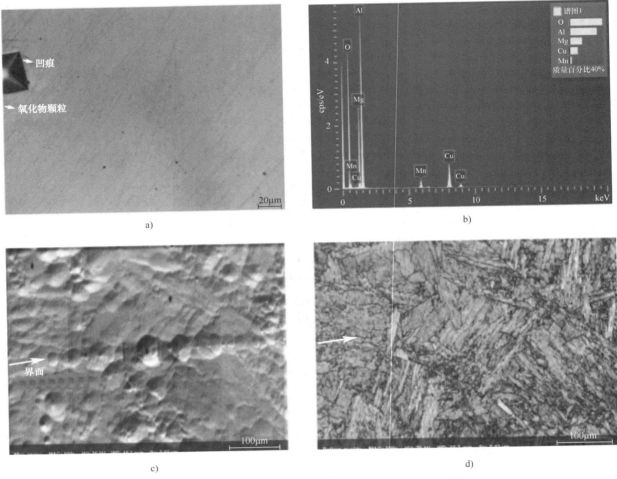

图 4-40　结合界面处微观形貌、氧化物 EDS、EBSD 图谱

a）结合界面金相试样表面　b）界面氧化物 EDS　c）取样后界面处 SEM 形貌　d）界面处 EBSD 图谱

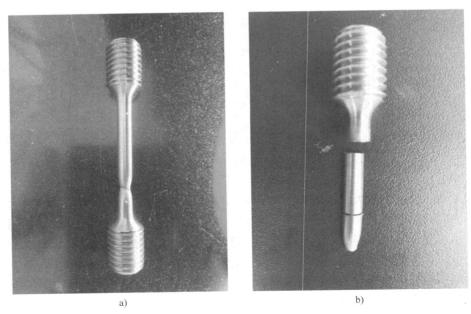

图 4-41　拉伸试样结合界面位置示意图

a）拉伸断裂后界面位置初步定位　b）拉伸断口横向解剖前界面位置定位

图 4-42、图 4-43 所示分别为断于基体处和界面处的拉伸试样断口形貌。从图中可以看出，对于在界面处断裂的试样，断口平整，界面存在大量的氧化物，而在基体处断裂的试样，均为正常的韧性断裂。

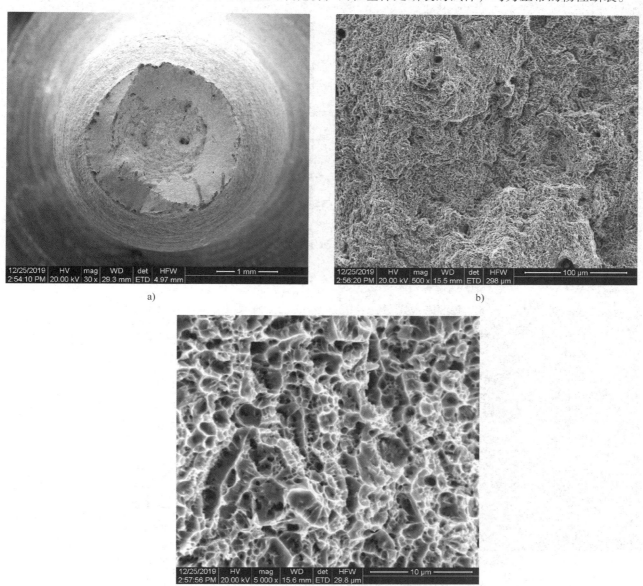

图 4-42　断于基体处的拉伸试样断口形貌

a）断口形貌　b）中心韧窝形貌　c）中心韧窝放大形貌

通过前期的大量研究发现，利用纵向拉伸（室温、高温）的手段评定材料的界面结合效果不理想，虽然部分试样从结合界面处发生断裂，但大部分试样均在基体上发生断裂，因此，也说明，当界面的结合达到一定程度，虽然界面存在一定含量及尺度的氧化物，但纵向拉伸大多从基体上发生开裂，这也说明，界面处的组织形态以及界面氧化物的综合作用导致了界面处的结合强度高于基体。

为能寻找合适的界面结合效果的评定，选定了定位冲击的方法。让界面裂纹在冲击力的作用下，自由寻找界面的薄弱位置，并观察断口形貌，对比冲击能力，综合分析界面的结合效果。目前，本研究已申报发明专利[12]，该专利方法的主要评价过程如下：

① 采用增材制坯方法制备得到锻件，如图 4-44 所示。

② 对所述锻件进行加工，得到包括所述锻件结合界面的冲击用标准试样，如图 4-45 所示。

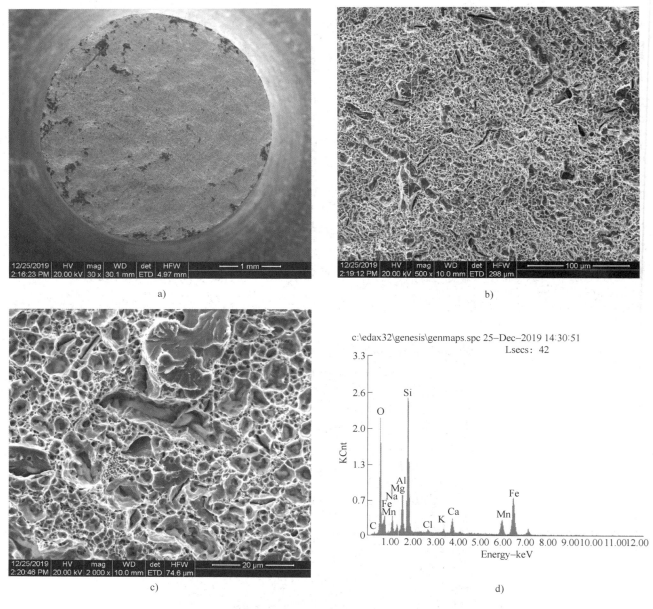

图 4-43　断于界面处的拉伸试样断口形貌
a）断口形貌　b）中心韧窝形貌　c）中心韧窝放大形貌　d）界面氧化物成分分析

③ 对所述标准试样上的结合界面位置进行标记，得到界面标记线，如图 4-46 所示。

④ 沿着所述界面标记线，在所述标准试样的侧面上加工 V 型缺口，如图 4-47 和图 4-48 所示。

⑤ 对加工后的所述标准试样进行冲击试验，冲击断口试样如图 4-49 所示。根据冲击试验断口分析，如图 4-50～图 4-54 所示，评价界面结合效果。

对所述锻件进行加工，得到包括所述锻件结合界面的冲击用标准试样包括：对所述锻件进行加工，得到包括所述锻件结合界面的初始试样；采用金相试样制备方法对所述初始试样的表面进行抛磨处理，得到处理后的初始试样；在所述处理后的初始试样上确定所述结合界面位置，并对所述处理后的初始试样进行加工，得到包括结合界面的所述标准试样。

对所述标准试样上的结合界面位置进行标记，得到界面标记线包括：对所述标准试样上的所述结合界面位置进行机械定位划线或激光打标，得到所述界面标记线。

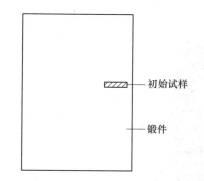

图 4-44　锻件和初始试样的对应关系示意图

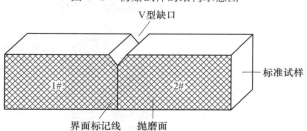

图 4-45　初始试样的结构示意图

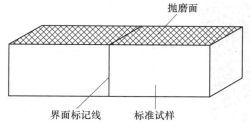

图 4-46　标准试样的结构示意图

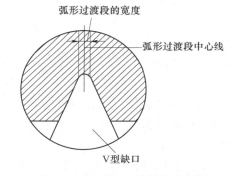

图 4-47　加工 V 型缺口后的标准试样的结构示意图

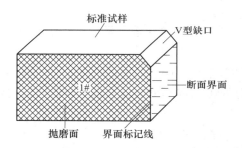

图 4-48　标准试样断裂后得到的第一部分的结构示意图

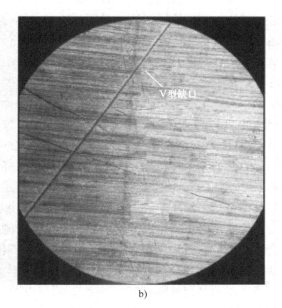

图 4-49　V 型缺口的平面示意图

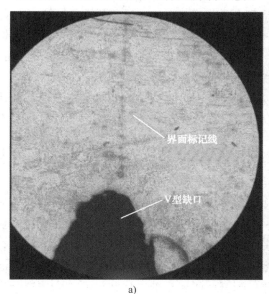

a)　　　　　　　　　　　　　　　　b)

图 4-50　光学显微镜视野中冲击试样形貌

a）V 型缺口　b）界面标记线

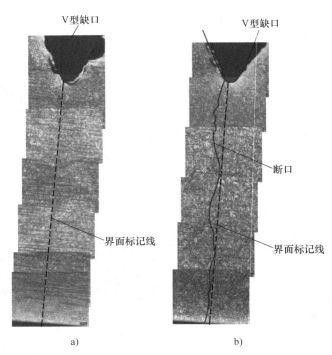

图 4-51 光学显微镜视野中不同标准试样的断口和界面标记线

a）试样 1 缺口形貌　b）试样 2 缺口形貌

对加工后的所述标准试样进行冲击试验包括：对加工后的所述标准试样进行常温冲击试验和/或低温冲击试验。

根据试验结果评价界面结合性能包括：对冲击试验后所述标准试样的断口进行观察分析，结合冲击试验的冲击吸收能量数值，所述标准试样的断口走向、断口形貌和断口界面处的材料成分评价增材制坯的界面结合性能。

结合冲击试验的冲击吸收能量数值，所述标准试样的断口走向、断口形貌和断口界面处的材料成分评价增材制坯的界面结合性能包括：将冲击试验的冲击吸收能量数值与所述标准试样本体材料的冲击吸收能量数值进行对比，根据第一对比结果评价增材制坯的界面结合性能；将冲击试验后所述标准试样的断口走向与所述标准试样的抛磨面上的所述界面标记线进行对比，根据第二对比结果评价所述界面结合性能；根据冲击试验后所述标准试样的断口形貌判断断裂类型，根据所述断裂类型评价所述界面结合性能；根据冲击试验后所述标准试样断口界面处的材料成分评价所述界面结合性能。

根据第一对比结果评价增材制坯的界面结合性能包括：若冲击试验的冲击吸收能量数值与所述标准试样本体材料的冲击吸收能量数值的差值小于或等于预设阈值，则增材制坯的界面结合性能良好；否则，所述界面结合性能不佳。

根据第二对比结果评价增材制坯的界面结合性能包括：若所述标准试样的断口走向与所述界面标记线相近，则增材制坯的界面结合性能不佳；否则，所述界面结合性能良好。

断裂类型包括韧性断裂和脆性断裂，根据所述断裂类型评价所述界面结合性能包括：当断口的所述断裂类型为韧性断裂时，若韧窝中含有大量氧化物，则表示所述标准试样在界面结合位置断裂，增材制坯的界面结合性能不佳；若韧窝中夹杂物不同于初始坯料表面氧化物，则属于本体断裂，所述界面结合性能良好。当断口的所述断裂类型为脆性断裂时，若断口与标记线不重合，则表示所述标准试样未在界面结合位置断裂，所述界面结合性能良好；若断口与标记线重合，则表示所述标准试样在界面结合位置断裂，所述界面结合性能不佳。

根据冲击试验后所述标准试样断口界面处的材料成分评价所述界面结合性能包括：若断口界面处的材

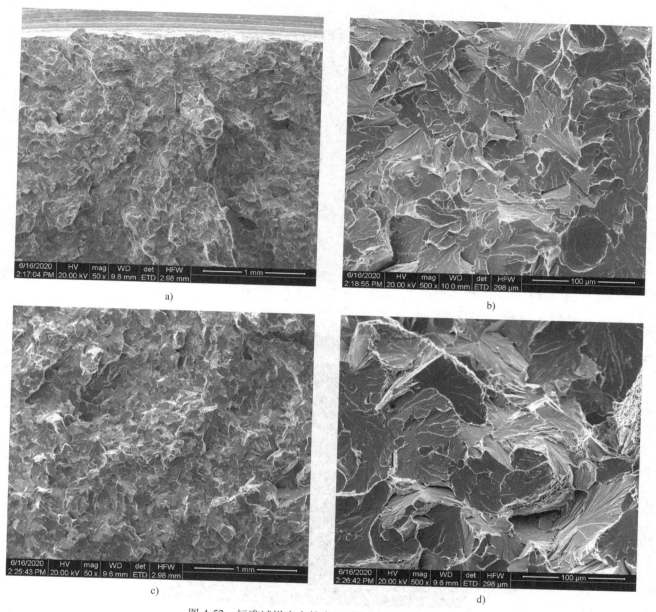

图 4-52　标准试样未在结合界面处断裂的断口形貌

a）起裂源　b）起裂源放大图　c）扩展区　d）扩展区放大图

料成分与所述标准试样本体材料的成分相同，则表示所述标准试样未在界面结合位置断裂，增材制坯的界面结合性能良好；若断口界面处的材料成分与所述标准试样本体材料的成分不同，则表示所述标准试样在界面结合位置断裂，所述界面结合性能不佳。

所述 V 型缺口的弧形过渡段中心线与所述界面标记线之间的距离小于或等于 230μm。

所述 V 型缺口的弧形过渡段的宽度为 460μm。

本研究的增材制坯界面结合性能的评价方法的有益效果是：采用增材制坯方法制备得到需要进行界面结合性能评价的锻件。对锻件进行加工，得到用于冲击的标准试样，标准试样需要包括锻件的结合界面。对标准试样上结合界面的位置进行标记，得到界面标记线，便于后续针对结合界面处进行冲击试验，以及与断口相比较以评估界面结合性能。可在标准试样的一个侧面上，沿着界面标记线加工出 V 型缺口，对加工出 V 型缺口的标准试样进行冲击试验时，标准试样会从 V 型缺口开始起裂产生断口。由于 V 型缺口是沿着界面标记线加工得到的，使得断口从标准试样的结合界面处起裂，根据冲击试验的试验结果就可实

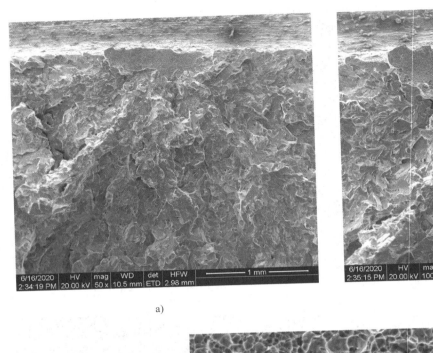
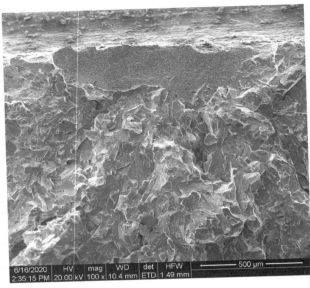

a)

b)

c)

图 4-53  标准试样在结合界面处断裂的断口形貌
a）起裂源  b）起裂源放大图  c）起裂源韧窝及氧化物

现针对界面结合处性能的准确分析，提高对增材制坯界面结合性能的评价准确性。

**2. "液-固"复合技术基础研究**

为保证此次坯料浇注及后续芯棒坯料结合界面一直处于真空下，在前期设计试验时，给定的试验条件就是，表面加工良好并经清洁处理后的芯棒提前放置在浇注真空室中，以实现真空浇注，同时，坯料经后续均质化热处理后切除部分冒口（勿切到芯棒位置）后直接进行特殊锻造复合。

（1）变形复合后界面宏观形貌

不同结合位置盘片的宏观形貌如图 4-55 所示。从图 4-55 中可以看出，所有位置变形后的宏观形貌均无法观察到结合界面，该方法的结合效果良好。

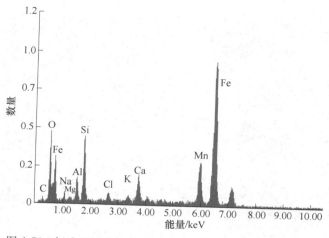

图 4-54　标准试样在结合界面处断裂时断口界面氧化物成分

图 4-55　不同结合位置盘片的宏观形貌

（2）变形复合后界面微观形貌

1）界面氧化物形貌。为保证可以准确切到含有芯棒的界面位置，分别选取 3#50Z、3#80Z 试样进行分析，液-固浇注复合+锻造变形后的试件的界面处氧化物形貌如图 4-56 和图 4-57 所示。界面上断续分布着小颗粒状（直径 $1\sim3\mu m$）的氧化物，零散分布着颗粒较大（直径约 $15\mu m$）的氧化物。从图中可以看出：①经真空浇注复合+锻造变形后的界面仍然存在一定量的界面氧化物，受实验室真空浇注设备能力的影响，真空度的效果不理想，同时，芯棒提前放入钢锭模中，由于浇注设备具有连通效应，即冶炼工位对浇注工位有一定的热传导，因此间接地促进了芯棒坯料表面的氧化；②浇注钢液量与芯棒的重量相比占比不大，浇注钢液的温度不足以溶解芯棒表面的氧化层；③两个位置的氧化物均呈现零星状分布，后续的锻造变形对氧化物变形起到一定的作用，同时，3#50Z 试样比 3#80Z 试样变形量大，因此 3#50Z 试样氧化物尺寸相较 3#80Z 试样小，因此，加大变形量对氧化物的破碎有一定的促进作用。

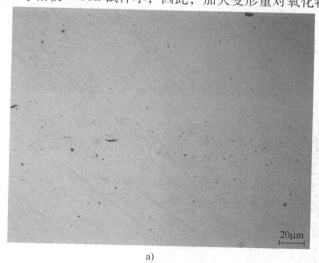

图 4-56　3#50Z 试样界面附近氧化物形貌
a）位置 1 界面　b）位置 2 界面

2）界面处微观组织。3#50Z 试样、3#80Z 试样界面处微观组织形貌如图 4-58 和图 4-59 所示，其中箭头所指处为结合界面位置。界面两侧的微观组织相近，同时界面上分布着颗粒状的氧化物。

（3）变形后界面氧化物分析

界面氧化物成分分析结果如图 4-60 所示。EDS 分析结果显示，界面氧化物为富含 Al、Si、Ca 元素的夹杂，少部分氧化物还富含 Mg 元素，另外还有少量的纯 Al 的大颗粒氧化物。

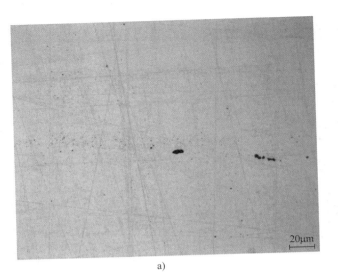
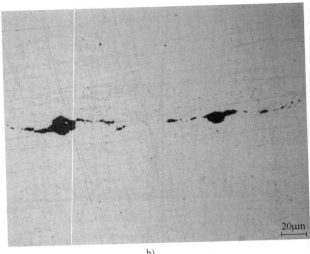

a)          b)

图 4-57   3#80Z 试样界面附近氧化物形貌

a) 位置 1 界面   b) 位置 2 界面

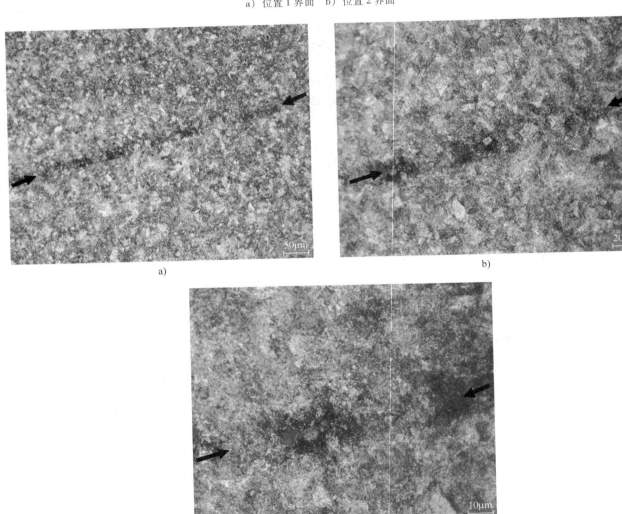

图 4-58   3#50Z 试样界面附近微观组织

a) 界面 200×   b) 界面 500×   c) 界面 1000×

图 4-59　3#80Z 试样界面附近微观组织

a）界面 200×　b）界面 500×　c）界面 1000×

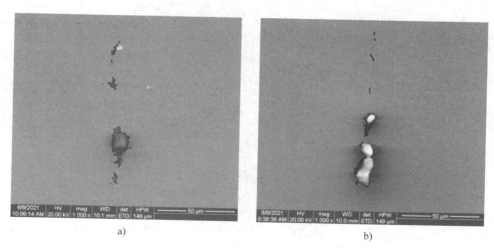

图 4-60　界面氧化物成分分析

a）位置 1 氧化物 SEM 形貌　b）位置 2 氧化物 SEM 形貌

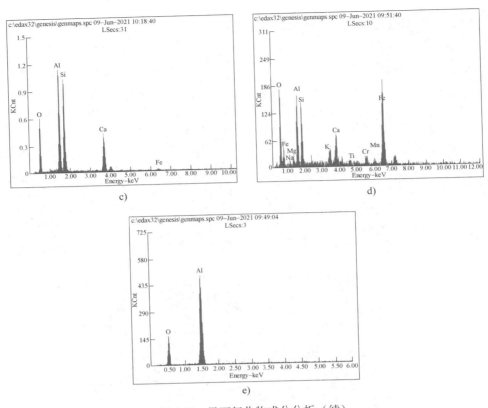

图 4-60　界面氧化物成分分析（续）

c）位置 1 氧化物 EDS　d）位置 2 氧化物 EDS　e）大颗粒氧化物 EDS

　　通过对界面附近元素分析结果显示，如图 4-61~图 4-64 所示，各元素（C、Si、Mn、Mo、Cr）在界面附近的含量没有明显的区别。

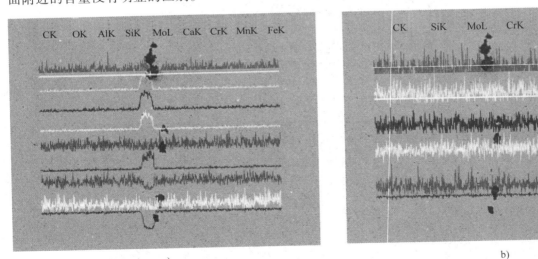

图 4-61　3#50Z 试样界面附近元素分布

a）界面氧化物处线扫描　b）界面无氧化物处线扫描

　　图 4-63 所示为两处结合界面附近的显微硬度（HV0.01），图 4-64 所示为测试结果。从图 4-64 中可以看出，界面附近的硬度没有明显的变化。

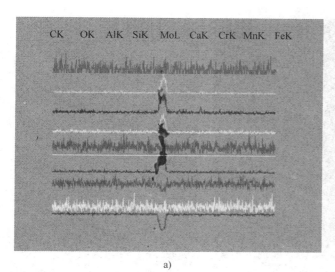
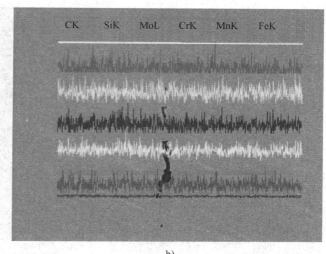

a)　　　　　　　　　　　　　　　　b)

图 4-62　3#80Z 试样界面附近元素分布

a）界面氧化物处线扫描　b）界面无氧化物处线扫描

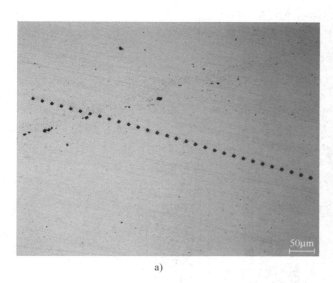
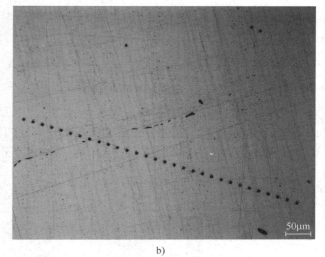

a)　　　　　　　　　　　　　　　　b)

图 4-63　试样界面附近硬度测试

a）3#50Z 试样　b）3#80Z 试样

界面两侧的微观组织相近，界面附近各元素（C、Si、Mn、Mo、Cr）的含量没有明显的区别，硬度（HV0.01）没有明显的变化。

（4）变形后坯料无损检测

根据 JB/T 4120—2017《大型锻造合金钢支承辊　技术条件》中超声检测要求，对所选的试料进行超声检测。3#50Z 试样和 3#80Z 试样超声检测如图 4-65 所示。

经超声检测，3#50Z 试样和 3#80Z 试样超声检测效果良好。

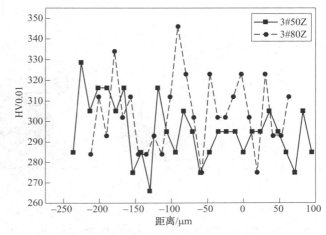

图 4-64　界面附近硬度（HV0.01）测试结果

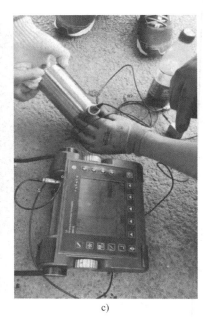

a)　　　　　　　　　　　b)　　　　　　　　　　　c)

图 4-65　3#50Z 试样和 3#80Z 试样超声检测

a）两组测试试料　b）3#50Z 试样超声检测　c）3#80Z 试样超声检测

## 4.1.3　增材制坯技术总结

图 4-66 所示为大型金属锻件增材制坯"固-固"复合流程，主要包括：双超圆坯制备→圆饼坯制备→在线自动化表面加工及清洁→在线真空封焊→坯料加热→坯料模具内闭式热力耦合→成形锻造（包括自由锻、模锻等形式）→锻件。该理念旨在实现产品的坯料源头质量控制、在线自动化加工与封焊、闭式热力耦合控制等技术集成，同时促进我国装备能力提升，满足大型高端锻件质量需求。

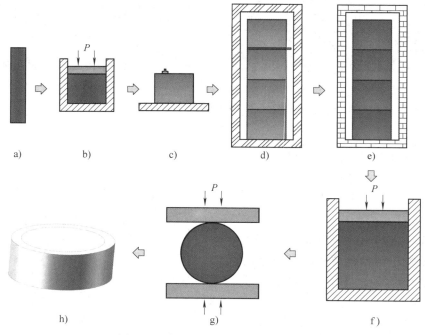

图 4-66　大型锻件增材制坯技术流程

a）双超圆坯　b）圆坯闭式镦粗　c）圆饼坯表面处理　d）堆垛对中　e）加热　f）闭式镦粗复合　g）成形锻造　h）锻件

对于增材制坯"液-固"复合路线，主要包括电渣多层浇注复合、"液-固"包覆复合等技术路线，尤其是面向大型轴类材料，包括同质、异质产品，可以充分利用该技术路线获得产品的最佳性能，同时，可以实现废品二次利用，满足国家"双碳"要求。

利用增材制坯的手段为大直径模具钢圆坯及大厚度模具钢模块提供了新的制备思路。

1）利用"固-固"复合手段，着重控制初始坯料的表面加工效果，在保证界面高真空度的前提下，利用合理的变形温度、变形量、变形速率等进行控制，可以获得较理想的结合效果；同时，若后续可以实现在模具中进行热力耦合，则可进一步解决界面的均匀化变形的问题，有望实现大型模具钢的均质化和解决偏析、缩松缩孔等质量问题。

2）利用"液-固"复合手段，通过严格控制结合界面及复层与基层的比例，可以有望实现大直径模具钢圆坯的高质量增径。

# 4.2 大型工模具钢数据库的建设

## 4.2.1 大型工模具钢数据库特点及作用

模具钢选材用材是模具制造和使用企业的关键技术问题。选材用材是否合理不仅决定了模具的生产成本、制造及使用过程是否简单方便和使用寿命等，而且影响到企业的正常生产[13]。在数字化飞速发展的今天，热作模具选材及热处理工艺制订智能决策支持系统的开发将起到重要的作用[14]。基于大型工模具钢"大"和"特"的基本特点，设计开发可用于大型工模具钢选材用材及制造工艺的大型工模具钢数据库，对于大型工模具钢的研发及应用具有重要的意义。

大型工模具钢尺寸较大，制造过程复杂，材料性能与制造工艺过程相关性非常强，因此大型工模具钢材料数据库应考虑其特征以及企业应用背景，从而使数据库能够在企业具有更加深入的应用。大型工模具钢的数据库应具有以下特点：

### 1. 数据自增长

材料数据库的数据维护以及数据持续增长是目前大部分数据库普遍面临的问题，大多数数据库采用人工录入、人工审核的模式，但是采用人工录入的方法时，数据及录入成本较高，且数据录入后，仍需专人对录入数据的准确性进行审核，不仅消耗很多人力物力，审核也容易出错。本系统采用理化检测与材料库关联的方法，实现理化检测数据自动入库，以实现数据库材料数据的自增长。采用该方法，一方面，省去了人工录入成本，数据所有人只需选择是否入库即可录入该条数据；另一方面，通过理化报告发布过程的多重审查，代替数据入库过程的数据准确性审查，可以极大地节省人力资源。

### 2. 数据信息可视化

科研人员通常希望将更多的精力集中于材料研究，而不是将时间浪费在软件学习和使用上，因此本系统设计了一套用户友好的可视化操作界面。系统提供友好的查询界面，在材料条目处除显示牌号、成分等重要信息外，同时显示该条材料数据内已录入的材料性能，可以帮助使用者快速了解数据库中所有材料的牌号及该牌号下已录入的性能，以方便使用者根据个人需要快速查看。系统提供数据对比和绘图功能，通过使用者对感兴趣数据进行对比和绘图，实现材料数据的可视化展示，从而提高科研人员对复杂数据的分析效率。

### 3. 材料数据标准化

材料数据往往因为信息不全而造成数据利用率不高，比如一般材料数据库中仅存储材料的牌号和成分信息，无法提供材料的出处、工艺历程等信息，从而导致同一材料成分的性能相差甚远，继而降低了材料数据的价值。因此，需要制定标准化的材料数据格式，形成带有全面信息的高价值材料数据。本系统系统地研究了模具钢材料信息模式，规定了材料基本信息，如热处理状态、取料位置等，从而提高材料信息的价值和利用效率。

### 4.2.2 大型工模具钢材料数据库总体架构和基本功能

模具钢数据库总体架构如图4-67所示，具备数据录入、存储、查询等功能，并可完成数据对比、绘图等数据处理工作，有效地提高了模具钢材料数据利用效率。同时，该数据库系统通过系统管理模块，可进行数据查看权限设置，通过有限权限地共享，促进数据流通和分享。

模具钢材料数据库主要用于模具钢材料的数据查询、新增、对比、可视化展示。

**1. 数据查询**

材料数据查询可通过输入关键词和条件选取两种方式实现。关键词搜索是在登录状态下，在材料数据模块界面的搜索框输入关键词并单击"搜索"按钮完成。条件搜索是在材料数据模块界面选取搜索条件进行搜索。选取条件包括钢类、产品类别、数据类型、材料状态及化学成分范围等。

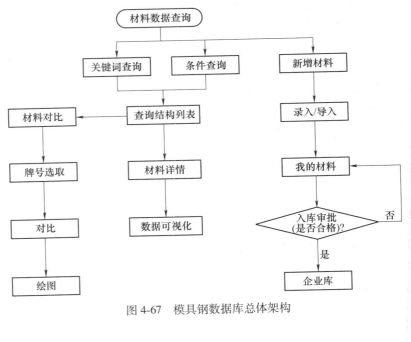

图 4-67 模具钢数据库总体架构

在搜索结果中单击牌号名称即可进入材料详情界面进行数据查看，材料详情包括基本信息、化学成分和性能信息。

材料详情各部分所含内容如下：

1）基本信息：牌号名称、钢种代号、所属标准代码、材料类别、产品类别、数据类型、检测机构/软件名称/文献名称、取料位置、备注、信息来源。

2）化学成分：成分范围、检测成分。

3）性能信息：工件尺寸、组织硬度、热物性能、拉伸性能、耐磨性、流变应力、韧性、弯曲性能、相变、持久蠕变等。

**2. 材料对比**

数据库设有材料对比功能，可对比信息为数据库中结构化的信息，如图4-68所示。对比结果可通过绘图功能进行可视化展示，如图4-69所示。

对比

| 对比项目 | 4Cr5W2VSi(锻态) | | 4Cr5MoSiV1（H13）(锻态一) | |
|---|---|---|---|---|
| 数据来源 | 高端装备材料研究部 | | 高端装备材料研究部 | |
| 说明 | | | | |
| 化学成分-标准成分（wt%） | | | | |
| C | 0.32~0.42 | | 0.32~0.45 | |
| Si | 0.8~1.2 | | 0.8~1.21 | |
| Mn | 0~0.4 | | 0.20~0.50 | |
| P | 0~0.03 | | 0~0.030 | |
| S | 0~0.03 | | 0~0.030 | |
| Cr | 4.5~5.5 | | 4.75~5.50 | |
| Mo | | | 1.10~1.75 | |
| V | 0.6~1.0 | | 0.80~1.20 | |
| W | 1.6~2.4 | | | |

图 4-68 对比信息界面

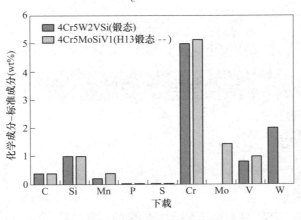

图 4-69 材料对比绘图

### 3. 新增材料

新增材料遵循材料信息、工艺信息、性能信息三级录入，充分考虑了除材料成分外，材料工艺对材料性能的影响。材料信息录入如图 4-70 所示，工艺信息录入如图 4-71 所示。

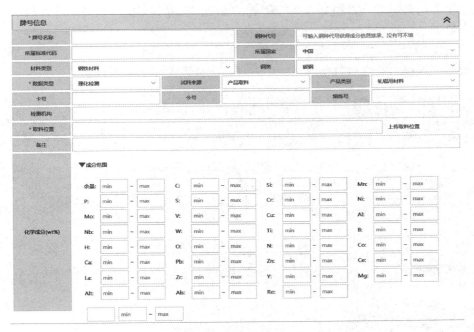

图 4-70 材料信息录入

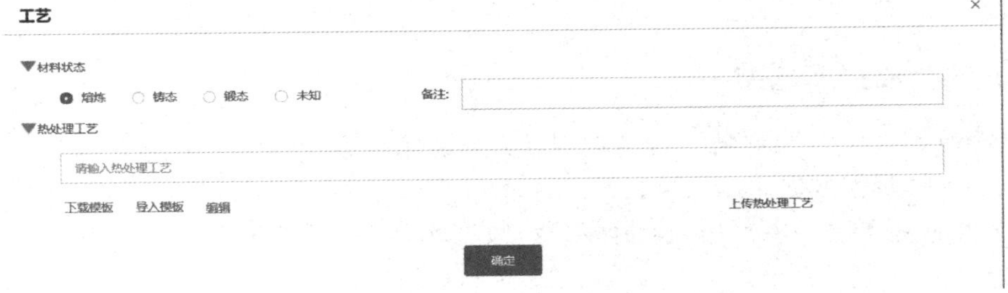

图 4-71 工艺信息录入

#### 4. 我的材料

通过"我的材料"功能，用户可对自己录入的材料进行搜索、入库、编辑、删除等操作。材料需经过特定人员审核才可入库，以保证数据安全。数据入库申请如图 4-72 所示。

图 4-72　数据入库申请

#### 5. 系统管理

系统管理用于部门的新增、管理，人员的新增、管理，权限、角色、人员的配置及常量管理等，可在一定权限内共享数据。

如图 4-73 所示，系统管理包括人员管理、部门管理、角色管理、常量管理、权限功能管理、日志管理等方面，通过以上模块，实现对数据库系统的管理，保证数据库正常运行。

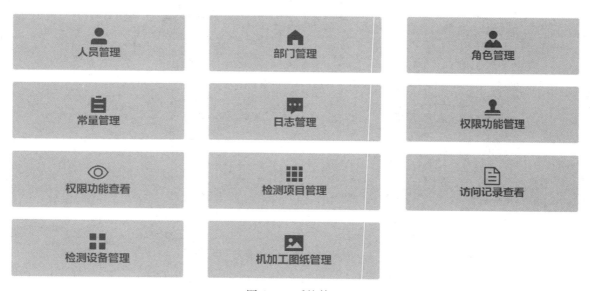

图 4-73　系统管理

### 4.2.3　模具钢材料数据库总结

基于大型工模具钢"大"和"特"的基本特点，本课题组设计开发了可用于大型工模具钢选材用材及制造工艺的大型工模具钢数据库。总结如下：

1）为了更好地应用于大型工模具钢的开发，该数据库具有数据自增长、数据信息可视化、材料数据标准化等特点。

2）大型工模具钢数据库具有数据查询、材料对比、新增材料等数据库基本功能，同时，在材料信息设计中考虑了大型工模具钢的特点，使每一条材料信息数据与材料状态、热处理工艺及取样位置等重要信息相关联，增加了材料信息的可用性。

# 参 考 文 献

［1］王宝忠. 大型锻件制造缺陷与对策［M］. 北京：机械工业出版社，2019.

［2］王宝忠. 超大型锻件的增材制坯及模锻成形［J］. 重型机械，2021（5）：13-18.

［3］LI D Z, CHEN X Q, FU P X, et al. Inclusion flotation-driven channel segregation in solidifying steels［J］. Nature Communications, 2014, 5（1）：3238-3241.

［4］缪竹骏. IN718系列高温合金凝固偏析及均匀化处理工艺研究［D］. 上海：上海交通大学，2011.

［5］李龙，张心金，刘会云，等. 不锈钢复合板的生产技术及工业应用［J］. 轧钢，2013，30（3）：43-47.

［6］张心金，刘会云，祝志超，等. 一种对称式外包覆控轧控冷热轧复合钢板的工艺技术方法：201510643881.3［P］. 2015-10-09.

［7］张心金，王宝忠，刘凯泉，等. 一种金属固固复合增材制坯的制备方法：202110007429.3［P］. 2021-01-05.

［8］祝志超，张心金，马环，等. 一种复合钢锭的制备方法及装置：202210825176.5［P］. 2022-07-14.

［9］马庆贤，曹起骧，谢冰，等. 大型饼类锻件变形规律及夹杂性裂纹产生过程研究［J］. 塑性工程学报，1994，1（3）：42-46.

［10］张心金，祝志超，李晓，等. 大型金属锻件增材制坯用模具设计［J］. 模具制造，2022，22（1）：55-59.

［11］许秀梅，张文志，宗家富，等. 不锈钢-碳钢板热轧复合最小相对压下量的确定［J］. 重型机械，2004（5）：46-49.

［12］张心金，祝志超，李亚辉，等. 一种增材制坯界面结合性能的评价方法：202210545708.X［P］. 2022-05-19.

［13］陈东，褚作明，金康，等. 国内模具选材用材现状与发展［J］. 金属热处理，2009，34（11）：115-119.

［14］吴文峰. 热作模具选材及热处理智能决策支持系统设计与应用研究［D］. 镇江：江苏大学，2009.